高含硫气藏开发腐蚀控制技术与实践

唐永帆　张　强　编著

石油工业出版社

内 容 提 要

本书较为系统地介绍了高含硫气藏开发过程中常见的腐蚀类型、腐蚀行为和腐蚀评价方法;从高含硫气藏开发全生命周期、全生产流程腐蚀控制角度,系统地介绍了国内外高含硫气藏开发的主体腐蚀控制技术、腐蚀监测和检测技术;并以四川盆地龙岗礁滩高含硫气藏的开发为例,详细介绍了龙岗礁滩高含硫气藏试采和开发过程中的腐蚀评价和腐蚀控制技术应用实践。

本书可供从事高含硫气藏开发的技术和管理人员使用。也可作为大专院校油气田开发专业、腐蚀与防护相关专业师生的学习参考书。

图书在版编目(CIP)数据

高含硫气藏开发腐蚀控制技术与实践/唐永帆,张强编著.—北京:石油工业出版社,2018.1

ISBN 978-7-5183-2223-7

Ⅰ.①高… Ⅱ.①唐… ②张… Ⅲ.①含硫气体-气田开发-防腐-研究 Ⅳ.①TE375

中国版本图书馆 CIP 数据核字(2017)第 261481 号

出版发行:石油工业出版社

(北京安定门外安华里 2 区 1 号楼 100011)

网 址:www. petropub. com

编辑部:(010)64523710 图书营销中心:(010)64523633

经 销:全国新华书店

印 刷:保定彩虹印刷有限公司

2018 年 1 月第 1 版 2018 年 1 月第 1 次印刷

787×1092 毫米 开本:1/16 印张:14.25

字数:350 千字

定价:76.00 元

(如出现印装质量问题,我社图书营销中心负责调换)

《高含硫气藏开发腐蚀控制技术与实践》
编　写　组

组　　长：唐永帆

副 组 长：张　强

成　　员：黄红兵　霍绍全　吴　华　谷　坛
　　　　　江晶晶　袁　曦　闫　静　蔡绍中
　　　　　黄刚华　杨　力　陈　文　王　月
　　　　　刘志德　张楠革　印　敬

前　言

中国高含硫气藏资源丰富，主要分布在四川盆地川东北地区和渤海湾盆地，尤以四川盆地为主，开发潜力巨大。国内高含硫气藏大多赋存于海相碳酸盐岩储层，具有埋藏深、地质条件复杂、高温高压、高含硫化氢和二氧化碳的特点，这就决定了开发这类气藏将面临系列挑战，在气藏开发工程建设和安全清洁生产保障上存在诸多技术难题。

高含硫天然气中高浓度硫化氢的致命性和强腐蚀性使得高含硫气藏开发过程蕴含着巨大的风险。硫化氢和元素硫的存在极大地加剧了金属材质电化学腐蚀，造成设备管线“氢脆”和硫化物应力腐蚀开裂等严重后果。与非含硫天然气气藏开发相比，安全、清洁是高含硫气藏平稳高效开发的关键，其核心是对腐蚀的有效控制。

从20世纪60年代四川盆地威远震旦系高含硫气藏开发开始，中国已陆续成功开发了卧龙河、中坝、龙岗、罗家寨、普光、元坝等大型高含硫气藏以及海外阿姆河大型高含硫气藏，积累了丰富的高含硫气藏开发腐蚀控制技术和管理经验。特别是2000年以来，中国石油天然气集团公司（简称中国石油集团）围绕四川盆地川东北地区罗家寨、龙岗等高含硫气田以及海外阿姆河右岸高含硫气藏的开发，在技术研发平台建设、技术攻关、生产实践等方面开展了大量的工作，取得了长足的发展。2010年建成了国内首个具有国际先进水平的中国石油高含硫气藏开采先导试验基地，2013年又组建了国家能源高含硫气藏开采研发中心，发展和完善了中国高含硫气藏开发配套的技术系列和标准规范体系，全面支撑了国内和海外高含硫气藏的安全、清洁、高效开发。

本书以高含硫气藏为对象，在介绍高含硫天然气开发腐蚀基本理论和主要机理的基础上，全面展示高含硫气藏从设计、建设、试采到生产运行等开发不同阶段，从井筒、地面集输系统到净化厂等不同工艺流程的腐蚀控制整体设计、主体腐蚀控制技术选择、腐蚀控制措施实施效果评价、腐蚀控制措施优化改进等系列技术和技术新进展。

本书由中国石油西南油气田分公司长期从事含硫油气田开发腐蚀控制技术研究和应用实践工作的专业技术人员，结合四川油气田多年从事高含硫气田勘探开发腐蚀控制技术研究和实践的成果编写完成，具有较强的理论指导和实际应用价值。全书由唐永帆和张强统编。第一章由唐永帆、张强编写；第二章由闫静、江晶晶编写；第三章由黄红兵、袁曦、陈文等编写；第四章由张强、黄刚华、刘志德等编写；第五章由霍绍全、谷坛、唐永帆等编写；第六章由吴华、唐永帆、印敬等编写；第七章由蔡绍中、杨力、王月等编写；第八章由唐永帆、张强、张楠革等编写。

本书在编写过程中，教授级高级工程师原青民等专家和中国石油西南油气田分公司天然气研究院许多直接从事高含硫气藏开发腐蚀控制的专业技术人员提出了许多宝贵意见和丰富材料。在此，对所有提供指导、关心、支持和帮助的单位、领导、技术人员以及为本书所引用参考资料的有关作者表示衷心的感谢！

鉴于编者水平有限，本书难免存在一些不足之处，敬请使用本书的读者批评指正，特此表示衷心感谢。

编者

2017 年 10 月

目　　录

第一章 概 论

随着世界经济的发展,全球能源结构也在发生着变化,即以煤为主要能源改为以石油、天然气为主要能源。根据BP公司2015年公布的"Statistical Review of World Energy"统计,石油所占的比例为32.6%,天然气所占的比例为23.7%,煤炭所占的比例为30.0%,其他(核电、水电等)为13.7%。2015年,我国天然气供应结构为国产气$1350\times10^8m^3$,净进口气$614\times10^8m^3$,天然气消费量达到$1932\times10^8m^3$。中国政府制定行动计划,将大力提高天然气的消费比重,扩大天然气的使用规模,力争2020年天然气消费在一次能源消费中的占比达10%左右,2030年天然气消费占比达15%左右。

天然气作为一种清洁高效的化石能源,是指自然界中天然存在的一切气体,包括大气圈、水圈和岩石圈中由于各种自然过程形成的气体。天然气的主要成分为烷烃,其中CH_4占绝大多数,另有少量的C_2H_6、C_3H_8和C_4H_{10}。除此之外一般还有H_2S、CO_2、N_2和H_2O气和少量CO及微量的稀有气体,如He和Ar等[1]。

对于高含硫气田的定义,国内外不尽相同,如美国和加拿大将H_2S含量大于5.0%(摩尔分数)的气田称为高含硫气田。在中国,根据SY/T 6168—2009《气藏分类》的规定将H_2S含量在2.0%~10.0%(摩尔分数)的称为高含硫气田[2];根据SY/T 5225—2012《石油天然气钻井开发、储运防火防爆安全生产技术规程》的规定将H_2S含量高于5.0%(摩尔分数)的称为高含硫气田。

H_2S极毒,人吸入浓度为$1000mg/m^3$[相当于天然气中含0.064%(摩尔分数)]的H_2S在数秒钟内即可死亡。同时,H_2S的化学活动性强,对钻杆、油套管、地面集输管线和站场处理设备等的腐蚀作用强烈,容易造成不同形式的材料破坏和失效,引发安全环境事故。因此,高含硫气藏的开发存在较高的安全风险,必须采取各种技术措施和管理制度来削减和控制风险,实现安全、清洁、高效开发。

第一节 国内外高含硫气藏开发概况

高含H_2S天然气在全球资源储量巨大,是天然气资源的重要组成部分。目前全球已发现400多个具有工业价值的高含H_2S和CO_2气田(藏),主要分布在北美、欧洲和中东地区。仅北美以外地区H_2S含量大于10%(摩尔分数)的天然气储量就已超过$9.8\times10^{12}m^3$。加拿大有众多高含H_2S气田,在开发方面拥有丰富经验,在已开发的28个含硫气田中,硫含量超过10%(摩尔分数)的就有12个。其中,位于Albert(艾伯塔)省的Caroline(卡罗琳)气田,储量$650\times10^8m^3$,H_2S含量高达35%(摩尔分数)。位于法国西南部的Lacq(拉克)气田是法国主要的高含硫气田,探明地质储量$3200\times10^8m^3$。俄罗斯是世界上天然气资源最丰富的国家,其中Astrakhan(阿斯特拉罕)气田可采储量$2.6\times10^{12}m^3$,H_2S含量在16.03%~28.30%(摩尔分数)之间,CO_2 含量也维持在较高水平。中国高含 H_2S 天然气资源丰富,主要分布在渤海湾盆地陆相地层的赵兰庄气田和四川盆地海相地层的普光、渡口河、罗家寨、中坝、威远、卧龙河等气田,H_2S 含量一般为 5% ~92%(摩尔分数)。

一、国外高含硫气藏开发概况

国外典型的高含硫气田(藏)基本情况列于表 1-1。20 世纪 50 年代,加拿大和法国最先成功规模开发高含硫气藏,随后美国、德国和俄罗斯等国家相继成功规模开发了一些代表性的高含硫气田,这些气田包括加拿大的 Kaybob South 气田和 Caroline 气田、法国的 Lacq 气田、俄罗斯的 Orenburg 气田和 Astrakhan 气田等。

表 1-1 国外典型的高含硫气田

国家	气田	H_2S 含量 %(摩尔分数)	S 含量 g/m^3	CO_2 含量 %(摩尔分数)	T ℃	p MPa
加拿大	Bearberry	84 ~ 91	72 ~ 89		116 ~ 120	37 ~ 38
	Panther River	69 ~ 75	16		79.4	26.4
	East Crossfield	36		12	93	
	Kaybob South	17.74		3.4	114	32.4
美国	Black Creek	78	11.3	20	196	95.4
	Thomasville	28 ~ 46		2.0 ~ 9.2	185 ~ 196	122 ~ 154
	BEC	21		40	138	24
	New Hope	13		3	135	41.4
法国	Lacq	15.6		9.3	130	63.9
德国	South Oldenburg	1.2 ~ 25	0 ~ 3.5	6 ~ 15	125 ~ 142	41 ~ 47
	Deutschland	0 ~ 25	0 ~ 4.6	4 ~ 45	126	55.2
	Zechstein	15 ~ 20	0.2 ~ 2.0	20 ~ 50	120 ~ 135	
俄罗斯	Astrakhan	25		15		

国外已成功开发的一批酸性气体含量较高的气田,在投入正式生产前开展了大量的实验室研究和先导性试验,经过试采后才投入大规模的工业生产。加拿大 Bearberry 气田发现于 1969 年。从 1985 年开始,壳牌—加拿大公司投入 5700 万美元,花了三年时间进行室内研究工作,于 1990 年建成先导性试采装置,1996 年投入工业性开发生产。法国 1951 年发现 Lacq 气田,1957 年才全面开发。美国 New Hope 气田 1953 年发现,1957 年试开采,1970 年才全面开发。俄罗斯的 Astrakhan 气田,1976 年发现,1986 年才投入试生产。

上述典型高含硫气藏的成功开发,逐步建立了世界高含硫气藏开发技术系列及标准规范体系,代表了世界高含硫气藏开发的先进水平,为其他国家高含硫气藏的安全开发利用奠定了基础,推动了世界天然气工业技术的发展。

二、国内高含硫气藏开发概况

我国高含硫天然气资源也十分丰富,累计探明高含硫天然气储量逾 $10000 \times 10^8 m^3$,其中四川盆地占了90%以上的高含硫天然气资源，包括罗家寨、渡口河、铁山坡、龙岗、普光、元坝等。我国主要高含硫气田的基本情况列于表1－2。

表1－2　我国典型的高含硫气田(藏)

气田	储量，$10^8 m^3$	H_2S 含量，%(摩尔分数)	CO_2 含量，%(摩尔分数)
中坝	186.3	6.7～13.3	2.9～10.0
卧龙河	408.8	5.0～7.8	1.3～1.5
渡口河	359.0	9.7～17.1	6.4～8.3
铁山坡	373.9	14.3	
罗家寨	797.3	6.7～16.6	5.8～9.1
龙岗	720.3	1.2～4.5	2.4～7.1
普光	3812.6	15.2	8.6
元坝	1834.2	2.5～6.6	1.6～11.3

20世纪60年代以来，中国在四川盆地的威远震旦系高含硫气藏进行了开发实践。随后陆续成功开发了卧龙河、中坝雷三段等高含硫气藏，积累了针对高含硫气田开发的经验，发展了开发配套技术，为后续高含硫气藏开发奠定了一定基础。2000年以后，随着四川盆地川东北地区罗家寨、渡口河、铁山坡、龙岗、普光、元坝等高含硫气藏的相继发现，国内高含硫气藏的勘探开发进入了发展的快速期。中国石油、中国石化等石油公司和相关大学、科研院所相继开展了针对高含硫气藏的开发技术、标准规范和HSE管理体系等方面的研究，并开展了高含硫气藏开发实践。经过不断的研究和实践，逐步完善了高含硫气藏开发配套技术和标准规范体系，缩小了与国外的差距。2007年以来陆续成功规模开发了龙岗、普光、元坝、罗家寨等大型高含硫气田。特别是2009年国内四川龙岗、普光高含硫气田以及中国石油海外首个大型高含硫气藏土库曼斯坦阿姆河右岸气田相继成功投产，标志着我国高含硫气藏开发技术取得了突破，我国高含硫气藏开发水平得到显著提升，具备了开发国内高含硫气藏和海外高含硫气藏的能力和实力。

第二节　腐蚀和腐蚀控制技术研究新进展

高含硫气藏开发过程中，高含H_2S、高矿化度、高温、高压为腐蚀特征的苛刻环境使管线和设备面临严峻的安全风险。2000年以来，国内科研机构围绕高含硫气藏开发进行了腐蚀行为评价、腐蚀控制和控制效果监测和检测的深入研究。中国石油西南油气田分公司经过技术攻关与实践，取得了长足的进步，腐蚀行为评价体系日趋完善，腐蚀控制措施趋于多元化，控制效果监测和检测体系化，直接支撑了我国高含硫气藏的安全、清洁、高效开发。

一、腐蚀分析与评价技术

高含硫气田开发过程中，需要对材料在腐蚀介质中腐蚀行为、腐蚀主控因素、材料的适应性和各种腐蚀控制措施防腐效果进行研究和评价，并对现场失效部件进行腐蚀分析和评价。

建立和完善高含硫气田开发腐蚀分析与评价技术体系，不仅为高含硫气田开发腐蚀基础研究试验提供手段，还为现场腐蚀控制方案设计、跟踪评价、优化完善提供基础，进一步为气田安全生产提供保证。中国石油西南油气田分公司结合生产需要和多年的技术积累，建立了获得国家计量认证资质的实验室，按照NACE、ISO、GB相关标准和实验规范，建立了较为完善的高含硫气田开发腐蚀分析与评价体系，包括室内腐蚀分析与评价技术体系和现场腐蚀评价手段。

1. 室内腐蚀分析与评价技术

通过分析评价方法的建立、试验仪器设备的搭建、专业技术人员队伍的配置，西南油气田分公司建立和完善了室内腐蚀分析与评价体系。在腐蚀行为分析方面，可对高含硫气田腐蚀机理、腐蚀程度、腐蚀主控因素等开展研究评价；在材料适应性评价方面，可模拟现场的温度、压力、腐蚀介质和流动状态，开展油管、地面管线、净化厂设备、分离器排污管、放空管线等材料的抗硫性能评定以及适应性评价；在缓蚀剂研发方面，按照SY 5273—2014《油田采出水处理用缓蚀剂性能指标及评价方法》标准规范，可开展缓蚀剂作用机理、防腐效果、经济用量等分析。主要分析和评价装置包括：(1)高温高压评价装置：高温高压电化学腐蚀试验装置、高温高压动态腐蚀试验装置、高温高压应力腐蚀试验装置、高温高压静态腐蚀试验装置、循环回路评价系统；(2)常压评价装置：旋转挂片腐蚀试验装置、耦合多电极测试装置、应力腐蚀试验环、电子材料万能试验机、2273电化学工作站、硬度试验机；(3)微观物相和成分分析装置：液相色谱和质谱分析、水质分析系统、SEM、能谱分析仪等。其中，多数评价装置的性能达到国际先进水平，能满足高含硫气田全流程腐蚀分析和评价需求。标志性试验装置高温高压动态腐蚀试验装置示意图如图1-1所示，最高工作温度260℃，最高工作压力35MPa，最高转速2000r/min。

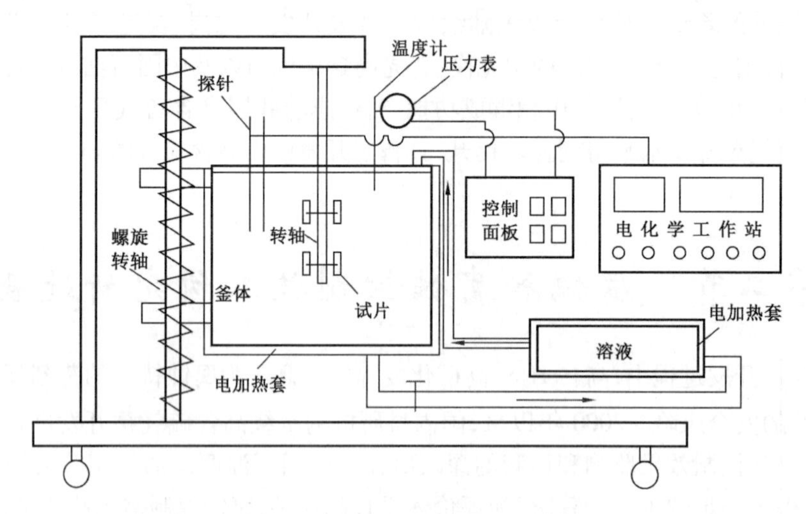

图1-1　高温高压动态腐蚀试验装置

2. 现场腐蚀评价装置

中国石油西南油气田分公司在“十一五”末，建成了高含硫气田现场腐蚀评价装置，流程如图1-2所示，工艺参数见表1-3。该装置通过电加热改变环境温度，通过电化学探针和腐

蚀挂片对腐蚀数据进行监控,实现了腐蚀程度、材料性能和缓蚀剂应用效果的在线评价。该装置包括立式罐、卧式罐、直管段等三个试验段,该试验装置主要包括 PN 35MPa/PN 16MPa 橇装试验装置和 PN 16MPa/PN 10MPa 橇装试验装置以及缓蚀剂等化学药剂注入系统等。

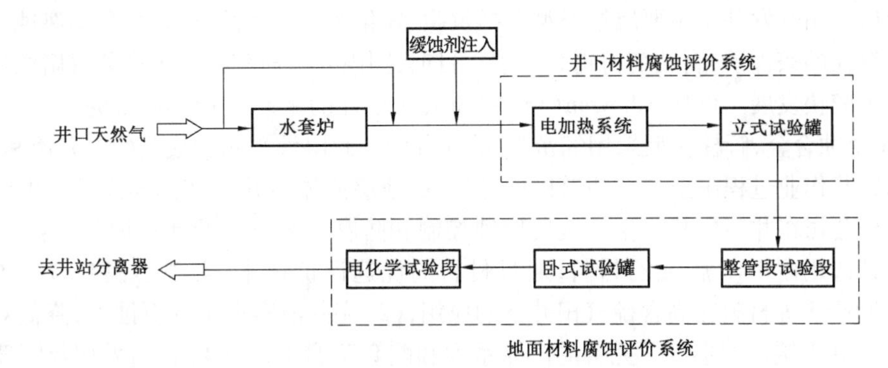

图 1－2　高含硫现场腐蚀评价试验装置流程图

表 1－3　试验装置工艺参数

参数	PN 35MPa 腐蚀试验系统	PN 16MPa 水合物抑制剂试验系统	PN 16MPa 腐蚀试验系统
设计流量 Q,$10^4m^3/d$	20 (电加热时为 12)	20	20
设计压力 p,MPa	35	16	16
工作压力 p_w,MPa	33.3	15.2	15.2
设计温度 T,℃	110	60	50
工作温度 T_w,℃	90	≤30	30
设计流速,m/s	5 左右 (模拟井下条件的立式试验罐)	—	8 左右 (管道内的流速)

该装置实验条件以天东 5－1 井生产条件为基础。天东 5－1 井于 2002 年 1 月 24 日完井,2004 年投产,设计生产规模为 $50.9\times10^4m^3/d$,关井油压为 29.7MPa。目前天东 5－1 井的产量为 $7.0\times10^4m^3/d$,产水量约 $0.5m^3/d$,天然气中 H_2S 浓度为 89.1～104.8g/cm^3,CO_2 浓度为 50.5～53.2g/cm^3。该工艺流程是引自天东 5－1 井井口经水套加热炉加热前或后的天然气原料气(可根据现场试验的需要选择单独进气与混合进气),经预留阀门由旁通管线先进入 PN 35MPa/PN 16MPa 橇装试验装置,经两级节流减压后,再进入 PN 16MPa/PN 10MPa 橇装试验装置。之后,由旁通管线经预留阀门回到天东 5－1 井工艺装置生产管线,经分离和计量后出站。橇装试验装置的排污管线接入天东 5－1 井的排污管线。

二、高含硫气田腐蚀控制技术

近年来,高含硫气田腐蚀控制技术的新进展主要集中在高含硫气田开发的防腐工艺设计、抗硫材料的应用与工艺设计的完善与集成、缓蚀剂防腐及配套工艺技术、表面涂层和喷涂防腐技术等方面。

1. 材料选择与防腐工艺

1）井下材料选择和防腐工艺

高含硫气田开发井下主要腐蚀类型包括氢脆、硫化物应力腐蚀开裂、电化学腐蚀。在有氯离子和水存在的条件下，腐蚀变得更为严重。目前，国内外井筒和井口生产装置腐蚀控制技术和工艺有了较快发展。例如，Chevron（雪佛龙）公司设计的生产套管材质及完井管柱采用4C以上CRA耐蚀合金，管柱扣型采用气密封扣；完井液和封隔液采用合成基的完井液和封隔液；在固井和完井作业过程中至少有两道机械屏障，把地层流体与井筒液体隔离开。中国石油西南油气田分公司在井筒和井口生产装置腐蚀控制和防腐工艺方面的新进展包括：（1）油套管和井下工具选用耐H_2S腐蚀的材料，通过材料的优选评价技术，实现了镍基合金BG2830、BG2532、N06985等材料在高含硫气田井下的应用；（2）完井液实现了低腐蚀性，降低对油套管的腐蚀；（3）井下缓蚀剂形成了完善的产品系列和配套防腐工艺；（4）普遍采用封隔器完井防腐工艺；（5）对流速进行控制降低冲刷腐蚀。

2）地面集输系统材料选择和防腐工艺

高含硫气田地面集输系统材料选择方面实现了抗硫耐蚀钢L360NCS和L360QCS的应用，有效提高了耐H_2S应力腐蚀开裂能力。

高含硫气田地面集输工艺普遍采用各单井的原料气经节流、加热、再节流、气液分离输送至集气站或集气总站，再进入净化厂集中处理；集输管网原料气采用多井集气、湿气混输工艺，集气干线、采气管线均采用保温方式；井口设置缓蚀剂和抑制剂加注口，出站管线设置缓蚀剂加注口和清管装置。

为提高高含硫气田建设效率和安全生产，中国石油西南油气田分公司开发了高含硫气田一体化橇装生产装置，实现了集成化安装、模块化建产的含硫气田地面集输工艺。其集气体加热、气液分离、药剂加注、腐蚀监测、现场取样和放空系统于一身，可以实现工厂化批量生产和快捷安装。

3）净化厂材料选择和防腐工艺

天然气净化厂主要参考NACE MR0175—2003《油田设备用抗硫化物应力腐蚀断裂和应力腐蚀裂纹的金属材料》和NACE MR0103—2012《腐蚀性石油炼制环境中抗硫化物应力开裂材料的选择》标准进行选材。目前，净化厂的主要腐蚀控制措施包括合理的材料选择、合理的结构设计、控制合理的工艺参数区间、加注缓蚀阻垢剂等。其中，在净化厂工艺参数设计方面主要考虑控制再生温度、控制酸气负荷和溶液浓度、合理选择流速及加强对储存液体的保护等。近年来，新的水处理技术如量子水处理技术、电渗析和多效蒸发结晶等的应用，为循环水实现腐蚀控制和“零排放”打下了基础。

2. 缓蚀剂防腐工艺技术

1）井下缓蚀剂防腐工艺技术

井下缓蚀剂防腐工艺技术的新进展包括：（1）对于封隔器完井的气井普遍采用环空保护液进行保护，并定期从油管加注缓蚀剂；（2）对于老气田产水气井采用泡沫排水缓蚀剂进行井

下防腐；(3)针对高温深井，开发了适应150℃以上环境的抗高温缓蚀剂。针对气井生产过程中的环空带压现象，利用示踪剂技术对连通程度进行判断取得了初步成果。

高含硫气田开发过程中天然气从井底至井口压力和温度的下降，导致元素硫溶解度不断下降而析出，元素硫具有极为活泼的还原性，沉积在管线、设备内的元素硫与 H_2S_x、H_2S 及 HS^- 等共同作用促进材质腐蚀，导致管线设备出现穿孔和破裂等严重腐蚀结果。近年来，川渝气田针对高含硫气田开发元素硫沉积聚集问题，通过对堵塞物分析，开发了性能优异的硫溶剂，形成了硫溶剂解堵工艺。

2)地面集输缓蚀剂防腐工艺技术

地面集输缓蚀剂防腐工艺技术的新进展包括：(1)高含硫气田长效膜缓蚀剂的研发取得了新进展，实验室测得膜的持久时间超过200h，有效地延长了现场集气管线的预膜周期；(2)集气管线通过清管器实现缓蚀剂预膜工艺，连续加注和预膜工艺共同构成了高含硫气田缓蚀剂防腐工艺技术；(3)建立了包括缓蚀剂残余浓度分析、氢探针、电化学探针、腐蚀挂片等内容缓蚀剂防腐效果的现场评价方法。

地面集输系统缓蚀剂防腐技术应用后，成功将龙岗气田、土库曼斯坦萨曼杰佩气田等高含硫气田地面系统金属材料均匀腐蚀速率控制在0.1mm/a以下，有效地提高了地面系统的安全性和可靠性。

3)净化厂防腐工艺技术

对于净化厂脱硫单元，通过缓蚀剂实现腐蚀控制并不多见，主要考虑采用材料防腐。对于净化厂配套的工业循环水系统，采用高效缓蚀剂、杀菌剂和阻垢剂实现系统的缓蚀、阻垢和杀菌，达到系统的平稳运行。

3. 双金属复合管及表面涂层技术

1)双金属复合管

在普通集输管线内覆上一层薄壁耐蚀合金，形成双金属复合管，其两端采用特殊方法焊接或特殊结构连接[3]。耐蚀金属可根据油田腐蚀环境选择，常选用22Cr、镍基合金N08825等。双金属复合管在防腐性能方面具有较高可靠性，而价格比整体耐蚀合金管低50%以上，具有十分广阔的应用前景。目前，西南油气田分公司在双金属复合管研究方面主要进展包括：(1)基于NACE TM0177—2005《金属在 H_2S 环境中抗硫化物应力开裂和应力腐蚀》给出的抗硫评价方法进行了补充和完善，形成了复合管焊缝抗环境开裂性能的评价方法；(2)形成了双金属复合管及其焊缝抗环境开裂试验方法的选择程序和耐蚀性能评价程序，并给出了相应的腐蚀评价方法和验收标准；(3)推荐出了高酸性气田双金属复合管的焊接方法和焊接工艺要求，明确了高酸性气田地面集输管线用双金属复合管焊接接头的检验技术要求；(4)在国内首次设计并建造了一套用于高酸性环境整管段腐蚀评价的试验装置，提出了复合管焊接接头在苛刻应力状态下的整管段腐蚀评价方法。

2)内涂层技术

适用于管道内涂层的材料品种较多，主要有环氧酚醛树脂及改体、粉末环氧树脂、聚氨酯、聚酰胺和煤焦油环氧树脂等。内涂层油管已经在中国石油塔里木油田塔中作业区的高含硫气田进行了试应用，取得了一定应用效果和经验，但内涂层油管的相关评价方法和质量控制标准还需要深入研究。

3）金属表面喷涂技术

金属表面喷涂是用熔融金属的高速粒子流喷在基体表面，以产生覆层的材料保护技术。在高含硫气田应用的国产和进口的FF级阀门，通过在闸板和阀座的密封面上喷焊一层硬质合金焊粉，使表面具有较高的耐磨性和抗腐蚀能力。为了增强管线的抗冲蚀性能，对于大产量气井，在二级节流前管线内表面喷涂镍基合金N06625。

4. 外涂层和阴极保护技术

外涂层和阴极保护技术主要用于含硫气田管线外防腐，技术相对比较成熟，防腐效果受施工质量和日常运行管理影响较大。高含硫气田的外涂层主要为高温型三层结构普通级聚乙烯外防腐层，根据GB/T 23257—2017《埋地钢质管道聚乙烯防腐层》的要求来确定防腐层厚度。外防腐层的选择应遵守性能可靠、经济合理的原则，并根据现有的涂敷施工装备和施工经验，选择使用适应性好、施工可操作性强、施工管理方便的防腐层。

三、高含硫气田腐蚀监测和检测技术

高含硫气田腐蚀监测和检测为腐蚀控制效果评价提供依据，为安全等级评价及腐蚀危害预测提供数据支持，为腐蚀控制方案跟踪评价和优化完善提供支撑。

井下腐蚀监测和检测技术不断创新。高温高压电化学探针在井下进行了应用，可以测量不同井深的腐蚀速率；中国石油西南油气田分公司发明了井下腐蚀挂片监测技术，获得了国家专利授权；应用流体分析软件和腐蚀预测技术获得的分析数据为腐蚀监测和检测技术提供了必要的补充。在高含硫气田地面系统，形成了包括腐蚀监测和检测点的布置、监测和检测方法的选择、数据的采集和应用等内容的高含硫气田腐蚀监测和检测技术。该技术基于腐蚀回路的划分确定了高含硫气田现场腐蚀监测和检测点，并综合运用失重挂片、电阻探针、FSM、氢探针、柔性超声波等多种技术手段来获取信息，建立腐蚀数据库，开发了腐蚀评价及预测软件，实现了腐蚀控制效果评价与预测。

此外，针对高含硫气田埋地管道缺乏简洁有效的监测和检测技术，中国石油西南油气田开展了管道的内腐蚀直接评价技术研究，创新形成了基于腐蚀机理分析、临界积液分析、多相流模拟分析和腐蚀概率分析技术，将含硫集输气管道的内腐蚀检测评价准确率提高到70%以上，为含硫管道内腐蚀管理措施的制定提供科学依据。

第三节　高含硫气田腐蚀和腐蚀控制技术展望

高含硫气田开发腐蚀和腐蚀控制经过多年的研究和现场应用实践，在腐蚀行为认识、腐蚀评价方法、规范与标准体系、腐蚀控制技术、效果评价等方面取得了长足的进步，支撑了气田的安全开发。展望未来，为了满足高含硫气田向更加安全、更加清洁和更加高效目标方向发展的需要，高含硫气田腐蚀与控制技术领域在以下方面还需要深化研究：

（1）在高含硫气田腐蚀行为方面，由于腐蚀环境的变化，多种腐蚀介质的存在、工况的变化等，使得腐蚀程度和腐蚀的主控影响因素也会发生变化等。未来值得关注的研究领域包括：① 在 H_2S 和 CO_2 共存时，H_2S 还是 CO_2 成为腐蚀控制的主导因素的边界环境条件的研究；② 高 H_2S 分压条件下，材料（包括碳钢、低合金钢、耐蚀合金）的电化学腐蚀和氢损伤机理和规律研究；③ 镍基、铁镍基耐蚀合金在 H_2S/CO_2 环境的钝化膜保护机制和破损规律研究，镍基、铁镍基合金第二相演变及其对耐蚀性能的影响；④ 高含硫气田净化厂关键设备腐蚀机理和失效分析研究；⑤ 元素硫沉积条件下的腐蚀行为研究等。

（2）在腐蚀控制技术与效果评价方面，充分利用现代材料科学技术、电子信息技术、智能化的发展和技术进步，来提高腐蚀控制效果、降低腐蚀控制措施投入、简化优化腐蚀监测和检测评价方法等是发展的方向。值得关注的研究领域包括：① 满足更高要求的井下及地面系统新材料的开发和应用。如 120 以上钢级抗 SSC 碳钢和低合金钢钻杆、油套管的研究开发与应用；X80MS/X80QS 抗 HIC/HWC 油气输送管的研究开发与应用；性价比高的双金属复合管的现场应用技术等；②“碳钢 + 缓蚀剂”腐蚀控制与以耐蚀合金为衬里的双金属复合管的技术经济评价与分析；③ 适应现场变化工况的缓蚀剂的研发和应用，如与环境配伍性更加良好、更加环保的缓蚀剂品种开发、低流速下的缓蚀剂防腐应用技术等；④ 井筒异常（如环空带压、封隔器实效等）的气井井筒腐蚀控制技术和监测；⑤ 高含硫气田地面系统现场局部腐蚀监测技术研究与应用等。

参考文献

[1] 王遇冬著. 天然气处理原理与工艺. 北京：中国石化出版社，2011.
[2] 何生厚著. 高含硫化氢和二氧化碳天然气田开发工程技术. 北京：中国石化出版社，2008.
[3] 赵卫民. 金属复合管生产技术综述. 焊管，2003，26（3）：10 – 14.

第二章 高含硫气田腐蚀行为及评价方法

腐蚀是指材料在环境的作用下引起的破坏或变质。这里所说的材料包括金属材料和非金属材料。金属的腐蚀是指金属和周围介质发生化学或电化学作用而引起的破坏。有时还伴随有机械、物理和生物作用。非金属腐蚀是指非金属材料由于直接的化学作用(如氧化、溶解、溶胀、老化等)所引起的破坏。

在高含硫气田中,由于 H_2S、CO_2、水中 Cl^-、元素硫等腐蚀影响因素的存在,同时受到温度、压力以及流速等环境因素的影响[1,2],使得腐蚀环境非常复杂,腐蚀机理多样,腐蚀危害程度也成倍增加,点蚀、缝隙腐蚀、电偶腐蚀、应力腐蚀开裂等腐蚀类型普遍存在。主要腐蚀机理包括 H_2S 腐蚀、元素硫腐蚀、胺腐蚀、微生物腐蚀等;主要失效形式包括减薄、穿孔、破裂等。腐蚀给油气开发带来巨大经济损失,而且有毒有害腐蚀介质也会造成环境污染给人类健康带来影响[3-5]。

第一节 高含硫气田的腐蚀类型

高含硫气田的腐蚀类型通常可根据腐蚀机理、腐蚀破坏的形式和腐蚀环境等几个方面来进行分类。按照腐蚀机理可分为电化学腐蚀和化学腐蚀;按照腐蚀破坏形式可分为均匀腐蚀和局部腐蚀;按照腐蚀环境可分为 $H_2S—CO_2—H_2O$ 腐蚀、大气腐蚀、土壤腐蚀、$R_1NR_2—CO_2—H_2S—H_2O$ 腐蚀等。

一、按照腐蚀破坏形式分类

1. 均匀腐蚀

均匀腐蚀也叫全面腐蚀,腐蚀分布在整个金属表面上。从重量来说,均匀腐蚀代表了腐蚀对金属的最大破坏。从技术层面来说,这类腐蚀在生产生活中危害不是很大,因为其发生在全部的表面,易于发现和控制,一般在工程设计时即可以进行控制。对于高含硫气田来说,均匀腐蚀具有很大的覆盖度,基本涵盖了生产开发的各个流程单元。但其并不是造成管道及关键设备失效的主要原因,因为在气田开发设计过程中,对于均匀腐蚀均有设计壁厚腐蚀裕量,在设计寿命之内无太大的风险。

2. 局部腐蚀

局部腐蚀的形态多种多样,并且在高含硫气田中它们往往是造成关键设备失效的主要原因。

1)点蚀

在金属表面局部位置出现纵深发展的腐蚀小孔,其余位置不腐蚀或腐蚀轻微,这种腐蚀形

态叫点蚀，又叫孔蚀或小孔腐蚀，各种孔蚀形貌如图2－1所示。以钢材为例：不锈钢表面微小"蚀孔"的迅猛增加，是造成不锈钢受到大规模腐蚀的原因。腐蚀介质浓度或温度的微小变化，就能显著加快腐蚀速率。点状腐蚀的迅速出现，是由于金属表面亚稳定状态的微孔迅速增生的缘故[6]。在高含硫气田中，点蚀主要发生的位置为排污管线、低洼积液处及阀门内部等。

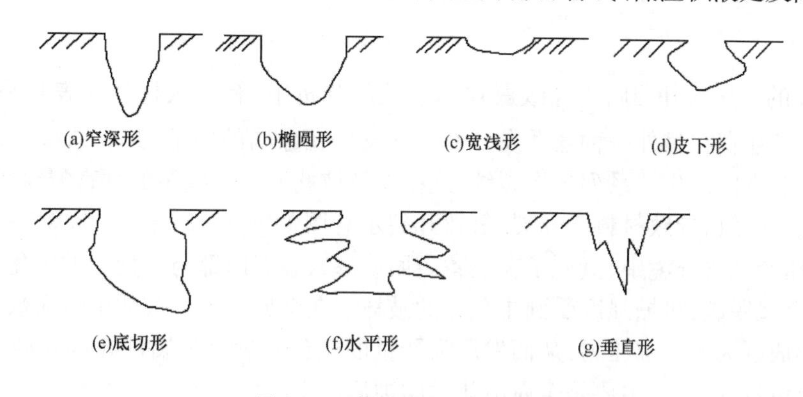

图2－1　各种孔蚀形貌示意图

2）缝隙腐蚀

许多金属构件是由螺钉、铆、焊等方式连接的，在这些连接件或焊接接头缺陷处可能出现狭窄的缝隙，其缝宽（一般0.025～0.1mm）足以使电解质溶液进入，使缝内金属与缝外金属构成短路原电池，并且在缝内发生强烈的局部腐蚀。在高含硫气田的生产过程中，容易发生缝隙腐蚀的部位为螺栓、阀门等部件。

3）电偶腐蚀

由于腐蚀电位不同，造成同一介质中异种金属接触处的局部腐蚀，就是电偶腐蚀，亦称接触腐蚀或双金属腐蚀。该两种金属构成宏电池，产生电偶电流，使电位较低的金属（阳极）溶解速度增加，电位较高的金属（阴极）溶解速度减小。所以，阴极是受到阳极保护的。阴阳极面积比增大，介质电导率增大，都使阳极腐蚀加重。在高含硫的实际生产中，经常会涉及异种金属混合使用的问题，如井下不同材质的油套管组合、阀门内部不同材质结构部件组合等[7]。

4）冲刷腐蚀

冲刷腐蚀就是金属材料表面与腐蚀流体冲刷的联合作用，而引起材料局部的金属腐蚀。在发生这种腐蚀时，金属离子或腐蚀产物因受高速腐蚀流体冲刷而离开金属材料表面，使新鲜的金属表面与腐蚀流体直接接触，从而加速了腐蚀过程。若流体中悬浮较硬的固体颗粒，则将加速材料的损坏。一般说来，流体的速度愈高，流体中悬浮的固体颗粒愈多、愈硬，冲刷腐蚀速率愈大。腐蚀介质流动速度取决于流动方式：层流时，由于流体具有一定的黏度，在沿管道截面形成一种稳态的速度分布；湍流时，破坏了这种稳态速度分布，不仅加速了腐蚀剂的供应和腐蚀产物的迁移，而且在流体与金属之间产生切应力，能剥离腐蚀产物，从而加大了冲蚀速率。因此，在管道的拐弯处及流体进入管道或贮罐处容易产生这种破坏。另外，金属表面成膜的特征也可以影响冲蚀速率。金属表面成膜的特征也可以影响冲蚀速率。如果金属表面形成的膜是连续的、致密的、粘附性强且具有足够强度则能有效降低冲蚀速率，反之则会增大冲蚀速率。抑制或减少冲蚀的措施包括：(1)选择耐蚀性和耐磨性好的材料；(2)改变腐蚀环境和运行工况，如系统添加缓蚀剂、过滤悬浮固体粒子、降低温度、减小介质流速和湍流等。在高含硫气田中，冲刷腐蚀容易发生的部位为管线弯头等流体形态改变的位置[8]。

5)氢腐蚀

在含 H_2S 的天然气井因腐蚀导致爆炸的事故的分析中，有的从材料外表几乎难以判断。人们这才注意到还存在另外一种氢诱发开裂。它发生在金属的内部，其腐蚀特征是在金属内部沿着材料轧制方向产生一系列条形裂纹，这些裂纹彼此又被一些短的垂直裂纹所沟通，形成一个个阶梯状微裂纹，导致材料的开裂，氢致开裂示意图如图 2-2 所示。氢腐蚀是指金属暴露在高温、高压的氢气环境中，氢原子在设备表面或渗入金属内部与不稳定的碳化物发生反应生成甲烷，使金属脱碳，机械强度受到永久性的破坏。在金属内部生成的甲烷无法外溢而集聚在金属内部形成巨大的局部压力，从而发展为严重的鼓包开裂。氢腐蚀在高含硫气田中容易发生在管线及设备的内部，主要是金属电化学腐蚀后产生的氢气得不到释放，在压力作用下进一步渗透入金属内部[9]。在含 H_2S 的酸性环境中，由于氢的渗透，其在金属内部 MnS 夹杂物处聚集，并沿着碳、锰、磷等元素的异常组织扩展，产生阶梯型裂纹(HIC)，在外应力作用下裂纹加速扩展连通而导致破裂。氢致开裂(HIC)在具有抗硫化物应力腐蚀开裂(SSC)性能、延性较好的低及中强度管线用钢和容器用钢失效过程中也较为常见。HIC 是一组平行于轧制面，沿着轧制方向的裂纹。它可以在没有外加拉伸应力的情况下出现，也不受钢级的影响。HIC 在钢内可以是单个直裂纹，也可以是阶梯状裂纹，常伴有钢表面的氢鼓泡。

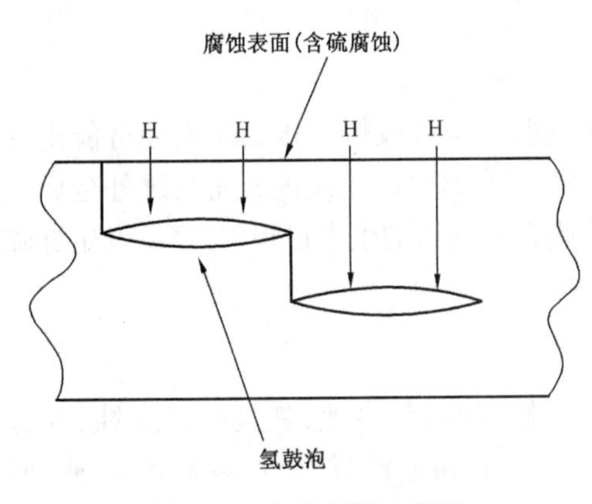

图 2-2　氢致开裂示意图

HIC 和 SSC 既有联系也存在着区别：SSC 是材料在湿 H_2S 环境中的一种主要开裂方式，材料在湿 H_2S 环境中发生 SSC 开裂必须满足应力腐蚀的 3 个条件，即材料敏感、介质体系和拉应力，而 HIC 则不需要同时满足这些条件。HIC 和 SSC 的机理并没有严格的区别，二者既有可能是 HIC 机理，也可能是阳极溶解 SCC 机理。

6)晶间腐蚀

晶间腐蚀，沿着金属晶粒间的分界面向内部扩展的腐蚀。主要由于晶粒表面和内部间化学成分的差异以及晶界杂质或内应力的存在。晶间腐蚀破坏晶粒间的结合，大大降低金属的机械强度。而且腐蚀发生后金属和合金的表面仍保持一定的金属光泽，看不出被破坏的迹象，但晶粒间结合力显著减弱，力学性能恶化，不能经受敲击，所以是一种很危险的腐蚀。通常出现于黄铜、硬铝合金和一些不锈钢、镍基合金中。不锈钢焊缝的晶间腐蚀是工业中的一个重大问题。在高含硫气田中晶间腐蚀的主要发生在采用了不锈钢和镍基合金的设备中。

3. 硫化物应力腐蚀开裂(SSC)

经过半个世纪的科学研究和生产实践,科研人员对硫化物应力腐蚀开裂(SSC)的特征有了全面的了解,并进行了深入的机理研究,制定了含 H_2S 环境中金属材料的技术规范,如美国腐蚀工程师协会标准 NACE MR 0175—2015《用于油田设备的耐硫化物应力开裂金属材料要求》和中国标准 SY/T 0599—2006《天然气地面设施抗硫化物应力开裂和抗应力腐蚀开裂的金属材料要求》。

金属管道在应力和特定的环境介质共同作用下所产生的低应力脆断现象,称为应力腐蚀开裂(SCC),应力腐蚀开裂只有在同时满足材料、介质、应力三者共存的特定条件下才会发生。自从 20 世纪 50 年代人们认识到是由于硫化物的存在导致了诸多油田管道发生了断裂以来[10-12],人们才开始把这种腐蚀破坏称为硫化物应力腐蚀开裂。金属管道钢硫化物应力腐蚀开裂产生的条件:一是输送介质中酸性 H_2S 含量超过临界值,二是拉应力的存在。这两者相辅相成,缺一不可。运输用管道主要的腐蚀介质是 H_2S 的水溶液或水膜,H_2S 只有溶于水才具有酸性。已经查明,在干燥的硫化氢气体以及饱和硫化氢的煤油或苯中,未发现有开裂现象。因此脱水干燥过的 H_2S 可视为无腐蚀性。应力主要为输送中的工作应力,管线内压引起的运行应力,焊接产生的残余应力以及腐蚀产物的楔入应力等。

关于 SSC 机理的研究,普遍的观点是金属材料在应力和 H_2S 腐蚀环境的联合作用下,由于渗氢导致材料脆化而开裂。

在含 H_2S 的环境中,SSC 主要出现于高强度钢、高应力构件及硬焊缝上,开裂垂直于拉伸应力方向。SSC 具有脆性机制特征的断口形貌。穿晶和沿晶破坏均可观察到,一般高强度钢多为沿晶破裂。SSC 破坏多为突发性,裂纹产生和扩散迅速。对 SSC 敏感的材料在含 H_2S 环境中,经短暂暴露后,就会出现裂纹,以数小时到三个月情况为多。

二、按腐蚀机理分类

按照腐蚀机理可将腐蚀分为电化学腐蚀和化学腐蚀。电化学腐蚀需要在电解质环境中发生原电池反应。化学腐蚀则是金属和纯的非电解质发生反应,不发生原电池反应。

1. 电化学腐蚀

电化学腐蚀是金属腐蚀机理中最为广泛的一种。当金属被放置在水溶液中或潮湿的大气中,金属表面会形成一种微电池,也称腐蚀电池(其电极习惯上称阴、阳极)。阳极上发生氧化反应,使阳极发生溶解:阴极上发生还原反应,一般只起传递电子的作用。腐蚀电池的形成原因主要是由于金属表面吸附了空气中的水分,形成一层水膜,因而使空气中 CO_2,SO_2,NO_2 等溶解在这层水膜中,形成电解质溶液,而被这层溶液覆盖的金属又总是不纯的,如工业用的钢铁,实际上是合金,即除铁之外,还含有石墨、渗碳体以及其他金属和杂质,它们大多数的化学活泼性要弱于铁。这样形成的腐蚀电池的阳极为铁,而阴极为杂质,又由于铁与杂质紧密接触,使腐蚀不断进行。

含 H_2S 天然气集输管道和设备使用的钢材绝大部分是碳钢和低合金钢,电化学腐蚀是最为常见的腐蚀种类,其本质过程在于腐蚀过程存在电子转移的过程。在 $H_2S—H_2O$ 的腐蚀环境中,H_2S 除作为阳极过程的催化剂,促进铁离子的溶解,加速钢材重量损失外,同时还为腐蚀产物提供 S^{2-},在钢表面生成硫化铁腐蚀产物膜。腐蚀产物主要有 Fe_9S_8、Fe_3S_4、FeS_2 和 FeS。

硫化铁产物膜的结构和性质将成为控制腐蚀速率与破坏形状的主要因素。

H_2S 腐蚀产物膜的生成、结构及其性质受 H_2S 浓度、pH 值、温度、流速、暴露时间以及水的状态等因素影响。因此,含 H_2S 天然气输送管道的腐蚀破坏往往表现为由点蚀导致局部壁厚减薄、蚀坑和穿孔。

2. 化学腐蚀

金属在非电化学作用下的腐蚀(氧化)过程,通常指在非电解质溶液及干燥气体中,金属与接触到的物质直接发生氧化还原反应而被氧化损耗的过程。在高含硫气田开发和净化过程中发生的化学腐蚀主要包括裸露金属的氧化、水套炉加热管的高温氧化、净化厂硫黄回收单元的高温硫化腐蚀等。

三、按照腐蚀环境分类

1. H_2S—CO_2—H_2O 腐蚀

1)水泥环腐蚀

在酸性气井井下,H_2S、CO_2 等酸性气体横向上从产层与水泥环界面向水泥环、套管方向,纵向上从产层与水泥环界面向气井上部方向对水泥环进行腐蚀。在水泥环与气层接触表面完全腐蚀带,由于酸性气体与水泥环发生化学反应,水泥环的致密性受到破坏而导致水泥环腐蚀表面孔隙度、渗透率增加。随时间的推移,逐渐形成一致密过渡带。此致密过渡带由于大量腐蚀产物的富集堵塞孔道,反而使得此处孔隙度、渗透率不增反降,并最终使 H_2S、CO_2 等酸性腐蚀介质难以在横向和纵向上继续对水泥环展开腐蚀。

2)管线和设备内腐蚀

井下及地面集输系统面临的腐蚀环境主要是高温、高压、H_2S、CO_2 及高矿化度的气田水。其中 H_2S 与 CO_2 类似,也是天然气管道主要的腐蚀性介质。H_2S 与 CO_2 共存条件下,二者的腐蚀机理存在竞争与协同效应。H_2S 不仅造成应力腐蚀开裂,而且对电化学减薄腐蚀也有很大影响。虽然对减薄腐蚀 CO_2 的腐蚀性比 H_2S 强,但是一旦 H_2S 出现,其往往起控制作用。由 H_2S 腐蚀产生的硫化物膜对于钢铁基体具有较好的保护作用,所以当 CO_2 介质中含有少量 H_2S 时,腐蚀速率有时反而有所降低。当 CO_2 和 H_2S 共存时,一般来说,H_2S 控制腐蚀的能力较强。H_2S 的存在既能通过阴极反应加速 CO_2 腐蚀,又能通过 FeS 沉积形成保护膜减缓腐蚀。H_2S 除了造成电化学腐蚀外,其最具危害的还是固体力学化学腐蚀,即硫化物应力腐蚀开裂、氢致开裂(SSC、HIC)等[13]。

高含硫气田开发过程中,多相流环境普遍存在,特别是在气液混输及净化厂胺液循环过程中表现尤为典型。

多相流是指两种或两种以上不同相态或不同组分物质共存的流动体系,一般比较多见的是以两种相态或组分物质共存,称为两相流。

在多相流动中,多相界面分布为不同的几何图形或不同的结构形式,称为多相流流型,简称为流型,又称为流态。流型是多相流最基本的特征参数之一,它不仅影响多相流的流动特性、传热和传质性能，而且还影响对多相流其他参数的正确测量。根据各相介质的不同，流型各有特点。以气/液两相管流为例，在垂直管的气液两相流流动中，其基本流型有泡状流（Bubbly Flow）、弹状流（Slug Flow）、塞状流（Plug Flow）、搅拌流（Churn Flow）、环状流（Annular Flow）、雾状流（Mist Flow）等，也存在上述两种流型的交叉形式。在水平流动中，大致有泡状流、弹状流、塞状流、分层流（Stratified Flow）、波状流（Wavy Flow）、环状流、雾状流，同样也会出现交叉流型。

低气速时，在水相上为明显的油层，流动分别为层流、波浪状层流及卷波流动。随着所有流体速率的增加出现塞流。三相塞流的特征是在油和水的分界面出现波浪状。间歇塞流中油相和管的上壁桥接，然而水相主要是在管底形成层流。在液体塞状流中几乎没有气泡。当气速增加时，出现油水的混合相及出现了气/液流体的弹状流。相似的，在较高的气体流速时出现环状流。表现为充分混合的油/水液体相在管的四周流动，气体在管中心流动。

在较高的气液流速下，观察到了塞流流动，一种间歇式的流型。塞流前面是高度紊乱混合区，该处产生了气相。他们指出在管的底部出现高壁剪应力区及在此处会产生严重的腐蚀。典型的油/水/气三相流的流型图如图2－3所示。

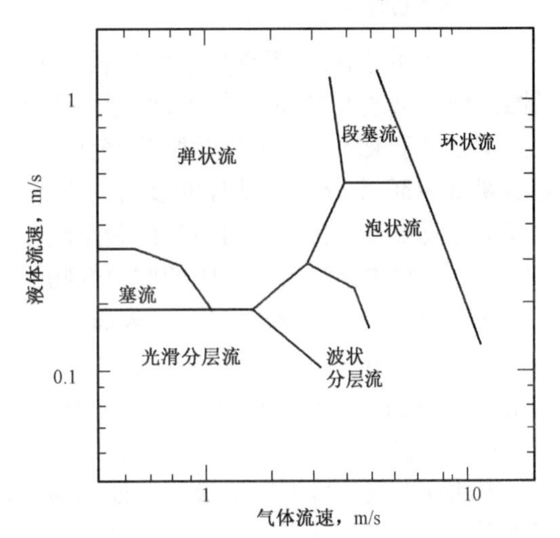

图2－3　典型流型图

沿无水和水流湍动位置，流型对应腐蚀类型的总结列于表2－1。由表可见，流动加速钢腐蚀所对应的流型得到说明。这些流型对腐蚀形态具有主要影响。

表2－1　流型对腐蚀形态的影响[14]

类别	流型	水的分布	水的状态	腐蚀类型
气/水两相	层流	底部	薄层状的	沉积物下的腐蚀
	塞流	大部分在底部，混合的	激烈湍动	流动加速的腐蚀
	环流	圆周的	湍动	流动加速的腐蚀
油/水两相*	隔离	底部	薄层状的	沉积物下的腐蚀
	混合	多数在底部，混合	薄层状的到湍动的	沉积物下的腐蚀
	分散	混合	湍动的	流动加速的腐蚀
气/油/水三相*	层流	管线底部，分离	薄层状的	沉积物下的腐蚀
	塞流	多数在底部，混合	剧烈湍动的	流动加速的腐蚀
	环流	环形的	可能湍动的	流动加速的腐蚀

注：*如果油水混合相是水包油型的。

流动加速腐蚀被定义为不含固体粒子的流体流动产生湍动的影响。流体通过与金属管线表面接触的流态水相的存在加速腐蚀，通过流体湍动大小及在流态水相中湍动波动来影响腐蚀行为。这些波动将腐蚀性物质带到金属表面，并将腐蚀反应产物从边界层移除。对于滞流和层流而言，流体流动的影响是不合逻辑的。实际上，所有存在油和气且流体流动加速腐蚀的位置，流动表现为湍流，因此，首要考虑的应当是湍流流动的物理结构。

此外集输管道中介质的流速也是管线内部腐蚀需要考虑的一个主要方面。流速对腐蚀的影响非常复杂，高流速加速反应物的传输过程，而且介质的切向作用力会阻碍腐蚀产物膜的形成或对已形成的保护膜有破坏作用，导致严重的局部腐蚀。但另一方面，过低的流速也会由于引起足够的积液而增加腐蚀风险和危害。

2. 大气腐蚀

在大气环境下，由于空气中水和氧的化学和电化学作用会引起金属材料的腐蚀[15]。大气腐蚀以均匀腐蚀为主，也包括点蚀、缝隙腐蚀、电偶腐蚀等。与浸于电解质溶液中的腐蚀不同，大气腐蚀属于液膜下的电化学腐蚀，金属表面在潮湿的大气中吸附一层很薄的水膜，当水膜厚度达到 20～30 个分子层厚时可形成电解液膜环境。该液膜来源于大气中雨雪的直接沉降，或大气湿度或温度变化等原因引起的凝露现象，纯水膜的导电性差，不足以形成强烈的腐蚀，但是实际上水膜中会溶入大气中的腐蚀性物质，如盐类（Cl^-）、腐蚀性气体（CO_2、O_2）等。

液膜的产生来自凝露，当金属表面处于比其温度高的空气中时，空气中的水蒸气将以液体形态凝结于金属表面上。凝露是发生大气腐蚀的前提，空气温度在 5～50℃范围内，气温剧烈变化达 6℃左右时，空气相对湿度达到 65%～75% 这一临界点时，可引起凝露现象。实际上，温差越大，引起凝露的临界湿度就越低，特别是昼夜温差达 6℃的气候，在我国各地十分常见。

因此潮大气环境下以阳极过程控制为主，湿大气环境下，以阴极过程控制为主。阴阳极反应如下：

阳极反应：

$$M + xH_2O \longrightarrow M^{n+} \cdot xH_2O + ne \tag{2-1}$$

阴极反应：

$$O_2 + 2H_2O + 4e \longrightarrow 4OH^- \tag{2-2}$$

大气腐蚀的影响因素包括，相对湿度、温度和温度差、光照时间和腐蚀杂质等。

相对湿度取决于氮气中的含水量造成的水膜的厚与薄，一般来讲在金属在此情况下的腐蚀与相对湿度的关系曲线上存在一个拐点，当相对湿度低于此值时，金属腐蚀速率可以忽略，超过这个相对湿度，腐蚀才明显发生，即临界相对湿度。钢的临界相对湿度约为 50%～70%，当相对湿度低于临界湿度时，无论是什么温度，金属几乎不腐蚀；但当空气中有污染或金属表面不洁时，此数值降低，即在较低的相对湿度下，金属也会很快腐蚀。同样的材料在海洋大气环境中，由于金属表面沉积海盐粒子，临界相对湿度可能下降到 40% 以下。严重污染的空气中，这种临界相对湿度可能不存在。一般来说，相对湿度增大，腐蚀速率增大。

温度和温度差也是影响大气腐蚀的一个重要因素。一般来讲，材料表面的凝露发生与环境的温度有关。一定湿度下，环境温度越高，越容易凝露，当相对湿度在临界湿度以上而金属有腐蚀时，温度每升高 10℃，锈蚀的速度提高到约 2 倍。昼夜温差变化大，也会加速大气腐蚀,如果周期地发生凝露,腐蚀最为严重。

如果温度较高并且阳光直接照射到金属表面上,由于水膜蒸发速率较快,水膜厚度迅速减薄,停留时间大为减少。如果新的水膜不能及时形成,则金属腐蚀速率下降。如果气温较高、湿度大而又能使水膜在金属表面停留时间较长,则腐蚀加速。

一般来说,腐蚀物质浓度增大,腐蚀速率增大。但有时提高浓度,腐蚀速率减小,因其他与腐蚀有关的物质的溶解度有可能减小。此外,增加腐蚀介质和去除腐蚀产物也可能影响到金属的腐蚀速率。

3. 土壤腐蚀

土壤腐蚀的影响因素包括土壤类型、土壤电阻率、pH 值、含水率和 SRB 等[16]。一般情况下,代表土壤酸度的强度指标为 pH 值,土壤电阻率是表征土壤导电性能的指标,常作为判断土壤腐蚀性的最基本的参数。该值变化范围很大,从小于 1Ω · m 到高达几百甚至上千 Ω · m。一般来讲,电阻率越小,土壤的腐蚀性越强。

土壤含水量对碳钢的电极电位、土壤导电性和极化电阻有一定影响。土壤中含水量的变化引起土壤通气状况的变化,这对阴极极化将产生影响。含水量还明显影响氧化还原电位,土壤溶液离子的数量和活度,还会影响微生物的活动状况等。土壤中水分状况的变化会引起土壤含氧、含盐不同,这就促进氧浓差电池、盐浓差电池的形成。通常随着土壤含水量的增加腐蚀性增强,但如土壤完全被水饱和,则氧的扩散受到抑制使腐蚀性减弱。硫酸盐还原菌属于厌氧菌,在土壤这种缺氧的环境下,非常适合生存。该菌类由于生物的催化作用,使腐蚀过程的阴极去极化反应得以顺利进行。

杂散电流是指任何不按照有规则的电流通路流动的电流。电气化铁路、电化学腐蚀、输油管路阴极和其他偶然因素(如管道焊接)的影响等,都可能产生杂散电流。杂散电流由管道流向土壤对管体有很强的腐蚀性。对于现有的阴极保护控制系统,杂散电流具有破坏性的作用,并可能带来危险。1A 直流杂散电流一根钢管上流进流出,一年内将导致大约 10kg 金属腐蚀。因此对于杂散电流的检测是管道设计和实施阴极保护时必要的预备性测量,同时也是工程技术测量和防腐效果评估,运行状况监测的必要检测手段。

4. R_1NR_2—H_2S—CO_2—H_2O 腐蚀

净化厂脱硫装置内腐蚀主要形式为 R_1NR_2—H_2S—CO_2—H_2O 腐蚀。原料气中的氧或其他杂质与醇胺反应能生成一系列酸式盐也会加速管线的内腐蚀。常见的有盐酸盐、硫酸盐、甲酸盐、乙酸盐、草酸盐、氰化物、硫氰酸盐和硫代亚磺酸盐[17,18]。H_2S 及 CO_2 与胺液形成的相对较弱的盐在加热时会分解,而原料中其他的酸性组分与胺液反应生成的盐在加热时不会分解,因此不能通过加热解析的方法来再生,这类盐统称为热稳定性盐(HSS)。氯盐、硫酸盐、硫氰酸盐和草酸盐在加热时基本不会分解,能形成相对较强的酸,甲酸盐、乙酸盐和硫代亚磺酸盐在加热时会部分分解,但在胺液再生的工况下不会分解。不管是 MDEA 脱硫溶剂还是 Sulfinol - M 脱硫溶剂,在运行中都会产生热稳定性盐。由于这些热稳态盐的存在,改变了金属表面的电极电位,促进前面所提到的 H_2S 和 CO_2 对设备的腐蚀[19]。

此外,脱硫溶剂在系统中存在热降解、化学降解产生的羟乙基恶唑烷酮(HEOZD)、三羟乙基乙二胺(THEED)和二羟乙基哌嗪(DHEP)对金属有螯合作用,是腐蚀促进剂,对装置腐蚀有一定影响。

第二节 高含硫气田的腐蚀机理

金属腐蚀破坏形式虽然多种多样,但就其腐蚀过程的反应来说,除了硫黄回收单元的高温硫化腐蚀外,高含硫气田发生的腐蚀绝大部分都属于电化学腐蚀的范畴,可以用电化学反应过程来解释。

一、硫化氢腐蚀机理

在高含硫气田中,H_2S 是不可避免的一种酸性腐蚀性气体,干燥的 H_2S 不会引起腐蚀。但在天然气中或多或少都含有饱和水蒸气,在一定条件下,这些水蒸气就会凝结成液态水。此外,随着气藏的开采,气井将逐渐产水。H_2S 一旦溶于水中,就会对金属设备和管线造成腐蚀。在水溶液中,H_2S 与金属材料(主要是 Fe)发生以下电化学腐蚀反应:

阳极上发生的反应:

$$\text{主反应}: Fe \longrightarrow Fe^{2+} + 2e \tag{2-3}$$

$$\text{次反应}: Fe^{2+} + S^{2-} \longrightarrow FeS\downarrow \tag{2-4}$$

阴极上发生的反应:

$$\text{主反应}: 2H^{+} + 2e \longrightarrow 2H \tag{2-5}$$

$$\text{次反应}: 2H \longrightarrow H_2\uparrow \tag{2-6}$$

上述反应表明,H_2S 与金属材料(主要是 Fe)反应的反应产物为 FeS。电子显微镜研究表明,腐蚀产物 FeS 可以许多结晶形态存在。其他形态有 FeS_2(黄铁矿、白铁矿)、Fe_7S_8(磁黄铁矿)以及 Fe_9S_8。H_2S 浓度较低时,硫化氢能生成致密的硫化铁膜(主要为 FeS_2),该膜能阻止铁离子通过,可显著降低金属材料的腐蚀速率,甚至可使金属材料接近钝化状态。但随着 H_2S 浓度的升高,腐蚀产物(主要为 Fe_9S_8)呈黑色疏松层状或粉末,该膜不但不能阻止铁离子通过,反而与金属基体形成活性的微电池,因而加速金属基体的腐蚀。如果 H_2S 水溶液中还含有其他腐蚀影响因素如 CO_2、Cl^- 等,金属材料的腐蚀速率将会大幅度增高。

关于 H_2S 的腐蚀机理,人们提出了不同的观点,主要有以下几种。

1. 电极反应

1)阳极过程

Iofa[20] 等认为 H_2S 在铁表面形成离子或偶极子化合物,而且它的阴极指向溶液,因此,H_2S 溶液中的腐蚀阳极反应分化学吸附(式 2-7)和阳极放电(式 2-8)两步:

$$Fe + H_2S + H_2O \longrightarrow FeSH^{-}_{ads} + H_3O^{+} \tag{2-7}$$

$$FeSH^{-}_{ads} \longrightarrow FeSH^{+}_{ads} + 2e \tag{2-8}$$

Shoesmith[21] 等认为:在少部分酸性溶液中,$FeSH^{+}_{ads}$ 可能按式(2-9)直接转化为 FeS;而在大多数酸溶液中，将按式(2－10)进行水解：

$$FeSH^+_{ads} \longrightarrow FeS + H^+ \quad (2-9)$$

$$FeSH^+_{ads} + H_3O^+ \longrightarrow Fe^{2+} + H_2S + H_2O \quad (2-10)$$

而Schmitt[22]认为在 H_2S 浓度大于200mg/L，并且温度大于40℃时，$FeSH^+_{ads}$ 可按式(2－11)形成富铁硫化物 FeS_{1-x}；当在 H_2S 浓度小于200mg/L，温度小于40℃，并且 CO_2 浓度不高时，$FeSH^+_{ads}$ 可按式(2－12)形成富硫硫化物 FeS_{1+x}。

$$FeSH^+_{ads} \longrightarrow FeS_{1-x} + xSH^- + (1-x)H^+ \quad (2-11)$$

$$(1+x)FeSH^+_{ads} \longrightarrow FeS_{1+x} + (1+x)H^+ + xFe^{2+} + 2xe \quad (2-12)$$

Panasenko[23]认为是由于金属原子与硫原子之间形成化学键而削弱了金属原子间的金属键，促进了金属原子的溶解，形成的中间产物为 $Fe(H_2S)_{ads}$。

$$Fe + H_2S \longrightarrow Fe(H_2S)_{ads} \quad (2-13)$$

$$Fe(H_2S)_{ads} \longrightarrow Fe(H_2S)^{2+}_{ads} + 2e \quad (2-14)$$

$$Fe(H_2S)^{2+}_{ads} \longrightarrow Fe^{2+} + H_2S \quad (2-15)$$

2）阴极过程

Panasenko提出的质子化的 H_2S 释氢机理：

$$H_2S + H_3O^+ \longrightarrow (H_3S)^+_{ads} + H_2O \quad (2-16)$$

$$(H_3S)^+_{ads} + e + M \longrightarrow H-M-(H_2S)_{ads} \quad (2-17)$$

$$H_3S^+ + e + M \longrightarrow H-M + H_2O \quad (2-18)$$

Bolmer[24]认为在 H_2S 环境中，阴极反应机理应为

$$2H_2S + 2e \longrightarrow H_2 + 2HS^- \quad (2-19)$$

$$HS^- + H_3O^+ \longrightarrow H_2S + H_2O \quad (2-20)$$

该反应由 H_2S 扩散和 H_2 析出过电位控制。

Kaesche[25]认为H－S－H键比H－O－H键能低，因此是 H_2S 而不是 H_2O 释放出 H^+。

$$H_2S + 2e \longrightarrow 2H_{ads} + S^{2-} \quad (2-21)$$

Lacombe[26]提出的机理：

$$Fe + HS^- \longrightarrow FeSH^+_{ads} + 2e \quad (2-22)$$

$$FeSH^+_{ads} + H_3O^+ + 2e \longrightarrow Fe(H-S-H)_{ads} + H_2O \quad (2-23)$$

$$Fe(H-S-H)_{ads} \longrightarrow FeSH^+_{ads} + H_{ads} + e \quad (2-24)$$

2. 失效机理

1) HIC 机理

氢致开裂(HIC)指碳钢或低合金钢在含湿 H_2S 的环境中,因腐蚀而生成的氢侵入钢中局部聚集,在钢材轧制方向上发生阶梯状开裂的现象。钢上吸附的表面活性的硫化物阴离子是有效的毒化剂,加速水合氢离子放电,同时减缓氢原子重组氢分子的过程,使阴极反应所析出的氢原子不易化合成氢分子逸出,在钢的表面聚集并且继续渗入钢内,富集在钢材的缺陷和应力集中处,造成钢在 H_2S 中的氢脆型应力腐蚀开裂[27]。碳钢在湿 H_2S 环境中的应力腐蚀开裂多数属于 HIC 机理[28-31],主要有:氢压理论[32]、弱键理论、氢降低表面能理论、氢促进局部塑性变形导致脆断理论[33,34]及氢致开裂综合机理[35]。

2) 阳极溶解机理

H. Huang 和 W. J. D. Shaw 在含有 CO_2+H_2S 的盐水溶液中研究了冷变形对管线钢的 H_2S 腐蚀破坏时发现,开裂主要是阳极溶解和 HIC 的混合机理。无冷变形钢和低变形,主要以阳极溶解机理为主,而冷变形量大的钢则主要是氢脆(HE)机理为主[36]。左禹等用恒变形 U 形试件进行应力腐蚀试验、电化学极化等技术研究 1Cr18Ni9Ti 奥氏体不锈钢在室温 H_2S 水溶液和 90℃的 $H_2S+0.6mol/L\ NaCl$ 水溶液中的台阶状应力腐蚀破裂。认为 90℃时的破裂由 Cl^- 导致的阳极溶解机理控制,裂纹由小孔底部起源,呈台阶状扩展进入内部,沿夹杂物/基体界面及轧制方向晶界的择优溶解导致台阶状裂纹。在室温无 NaCl 的 H_2S 溶液中,破裂机理为氢致开裂[37]。郑华均等采用恒变形试验在不同 pH 值饱和 H_2S 和饱和 $H_2S+NaCl$ 溶液中研究 16MnR 钢应力腐蚀开裂时,从裂纹的源头分析观察开始,认为 16MnR 钢在饱和 H_2S 酸性溶液中发生应力腐蚀是以 HIC 裂纹为主,在中性和碱性溶液中裂纹起始处较宽,主要从点蚀坑底部开始形核,以阳极溶解型裂纹为主[38,39]。

3) 混合机理

文献[40]认为在含有 H_2S 的介质中,阳极溶解和氢致开裂共同作用,相互促进,使碳钢产生应力腐蚀。硫离子的存在削弱了金属原子间的结合力,有助于阳极溶解。钢表面吸附的 HS^- 削弱了表面原子间的结合力,有利于原子氢进入金属内部。阳极溶解释放电子,电子移到金属表面,有利于氢的形成,而氢致裂纹的产生有利于形成活性表面促使阳极溶解。日本川崎制铁所在对低合金高强钢在不同 H_2S 浓度下的应力腐蚀开裂进行研究后,提出 SSC 是综合应力腐蚀开裂机理[41,42]。这种机理认为裂纹的萌生是局部阳极溶解的结果,而裂纹的扩展受到裂纹尖端的金属增氢引起的附加应力的影响,即是阳极溶解和氢脆相互作用的结果。

事实上,要将阳极溶解机理和氢致开裂机理严格区分开来是很困难的,金属材料在湿 H_2S 环境中的腐蚀破坏究竟是何种机理主要取决于腐蚀环境,在不同的环境下存在着不同的机理或者占据着主导位置不同。SSC 裂纹的萌生和扩展是属于同一种机理还是两种机理都存在有必要作进一步研究。

二、元素硫腐蚀机理

在高含硫气田中除了有 H_2S 气体的存在,经常还会发现有元素硫的物质形态,元素硫对

金属也存在较强的腐蚀性。国外很早就开展了元素硫腐蚀机理研究，但到目前为止，关于元素硫腐蚀机理的说法包括：以元素硫的水解为基础的催化机理、水解机理、电化学腐蚀机理、直接反应腐蚀机理，具体如图 2－4 所示。

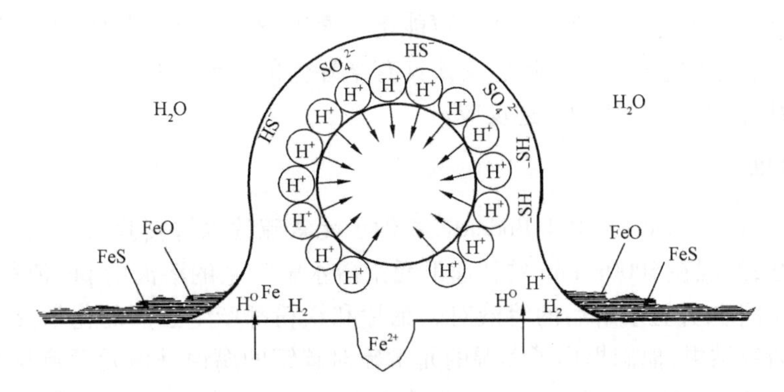

图 2－4　元素硫腐蚀机理示意图

1. 催化机理

1978 年 J. B. Hyne 等人[43]做了厌氧和含氧环境下的湿元素硫对碳钢的腐蚀实验。实验是测量盘绕成一圈圈的铁丝在不同 pH 值、不同气氛（厌氧或含氧）和大小不同元素硫颗粒的溶液中腐蚀速率的变化。得到了以下重要发现：(1) 严重腐蚀发生前存在一个诱导期，其时间长短取决于原始溶液的 pH 值，诱导时间随着初始 pH 值（3.88～5.79）的升高减小，有氧系统的诱导期比无氧系统的时间要短；诱导期随着元素硫粒径的减小而缩短，特别是在厌氧环境。(2) 腐蚀产物为 H_2S 和马基诺矿 $Fe_{1+x}S(0 \leqslant x \leqslant 0.11)$。(3) 严重的腐蚀是自催化过程。(4) 腐蚀开始后，腐蚀电位不断升高。(5) 碳钢和元素硫的直接接触是严重腐蚀发生的必要条件。(6) pH 值随反应时间的增加而升高。基于以上发现，他们提出了催化理论：

阴极：

$$S_{y-1} \cdot S^{2-} + 2xH^+ + 2(x-1)e \xrightarrow{[FeS]} xH_2S + S_{y-1} \tag{2-25}$$

阳极：

$$(x-1)Fe \longrightarrow (x-1)Fe^{2+} + 2(x-1)e \tag{2-26}$$

$$(x-1)H_2S + (x-1)Fe^{2+} \longrightarrow (x-1)FeS + 2(x-1)H^+ \tag{2-27}$$

总的电化学反应为：

$$(x-1)Fe + S_{y-1} \cdot S^{2-} + 2H^+ \xrightarrow{[FeS]} (x-1)FeS + H_2S + S_{y-x} \tag{2-28}$$

阴极的附加反应：

$$H^+ + e \longrightarrow H_{ad} \rightarrow \frac{1}{2}H_2 \tag{2-29}$$

作者指出虽然不知道附加反应的具体反应程度，使整个理论完整。附加反应成功解释了低碳钢在含硫化氢的水环境中发生的氢脆:产生的氢原子(H_{ad})进入钢内部,在夹杂物或缺陷处聚集,进一步反应生成氢气,当压力超过钢断裂临界压力,产生裂纹,随着氢原子不断进入,裂纹不断扩展,最终产生氢脆(氢压理论)。反应式中 $S_{y-1} \cdot S^{2-}$ 是由硫离子和固体硫颗粒的化学吸附产生,S^{2-} 和吸附的多硫酸盐离子可能是元素硫与水反应生成的。生成马基诺矿中的硫铁比不是 1∶1,其不完美结构使硫化亚铁具有半导体的性能,像一个导线连接了阴极和阳极,形成了无数腐蚀电池,催化了上述反应。

2. 水解机理

1981 年 S. B. Maldonado 和 P. J. Boden[44,45] 做了元素硫的水解实验,并研究了水解后的溶液对碳钢的腐蚀,发现在 3000r/min 的转速下元素硫水解产生的溶液的 pH 值很低,随温度的升高 pH 值不断下降,并且水解后的溶液对碳钢片和铁粉都产生强烈的化学反应。基于这些发现和前人的研究结果,他们提出了潮湿的元素硫对碳钢的腐蚀是由元素硫与水反应产生的硫酸(H_2SO_4)和硫化氢(H_2S)对碳钢的化学反应的理论。元素硫的表面形成扩散层,由于极性和吸附力的不同,使得 H^+ 聚集在硫颗粒的表面而 HS^- 和 SO_4^{2-} 堆积边缘,元素硫扮演了氢离子载体的角色,固体硫颗粒表面物理吸附的氢离子的堆积导致颗粒表面的 pH 值下降。从标准摩尔吉布斯自由能来看,$\Delta_\gamma G^\theta m = 157.833 kJ/mol > 0$,说明常温常压下,反应不能自发形成,必需升温或者搅拌等方式促使反应进行。

此外,在水解后的溶液对碳钢腐蚀的过程中发现了两个有价值的现象:

一是诱导期的存在:刚把碳钢加入溶液中时,虽然碳钢的腐蚀电位在降低,但是腐蚀并没有马上进行,而是过了一段时间,严重的腐蚀反应才发生。他们认为是这段时间是硫酸根离子和 HS^- 大量形成并到达一定稳定值,因此这段时间 pH 值上升。

二是活性期的存在:实验中碳钢在水解后的溶液中的腐蚀速率比含可溶性硫化物离子的溶液或硫酸溶液的腐蚀速率高。这是由于碳钢和溶液中的 H^+ 反应导致溶液中的 H^+ 减少,硫的进一步水解补充溶液中的 H^+,使反应持续进行。

3. 电化学腐蚀机理

G. Schmitt[46] 总结前人的研究成果结合自己关于阴离子对腐蚀影响的实验成果,在 1991 年提出了一个关于潮湿的元素硫的电化学腐蚀机理。元素硫和水首先反应产生 H_2S,然后 H_2S 和铁以及氧化亚铁反应在碳钢表面形成马基诺矿。因为这种腐蚀产物的结构缺陷,使得硫化亚铁膜具有高的导电性,因而充当了电子从金属表面传递到元素硫的载体。由于油气田生产中析出的地层水中含有大量的 Cl^-,而 Cl^- 是活性离子影响腐蚀产物膜的稳定性。因而 G. Schmitt 提出了含有 Cl^- 的电化学反应:

阳极金属溶解:

$$Fe + 2Cl^- + H_2O \longrightarrow [Fe(OH)^+ + Cl^-] + HCl + 2e \tag{2-30}$$

阴极硫还原反应:

$$FeS_{x+1} + 2e + 2Na^+ + H_2O \longrightarrow FeS_{x+1} + (Na^+ + SH^-) + NaOH \tag{2-31}$$

阳极区的铁离子水解生成水合氢离子导致 pH 值下降,从而提高阳极区域的腐蚀速率。

在阴极区域，形成了氢氧根离子，pH 值增加。因此，钢铁的硫腐蚀类似于氧浓差电池，并形成局部 pH 值变化。这种机理完美的解释了钢在湿硫环境下的局部缝隙腐蚀。加入下面的三个反应，使得腐蚀机理得以完善。

$$[Fe(OH)^{+} + Cl^{-}] + HCl \longrightarrow FeCl_2 + H_2O \quad (2-32)$$

$$Fe(OH)^{+} + HS^{-} \longrightarrow FeS + H_2O \quad (2-33)$$

$$HCl + NaOH \longrightarrow NaCl + H_2O \quad (2-34)$$

其中通过对含硫气井的硫化物膜下成分的 X 射线衍射检测证实氯化亚铁（$FeCl_2$）的存在。

关于阴离子效应的研究发现阴离子（F^-，Cl^-，Br^-，I^-，SO_4^{2-}）大幅度降低了反应的活化焓（在纯水中从 28kJ/mol 降低到阴离子水溶液的 13 ~ 18kJ/mol），腐蚀速率并按照 $F^- < Cl^- < Br^- < I^- < SO_4^{2-}$ 的顺序不断增大，表明阴离子效应是熵控制而非焓控制[47]。阴离子通过特性吸附和催化作用加速元素硫对钢的腐蚀。

4. 直接腐蚀机理

以上以元素硫水解为基础的腐蚀机理，都指出水解产物中有 SO_4^{2-} 的存在，但腐蚀实验的最终产物都是铁的硫化物和氧化物，而没有硫酸亚铁（$FeSO_4$）或者硫酸铁[$Fe_2(SO_4)_3$]。特别是 H. Fang 等人[48]的熔融元素硫在 5% NaCl 溶液的碳钢腐蚀实验，腐蚀产物的 X 射线衍射（XRD）分析证实没有硫酸亚铁或硫酸铁的存在，产物只有马基诺矿。因而不少科学家产生了对上述以元素硫水解为基础的腐蚀机理的质疑，认为硫原子和铁原子的直接反应的可能性更大。基于严重腐蚀的发生需要潮湿环境中碳钢与元素硫的直接接触，结合自己的研究结果，Norman Dowling[49]提出了直接腐蚀机理：

阳极反应：

$$Fe \longrightarrow Fe^{2+} + 2e \quad (2-35)$$

阴极反应：

$$S + 2e \xrightarrow{[FeS]} S^{2-} \quad (2-36)$$

总反应：

$$Fe + S \xrightarrow[H_2O]{[FeS]} FeS \quad (2-37)$$

诱导期主要发生：铁在水中的腐蚀、包裹在固体硫中的硫化氢（H_2S）的释放或在元素硫表面 $S_xO_y^{2-}$ 类型的硫化物在水中的歧化反应生成硫化氢（H_2S），进而硫化氢的水解，腐蚀产生的 Fe^{2+} 和水解出的和 HS^-（硫化氢的水解以一级水解为主）达到一定浓度时，产生 FeS。腐蚀产物 FeS 由于其缺陷结构，催化了腐蚀的进一步发生。通过电化学手段研究了固体硫的还原反应，通过外加电流给放置在 $FeSO_4$ 溶液中覆盖着元素硫的铂片，其产物通过 X 射线发射谱（XES）证明了 FeS 的存在，从而证明了上述腐蚀机理的可能性。

三、R_1NR_2—CO_2—H_2S—H_2O 腐蚀机理

H_2S 和 CO_2 对醇胺法脱硫脱碳装置的腐蚀主要包括全面腐蚀、局部腐蚀及硫化物应力腐蚀开裂(SSC)与氢致开裂(HIC)等形态。在有游离水存在的条件下,H_2S 与管壁或容器壁反应直接导致金属损失,最后引起设备失效。水以及诸如乙二醇、甲醇、胺液等水溶性化学处理剂的存在会加剧上述电化学反应。溶液脱硫是一个动态过程,反应过程如方程 2-38,2-39 所示。

$$2R_1NR_2 + H_2S \rightleftharpoons (R_1HNR_2)_2S \tag{2-38}$$

$$(R_1HNR_2)_2S + H_2S \rightleftharpoons (R_1HNR_2)_2HS \tag{2-39}$$

上述反应释放出的氢离子是强去极化剂,而导致钢材腐蚀。腐蚀产物硫化亚铁(FeS)与钢材表面的黏结力有限,易脱落且易被氧化,作为阴极与钢基体构成活性微电池而产生腐蚀。这也是 H_2S 在醇胺法装置上产生电化学腐蚀的基本原理。同时,H_2S 作为强渗氢介质,能提供氢的来源,并通过毒化作用阻碍氢原子结合成氢分子而提高钢材表面的氢浓度,导致氢向金属内部扩散的动力增加,加速氢向钢材内部的扩散过程。通常这种腐蚀是均匀的,随温度的升高而加剧,特别在气液相转变的部位腐蚀会加剧,如重沸器上部气液两相区域。

溶液脱碳也是一个动态过程,反应过程如方程 2-40、方程 2-41 所示。

$$2R_1NR_2 + CO_2 + H_2O \rightleftharpoons (R_1HNR_2)_2CO_3 \tag{2-40}$$

$$(R_1HNR_2)_2CO_3 + CO_2 + H_2O \rightleftharpoons (R_1HNR_2)_2HCO_3 \tag{2-41}$$

游离或化合的 CO_2 均能引起腐蚀,其中较严重的腐蚀发生在有水的高温部位(90℃以上)。低温胺液中大部分 CO_2 以化合态存在于富胺液中。CO_2 与 H_2O 结合生成的 H_2CO_3 可对设备产生直接腐蚀。60℃以下,钢材表面存在少量软而附着力小的 $FeCO_3$ 膜,金属表面光滑,腐蚀形态表现为均匀腐蚀。均匀腐蚀对醇胺法装置的影响不大。100℃附近,形成的腐蚀产物层厚而松,易产生严重的局部腐蚀。均匀腐蚀常见于醇胺法装置的再生系统。150℃以上,腐蚀产物是细致、紧密、附着力强、具有保护性的 $FeCO_3$膜,其可降低金属的腐蚀速率。醇胺法装置正常操作温度一般低于 150℃。

点蚀通常发生在设备或管道的死区,诱发点蚀的原因很多,诸如容器或管道的细微裂缝,金属表面的细微垢粒和其他沉积物的形成等。点蚀一旦形成,就可能诱发容器或管壁穿孔,而对管道或容器的附近区域并无多大影响。

出现典型 SSC 的设备的开裂主要发生于压力焊缝与接管焊缝的熔合线中或焊缝的热影响区。其裂纹往往始于焊缝的热影响区或邻近的母材,而终止于软母材,且大多数裂纹平行于焊缝并表现为穿晶型,裂纹内有硫化物存在。在醇胺法装置上也常出现 HIC。H_2S 与 Fe 反应时产生的原子氢能渗入钢中并游弋于晶界。如钢材存在缺陷,则原子氢易于在熔渣、空隙以及晶相的不连续等缺陷处聚集。MDEA 装置出现 HIC 的几率最小,Sulfinol 装置出现 HIC 的几率最大,DEA 装置比 MEA 装置容易出现 HIC。在应力集中区,由氢积聚引起的微裂纹常沿着壁厚方向发展而形成开裂而产生很大的破坏性。其在醇胺法装置上常见于 H_2S 浓度较高的区域包括吸收塔底部及汽提塔顶部等部位。

四、微生物腐蚀机理

在高含硫气田的净化厂循环冷却水系统中还存在微生物腐蚀的现象，微生物腐蚀的机理主要是在黏泥团的周围和黏泥团的下方不但可以形成氧的浓差电池，使黏泥下方因缺氧而成为阳极，铁不断被溶解而造成垢下腐蚀外，一些细菌的代谢产物也会直接对金属造成腐蚀，这是工业冷却水系统发生故障的主要原因。另外，生物黏泥附着在金属表面，会使缓蚀剂难以在金属表面成膜，从而降低了缓蚀剂的缓蚀效果。

在冷却水中，它们产生一种胶状的、黏性的或黏泥状的、附着力很强的沉积物。这种沉积物覆盖在金属的表面上，降低冷却水的冷却效果，阻止冷却水中的缓蚀剂、阻垢剂和杀生剂到达金属表面发生缓蚀、阻垢和杀生作用，并使金属表面形成差异腐蚀电池而发生垢下腐蚀。

铁细菌能在冷却水系统中产生大量氧化铁沉淀是由于它们能把可溶于水中的亚铁离子转变为不溶于水的 Fe_2O_3 的水合物作为代谢作用的一部分：

$$2Fe^{2+} + 1.5O_2 + xH_2O \longrightarrow Fe_2O_3 \cdot xH_2O + 4e \tag{2-42}$$

铁细菌的锈瘤还会遮盖了钢铁的表面，形成氧浓差腐蚀电池，并使冷却水中的缓蚀剂难于与金属表面作用生成保护膜。硫酸盐还原菌能把水溶性的硫酸盐还原为硫化氢，硫酸盐还原菌的腐蚀机理示意图如图 2－5 所示。

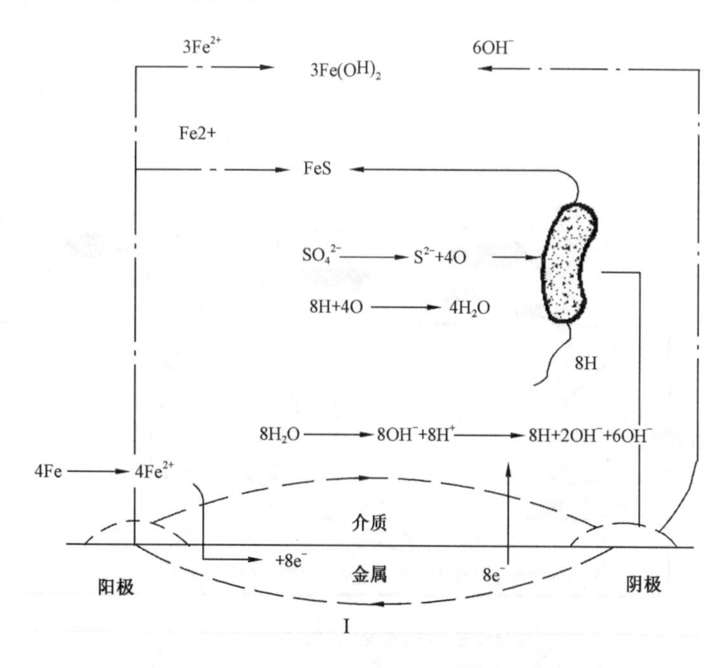

图 2－5　硫酸盐还原菌腐蚀机理示意图

在循环冷却水系统中，硫酸盐还原菌引起的腐蚀速率是相当惊人的。硫酸盐还原菌引起的孔蚀穿透速度可达 1.25～5.0mm/a。这类细菌有硝化细菌、硫杆菌等。它们能够将氨、可溶性硫化物等转变为硝酸、硫酸，使循环水 pH 值下降，促进金属的腐蚀。微生物腐蚀易促进并形成节瘤状腐蚀产物，形成及发展如图 2－6 所示。

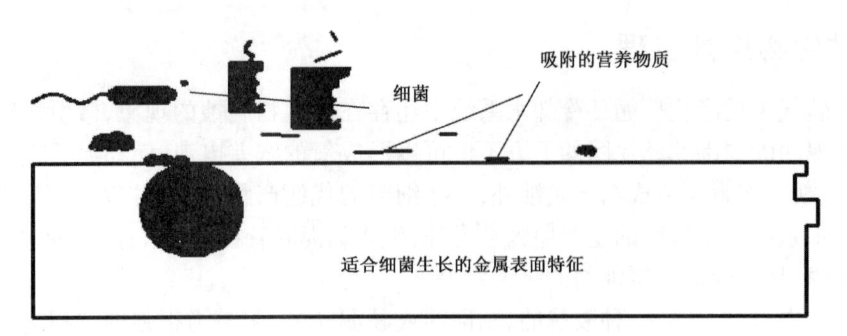

(a)阶段一　寻找适宜的场所

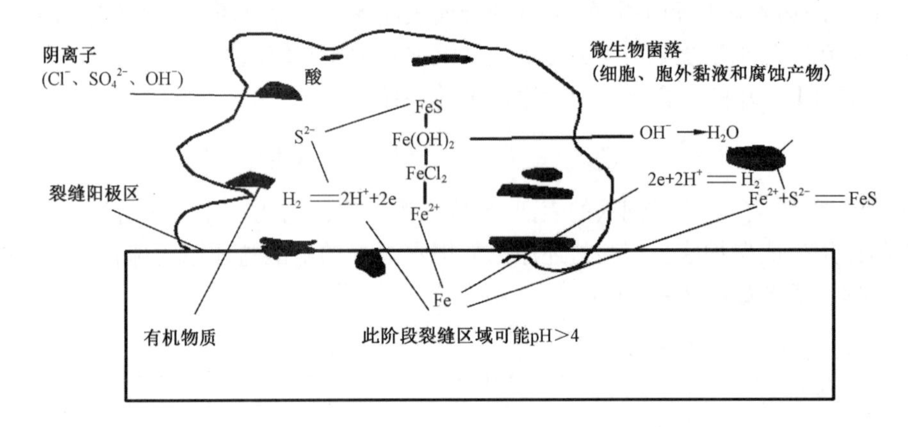

(b)阶段二　菌落形成、缝隙腐蚀以及阳极固定

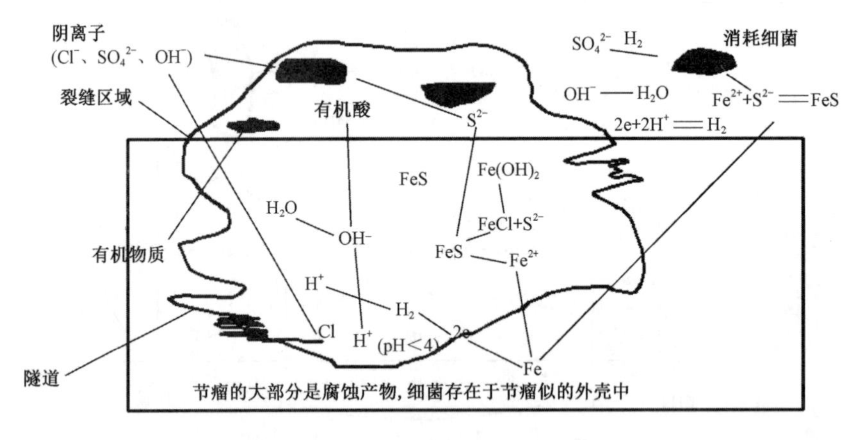

(c)阶段三　在充分发展的蚀孔上形成节瘤

图2－6　微生物腐蚀形成和发展示意图

五、高温硫化腐蚀机理

高温硫化腐蚀是指240℃以上的元素硫、硫化氢和有机硫形成的腐蚀，随温度的升高，硫腐蚀逐渐加剧，特别是在350～400℃时硫化氢能分解出S和H_2，在高温下S对金属的腐蚀比

H_2S更剧烈。高温腐蚀可用反应式2-43、反应式2-44和反应式2-45表示。温度对高温腐蚀影响明显,这种腐蚀发生的最低温度为240℃,在400℃时最为剧烈,当温度超过420℃后,高温硫化腐蚀速率则又下降。

$$Fe + H_2S \longrightarrow FeS + H_2 \qquad (2-43)$$

$$H_2S \longrightarrow S + H_2 \qquad (2-44)$$

$$S + Fe \longrightarrow FeS \qquad (2-45)$$

六、垢下腐蚀机理

高含硫气田净化厂循环冷却水装置是经常发生垢下腐蚀的主要场所,污垢形成的主要原因是随着循环水浓缩倍数的增加,水中碳酸盐逐渐析出并沉积在金属表面。污垢的形成不仅影响换热效率,还会间接引起腐蚀和微生物的滋生,并造成输水困难。间接腐蚀会发生在垢层下面,因为溶解氧不易通过垢层扩散到金属表面,使得垢层覆盖的区域成为缺氧区,这样的缺氧区和没有污垢覆盖的富氧区构成了腐蚀原电池,垢下为阳极,使得金属材料发生局部腐蚀,严重的会造成非正常停产。

形成锈垢层的沉积物主要有三大类。第一类为腐蚀产物,如Fe_2O_3、Fe_3O_4、FeOOH、$FeCO_3$、FeS等;第二类为无机盐垢,如$CaCO_3$、$CaSO_4$、$BaSO_4$等,尤其是在含有CO_2的油气井中,会形成大量的$CaCO_3$垢而沉积于钢管的内壁,一些泥沙、黏土、腐殖质等悬浮杂质沉积也属于此类;第三类为微生物的黏液,主要由细菌、藻类等微生物以及它们的分泌黏液混在一起组成的凝胶状团块沉积物。根据腐蚀环境的不同,这三类沉积物可能单独出现,也可能共存。

垢下腐蚀与垢层组成和分布形态有关,金属表面上形成不连续的垢层将产生垢下腐蚀,即使形成连续的垢层,也有可能产生严重的垢下腐蚀。如果金属表面垢层是连续致密的,可能抑制金属的腐蚀。但是许多垢层是多孔的不均匀的,具有n型半导体性质因而具有电子导电性(如一些金属氧化物和大多数金属硫化物),垢层自身也可能成为阴极促进腐蚀反应的进行,因此垢下腐蚀可以是全面腐蚀也可以是局部腐蚀。例如在含有CO_2和H_2S的油气集输管线中,通常金属表面会形成以腐蚀物为主体的垢层,由于介质环境条件不同,生成的腐蚀产物的组成和形态不同,有时可能抑制金属的腐蚀,有时可能在垢层下产生严重的全面腐蚀或局部腐蚀。

金属表面覆盖腐蚀锈垢后,锈垢下形成相对闭塞微环境,垢下蚀坑空间处于闭塞状态,蚀坑内溶液同外界的物质交换受到很大阻碍,产生内外介质的电化学不均匀性。闭塞区内外物质的迁移通道是垢层中的微孔,迁移的难易和离子种类取决于垢层的结构、密实程度和离子选择性等。图2-7是符合真实垢下腐蚀特点的闭塞腐蚀孔穴示意图,可见垢下腐蚀与点蚀、缝隙腐蚀的特点是相似的。

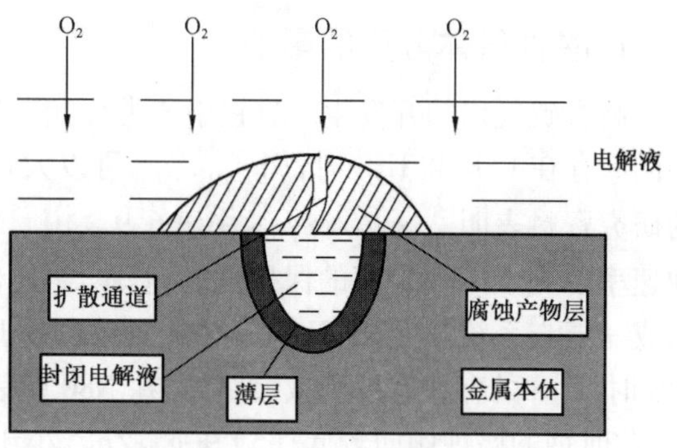

图2-7　垢下闭塞孔穴示意图

垢下腐蚀机理主要可分为以下两种：

(1)闭塞电池自催化机理。

金属表面产生垢层后，垢层和金属之间形成的缝隙或垢层自身的微孔均将成为腐蚀反应的物质通道，形成垢下腐蚀。当金属表面局部有垢覆盖时，垢下形成相对闭塞的微环境，由于垢层的阻塞作用，氧通过缝隙或垢层微孔扩散进入垢层下的金属界面十分困难。因此，随着腐蚀反应的进行，垢层下成为贫氧区，将与垢层外部的本体部分形成宏观的氧浓差电池。通常腐蚀垢层具有阴离子选择性，垢层下金属阳离子难以扩散到外部，随着 Fe^{2+} 的积累，造成正电荷过剩，促使外部的 Cl^- 迁入以保持电荷平衡，金属氯化物的水解使垢层下环境酸化，进一步加速垢下的腐蚀。因此，这种闭塞电池自催化机理与缝隙腐蚀的发展机理相同。

(2)电偶腐蚀机理。

许多金属的腐蚀产物垢层具有 n 型半导体性质，有电子导电性，在腐蚀介质中的稳定电位可能较金属自身高(如土壤环境中软钢的锈层，在一定条件下的 CO_2 和 H_2S 环境中碳钢表面生成的腐蚀产物沉积层等)，因此，不管垢层是部分覆盖或是完全覆盖，垢层可作为阴极与垢层下的基体金属组成电偶对，加速垢层下的腐蚀。同样，腐蚀过程中，随着 Fe^{2+} 的积累，外部的 Cl^- 通过垢层缝隙或微孔迁入，在垢层和金属界面富集，加速垢下的腐蚀。在这样的条件下，虽然金属表面全部被腐蚀产物垢层覆盖，但垢层下的金属腐蚀仍以较高的速率进行着。

第三节　高含硫气田的腐蚀影响因素

在高含硫气田生产中，不仅要了解金属发生腐蚀的原因和倾向，而且也需要了解设备在介质中的腐蚀情况及腐蚀的影响因素，以便为制定经济有效的腐蚀控制措施提供基础数据。本节将从覆盖高含硫气藏开发的全流程出发，将其分为开发流程(包括井筒和地面集输系统)和净化处理流程(包括净化厂脱硫系统和工业循环水系统)的腐蚀影响因素进行介绍。

一、开发流程腐蚀的影响因素

影响金属材料腐蚀的主要因素包括环境因素和材料本身的耐蚀性能。其中，环境因素包括酸性气体分压、Cl^- 浓度、溶液 pH 值、温度、流速等。这些因素之间还相互协同与牵制，使得腐蚀更为复杂多变。

1. 酸性气体分压的影响

高含硫气田的开发生产过程中通常伴随着压力环境，尤其井下压力可达几十兆帕。系统中同时存在 CO_2 和 H_2S 时，用 p_{CO_2}/p_{H_2S} 可以大致判定腐蚀是 H_2S 还是 CO_2 起主要作用。现有的研究资料表明[50]：(1)在 p_{H_2S} 小于 6.9×10^{-5}MPa 时，CO_2 占主导作用，温度高于 60℃时，腐蚀速率取决于 $FeCO_3$ 膜的保护性能，基本与 H_2S 无关；(2)在 p_{CO_2}/p_{H_2S} 大于 200 时，材料表面形成一层与系统温度和 pH 值有关的较致密的 FeS 产物膜；导致腐蚀速率降低。在 $p_{CO_2}/p_{H_2S}=888$ 时，H_2S 的存在有助于减缓腐蚀，在 N80 钢表面生成一层厚而均匀且附着力比较强的产物膜，此时钢的腐蚀倾向较低；(3)在 p_{CO_2}/p_{H_2S} 小于 200 时，系统中以 H_2S 腐蚀为主导，其存在一般会使材料表面优先生成一层 FeS 膜，此膜的形成会阻碍具有良好保护性的 $FeCO_3$ 膜的生

成，系统最终的腐蚀性取决于 FeS 和 $FeCO_3$ 膜的稳定性及其保护情况。在 p_{CO_2}/p_{H_2S} 等于 7 时，N80 钢表面产物膜主要由 FeS 组成，并且膜层的致密性好，附着力高，使得 N80 钢的均匀腐蚀速率显著下降。

按以前对酸性环境的定义：当湿天然气（流体）中 p_{H_2S} 大于 0.0003MPa 时，即定义为酸性环境。新的 ISO 15156—2015《石油天然气工业　油气开采中用于含硫化氢环境的材料》标准对酸性环境的定义为暴露于含有 H_2S 并能够引起材料按本篇所揭示的机理开裂的油田环境（即所有由 H_2S 引起的腐蚀开裂机理，这些开裂包括硫化物应力开裂、应力腐蚀开裂、氢致开裂及阶梯型裂纹、应力定向氢致开裂、软区开裂和电偶诱发的氢应力开裂）。H_2S 浓度很低的情况下即可引起敏感金属材料发生 SSC，随着 H_2S 含量的增高，金属材料更易发生 SSC。ISO 15156—2015《石油天然气工业　油气开采中用于含硫化氢环境的材料》标准根据 H_2S 分压和介质的 pH 值将介质环境分为非酸性、轻度酸性、中度酸性和重度酸性几类。给出了在油气生产及处理过程中含有 H_2S 的环境下，设施用碳钢和低合金钢的选择及评定的要求和推荐作法，列出了抗 SSC 的碳钢和低合金钢材料（包括了铸铁）的使用要求。

2. Cl^- 的影响

Cl^- 对金属腐蚀的影响表现在两个方面：一是降低材质表面钝化膜形成的可能性或加速钝化膜的破坏，从而促进局部腐蚀；另一方面使得 H_2S、CO_2 在水溶液中的溶解度降低，从而缓解材质的腐蚀。

Cl^- 具有离子半径小、穿透能力强，并且能够被金属表面较强吸附的特点。Cl^- 浓度越高，水溶液的导电性就越强，电解质的电阻就越低，Cl^- 就越容易到达金属表面，加快局部腐蚀的进程；酸性环境中 Cl^- 的存在会在金属表面形成氯化物盐层，并替代具有保护性能的 FeS 膜，从而导致高的点蚀率。

3. pH 的影响

高含硫气田因酸性 H_2S 气体的存在，腐蚀介质多呈现弱酸性，也就是 pH 值普遍较低。随体系 pH 值变化，H_2S 对钢铁的腐蚀过程分为三个不同区间：在 pH 小于 4.5 时为酸腐蚀区，腐蚀的阴极过程主要为 H^+ 的去极化，腐蚀速率随溶液 pH 值升高而降低；当 pH 范围为 4.5 ~ 8 时为硫化物腐蚀区，HS^- 成为阴极去极化剂，此时若 H_2S 浓度保持不变，腐蚀速率随溶液 pH 值的升高而增大；当 pH 大于 8 时为非腐蚀区，这是因为在高 pH 值下，H_2S 可完全解离并形成较为完整的硫化铁保护膜。随腐蚀介质 pH 值增加，钢在 H_2S 中出现 SSC 所需时间增加。pH 小于 3 时，对 SSC 敏感性影响不大，pH 大于 3 时，随 pH 值增大，SSC 敏感性降低，材料产生破裂的临界应力值增大。

H_2S 水溶液的 pH 值为 6 是一个临界值。当 pH 值小于 6 时，钢的腐蚀率高，腐蚀液呈黑色，浑浊。因此 NACE T-IC-2 小组认为气井底部 pH 值为 6 ± 0.2 是决定油管寿命的临界值，当 pH 值小于 6 时，油管的寿命很少超过 20 年。此外，通常在低 pH 值的 H_2S 溶液中，生成的是以含硫量不足的硫化铁（如 Fe_9S_8）为主的无保护性的产物膜，从而加剧了钢材的腐蚀；但随着溶液 pH 值的增高，FeS_2 含量也随之增大，于是在高 pH 值下生成的是以 FeS_2 为主的具有一定保护效果的膜。pH 值直接影响 H_2CO_3 在水溶液中的存在形式[51]。当 pH 值小于 4 时，

主要以 H_2CO_3 形式存在；当 pH 值为 4～10 时，主要以 HCO_3^- 形式存在；当 pH 值大于 10 时，主要以 CO_3^{2-} 存在。一般来说 pH 值的增大，使 H^+ 含量减少，降低了原子氢还原反应速度，从而降低了腐蚀速率。

Dugstad 等人[52]认为 pH 值影响腐蚀速率有不同的机理：在给定电位下，阳极溶解速度与 H^+ 浓度成正比，直到 pH = 5 时，溶解不受 pH 值增加的影响；pH 值继续增加，H^+ 阴极还原速度下降。pH 值除了影响阴、阳极反应速度外，还对腐蚀产物膜的形成有重要影响，这是由于 pH 值影响 $FeCO_3$ 的溶解度的缘故。pH 值从 4 增加到 5，$FeCO_3$ 溶解度下降 5 倍，而当 pH 值从 5 增加到 6 时，要下降上百倍，这就解释了为什么 pH 大于 5 时腐蚀速率下降很快。因为低 pH 值时 $FeCO_3$ 膜倾向于溶解，而高 pH 值时更有利于 $FeCO_3$ 膜的沉积。一般地认为，pH 值在 5.5～5.6 时，腐蚀的危险性较低。

金属材料在水溶液中，pH 值介于 2.7～4 时 SSC 敏感性最大，一般认为 pH 值大于 9，不会发生 SSC。

环境的 pH 值对碳钢和低合金钢 SSC 有严重影响，要求确定在生产条件下的现场 pH 值。油气田开发产生过程中液体的 pH 值取决于液体的成分、温度，以及溶解于其中的酸性气体的数量。虽然已经有了一些预测 pH 值的计算程序，但一般仍倾向用直接测得的 pH 值。对于正在考查的设备而言可能没有这些不同部位的实际 pH 值数据，在缺少这些数据和能够可靠地导出 pH 值的情况下，可以保守地假定 pH 值等于 3.5，或者采用 ISO 15156 - 2—2015《石油天然气工业　油气开采中用于含硫化氢环境的材料》附录 D pH 值的测定指南，来确定在生产条件下的现场 pH 值。该 pH 值测定指南给出了不同条件下测定水相 pH 值近似值的一般原则，如果不能证实计算或者现场测量技术是有效的，就可用这种方法来确定生产条件下的现场 pH 值，合理的误差范围为 ±0.5。该 pH 值测定指南特别指出，通常对减压后水样测试的 pH 值，不应被误认为是有效的现场 pH 值。现场 pH 值可能受有机酸存在的影响。产生过程中对液体组分的分析应用来对计算的现场 pH 值进行必要的调整。

4. 温度的影响

在高含硫气田中设备及管线金属使用的温度变化差异较大，从地面流程的环境温度到井下高温环境，温度变化范围在 0～200℃之间，因此对于温度对金属腐蚀的影响机制的认识显得尤为重要。

温度对 H_2S、CO_2 腐蚀的影响比较复杂：在低温范围内，钢在硫化氢水溶液中的腐蚀随温度的上升而增加，如在 10% 的 H_2S 水溶液中，当温度从 55℃ 升至 84℃，腐蚀速率大约增加 20%；若温度继续上升，其腐蚀速率将下降；在 110～120℃，腐蚀速率最小，碳钢在 40℃ 时的腐蚀速率比 120℃ 时的高出约一倍。而且其腐蚀产物也将随温度的升高而逐渐由富铁、无规则几何微晶结构保护性的产物膜，变为富硫的、有规则几何微晶结构和保护性的磁黄铁矿（Pyrrhonist）或黄铁矿（Pyrite），且温度越高这种转化过程越快。也有资料认为这种膜可降低高强度钢对硫化物应力腐蚀开裂的敏感性。

H_2S 介质温度不仅对反应速度有影响，而且对腐蚀产物膜的保护性有很大的影响。有学者认为，无水 H_2S 在 250℃ 以下腐蚀性较弱；在室温下的湿 H_2S 气体中，钢铁表面生成的是无保护性的 Fe_9S_8。在 100℃ 含水蒸气的 H_2S 中，生成的也是无保护性的 Fe_9S_8 和少量 FeS。在

饱和 H_2S 水溶液中，碳钢在 50℃ 下生成的是无保护性的 Fe_9S_8 和少量 FeS；当温度升高到 100～150℃时，生成的是保护性较好的 $Fe_{1-x}S$ 和 FeS_2。H_2S 对不锈钢电极表面钝化膜的破坏分为吸附—减薄—破坏三个阶段。当 H_2S 含量较低时，不锈钢表面钝化膜的厚度在 H_2S 的作用下不断减薄，但并未完全破坏，电化学阻抗谱图保留钝化膜的阻抗特征；当 H_2S 含量较高时，不锈钢表面钝化膜被破坏，表面覆盖一层硫化物膜，电化学阻抗谱图的特征发生变化。

在 CO_2 存在条件下，当温度低于 60℃时，由于不能生成对腐蚀有保护作用的产物膜，腐蚀速率由 CO_2 水解生成碳酸的速度和 CO_2 扩散至金属表面的速度共同决定，以均匀腐蚀为主；当温度高于 60℃时，金属表面有碳酸亚铁生成，腐蚀速率由穿过阻挡层的过程决定，即垢的渗透率、垢本身的溶解度和介质流速联合作用而定。由于温度在 60～110℃ 范围内腐蚀产物厚而松，结晶粗大不均匀，易破损，故局部孔腐蚀严重；而当温度高于 150℃ 时，腐蚀产物细致紧密，从而腐蚀率下降。

总之，温度对 H_2S 及 CO_2 腐蚀的影响主要为 3 个方面：(1) 温度升高，各反应进行的速度加快，促进了腐蚀的进行；(2) 影响了气体 (CO_2 或 H_2S) 在介质中的溶解度，温度升高，溶解度降低，抑制了腐蚀的进行；(3) 温度升高影响了腐蚀产物的成膜机制，使得膜有可能抑制腐蚀，也可能促进腐蚀。因此，温度在这三个方面所起的综合作用，而影响钢的腐蚀速率，具体的影响要视其他相关条件而定。

有研究表明：当 CO_2 与 H_2S 并存时，仍然符合在低温只有 CO_2 一种介质时的腐蚀规律：即形成的碳酸盐腐蚀产物因疏松未沉积到试样表面，因此在腐蚀产物中未发现有碳酸盐腐蚀产物存在。在硫化氢单独存在的腐蚀环境中，腐蚀受温度的影响很大一般认为在低温时硫化氢容易对管材产生损伤（一般认为在 5～80℃ 范围内氢损伤最为严重），其腐蚀方式主要为：表面腐蚀和氢损伤两种。硫化氢在金属表面形成的硫化物沉淀使表面形态不一致，易形成多个腐蚀原电池，造成局部腐蚀；H_2S 水解所析出的氢原子可进入金属次表面，形成氢鼓泡，阶梯形氢致裂纹等，在力学作用下甚至会发生应力腐蚀开裂等（如油管柱的悬重容易使油井管柱上部产生拉力而开裂）。在 H_2S、CO_2 并存的腐蚀环境中，碳酸盐腐蚀产物因薄且疏松，易沉积到基体表面，致使 FeS 腐蚀产物在基体表面优先成膜，这种膜的形成更使碳酸盐腐蚀产物无法沉积到基体表面。另外，从溶度积来分析，$FeCO_3$ 溶度积为 2.11×10^{-11}，FeS 溶度积为 10^{-19}，也可发现 FeS 比 $FeCO_3$ 稳定和容易形成。FeS 膜具有一定的防护作用，含量越高，单位体积上所形成的膜越致密，因此腐蚀速率越低。

碳钢材料在湿含 H_2S 的环境中，24℃ 左右是发生 SSC 的最敏感温度。随温度的升高，敏感性降低。

5. 流速的影响

流速影响腐蚀一般有两种形式，一种是流速诱导腐蚀，一种是磨损腐蚀。

1) 流速诱导腐蚀

在多相（即气相、水相和液态烃）生产中，流速在两个方面影响管材的腐蚀速率。首先，流速决定流动特性。总的说来，随着流速的增加，分别表现为静态（即很小或没有流动）、中等条件下的层流以及高流速条件下的湍流。其次，随着流速的增加，导致质量传递增大；而在更高的流速条件下，会清除具有保护性的腐蚀膜（即腐蚀产物和缓蚀剂膜），从而加速腐蚀。在多相流体系中，可以用于定义流动条件的一个方法是表面液体流速。在低于大约1m/s的条件下，通常可以认为是静态条件。在此条件下，腐蚀速率比在中等流速条件下要大。出现这种现象的原因在于，在静态条件下，水相中没有通常的湍流来帮助混合、分散保护性的液态烃和缓蚀剂。此外，腐蚀产物和其他沉积物会从液相中沉降下来，从而促进缝隙腐蚀和垢下腐蚀。

在1～3m/s的条件下，通常为层流。但是，增加流速会清除某些沉积物并增大搅拌和混合作用。在高于5m/s的条件下和非缓蚀剂系统中，随着流速的增加，管材的腐蚀速率迅速增加；对于加入缓蚀剂的系统，当流速介于0～3m/s间时，随着流速的增加，促进烃相和水相的混合，因此，金属材料腐蚀速率的上升不明显。在高于10m/s的条件以及缓蚀剂系统中，由于高流体流速清除了管材表面的保护膜，所以随着流速的增加，管材的腐蚀速率急剧上升。德国Iserlohn大学腐蚀防护研究所研究认为，缓蚀剂加入体系临界速度增加，是由于达到某一临界浓度的缓蚀剂通过高分子的交联作用，降低了介质的阻力，从而使流动诱导腐蚀所需剪切应力提高，与之对应的流速也增加。一般而言，5m/s是非缓蚀剂系统的临界流速；10m/s是缓蚀剂系统的临界流速。流速对腐蚀速率的影响可用如下经验公式表示：

$$C_R = B \cdot V^n \tag{2-46}$$

式中 C_R——腐蚀速率，mm/a；

V——流速，m/s；

B——常数；

n——指数，在大多数情况下取0.8。

在垂直流条件下，流速对腐蚀的影响通常遵循与水平流条件下相似的规律，主要的差别在于低流速条件下。对于垂直流来说，静态条件只存在于特低流速条件下（即小于0.3m/s）。在井下条件下，它只存在于关井条件下。超过该流速，强大的搅拌可以将烃类、水和缓蚀剂充分混合，因此，在0.3～10m/s的缓蚀剂体系以及0.3～5m/s的非缓蚀剂体系中，随着流速的增加，对腐蚀的影响并不是很大。只有当流速超过这些范围时，由于表面的保护膜被清除，所以腐蚀速率急剧上升。

2）磨损腐蚀

磨损腐蚀是由于腐蚀介质与金属表面的相对运动引起的金属腐蚀和破坏现象。磨损腐蚀一般伴随着金属表面保护膜的机械磨损和腐蚀介质的电化学反应的联合作用。由于金属保护膜和腐蚀介质的冲刷力不均匀，因此受到该类腐蚀的金属表面并不均匀，其腐蚀形式一般表现为槽、沟、波纹、圆孔和山谷形，并常常显示有方向性。

在工业实践中，在流速发生较大变化的区域，如弯头、肘管、三通、阀门、换热器管、计量装置和孔板等处最容易受到磨损腐蚀。预防和抑制磨损腐蚀的方法主要有以下几种：（1）选用耐磨损腐蚀较好的材料；（2）改进工程设计降低流速，减少低凹、拐点；（3）降低体系的腐蚀性；（4）采用耐腐蚀和耐磨损的涂层。

6. 时间的影响

金属在含H_2S介质的溶液中的腐蚀规律一般为初期腐蚀速率一般都较大，随着时间延长，腐蚀速率会逐渐下降，2000h 后趋于平衡。

除上述 6 种腐蚀影响因素外，材料自身的性能对耐蚀性也会产生重要影响。金属材质的硬度（强度）、显微组织、非金属夹杂物、化学成分和冷变形等是影响其耐蚀性的主要因素。普通钢 N80 和抗硫钢 N80S 在含 CO_2/H_2S 高温高压水介质中的腐蚀行为研究结果表明，两种钢在相同条件下表现出不同的腐蚀规律，这与它们之间的成分差异有关。Cr 既可提高钢的抗 CO_2 腐蚀性能，也可改善钢的抗 H_2S 腐蚀性能。N80S 钢的 Cr 含量约为 N80 钢的 20 倍，因此表现出优异的抗 CO_2/H_2S 腐蚀性能。但在一定的腐蚀介质条件下，含 Cr 钢可能存在点蚀的危险，故在相同条件下，N80 钢的耐蚀性有时也可能优于 N80S 钢。Mn 与 S 结合可形成 MnS 夹杂，成为钢中的微阴极，促进局部腐蚀的发生，从而降低钢的抗 CO_2/H_2S 腐蚀性能。MnS 夹杂的形成既与钢中的 Mn、S 含量有关，也与钢的热处理有关。普通碳钢的抗 CO_2/H_2S 腐蚀性能较低，但在表面镀（渗）一层金属（Zn，Al 等）或合金（如稀土铝合金）后，耐蚀性将会大大增强。对于石油天然气开发压力管道、压力容器设备、石油专用管材料而言，强度级别指标是一个关键的指标。在酸性环境中，随着材料强度的提高，SSC 敏感性增大。表征钢材强度的另一个指标是硬度，硬度越高、SSC 敏感性越高。对于碳钢和低合金钢来说，要使它不发生 SSC，就必须控制其洛氏硬度 HRC 不大于 22。

关于钢中微量合金元素对 SSC 的影响关系比较一致的认识是：钢中 S、P、O、N、H、Ni、Mn 等对于 SSC 是有害元素；同时存在一个量的问题，即只有当钢中某一元素的含量达到或超过某一量值后，该元素在钢中所起的作用才发生有害变化，使 SSC 敏感性增大。

金属材料经适当的加工和热处理后所得到的显微组织决定金属材料最终的使用性能。在研究钢材显微金相组织对材料抗 SSC 性能影响关系时，人们发现在铁素体上均匀分布细小球状碳化物组织的钢材，其抗 SSC 性能显著优于铁素体上均匀分布的片状碳化物组织的钢材。这是因为淬火加高温回火形成的均匀弥散分布的细小球状碳化物组织在热力学上更趋于平衡状态，并使得酸性环境中所产生的氢在钢中的扩散系数增大，溶解度减小，从而使得钢材 SSC 敏感性减小。这也是各制造企业采用热处理调质工艺进行生产的主要原因之一。

各钢铁生产企业的冶炼和制管工艺技术是有差异的，其中最为重要的是纯净钢冶炼技术和热处理调质工艺技术的差异，直接关系到钢管材料抗 SSC 性能和电化学腐蚀性能。纯净的钢材经适当热处理调质后可使钢管材料的显微金相组织均匀，晶粒度细小，抗 SSC、HIC 性能和抗电化学腐蚀性能明显提高。反之，钢中有害元素含量偏高和含有非金属夹渣，会使其材料抗 SSC、HIC 性能大大降低。另一方面，钢管的热轧制度影响到钢管的组织结构和强度，因而也影响到钢管的抗 SSC、HIC 性能。提高钢管的终轧温度，可增强抗 SSC、HIC 的能力。

二、净化厂系统的腐蚀影响因素

高含硫天然气净化装置通常包括原料气预处理、脱硫、脱水、硫黄回收、尾气处理、酸水汽提等主体单元和辅助装置及公用系统（工业循环水处理系统、硫黄成型、消防、污水处理、火炬及放空系统、蒸汽及冷凝水系统、风系统、氮气系统和燃料气系统等）。在整个工艺过程中，$CO_2—H_2S—H_2O$、$R_1NR_2—H_2S—CO_2—H_2O$、高温硫化、热稳定性盐、污染杂质等可能引起装置管线和设备的腐蚀，导致设备腐蚀失效的出现。以下重点介绍净化厂脱硫单元和工业循环水处理系统的主要腐蚀影响因素。

1. 净化厂脱硫装置的腐蚀影响因素

1)溶液酸气负荷对腐蚀的影响

在相同温度下,随着溶液中酸气负荷的增加,即溶液中 H_2S 和 CO_2 含量的增加,液相和气相的腐蚀速率均随之上升,这说明较高的溶液酸气负荷将加剧设备的腐蚀。这同时也说明 H_2S 和 CO_2 的存在也是造成脱硫系统设备和管线腐蚀的一个重要因素。对于处理罗家寨、渡口河这样的高含硫天然气的净化厂来说,由于要减小设备尺寸,降低动力消耗,溶液酸气负荷往往较大(如罗家寨天然气净化厂,溶液酸气负荷接近0.6mol 酸气/mol 胺)。因此,溶液对设备和管线的腐蚀相对于采用相同溶液但酸气负荷较低的净化厂来说将会严重一些。不同酸气负荷对腐蚀的影响如图2-8所示。

2)溶液胺浓度对腐蚀的影响

随着溶液胺浓度的增加,腐蚀速率上升。这主要是因为在相同的酸气负荷情况下,胺浓度越高,单位体积胺液中所吸收的 H_2S 和 CO_2 的量就越多,从而使腐蚀加剧,这再一次说明 H_2S 和 CO_2 的存在是造成脱硫系统设备和管线腐蚀的一个重要因素。因此,从防腐的角度来说,溶液胺浓度不宜过高。不同溶液胺浓度对腐蚀的影响如图2-9所示。

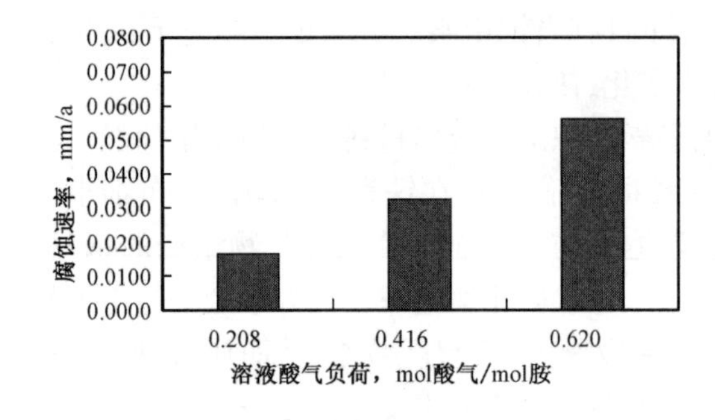

图2-8　不同酸气负荷对腐蚀的影响

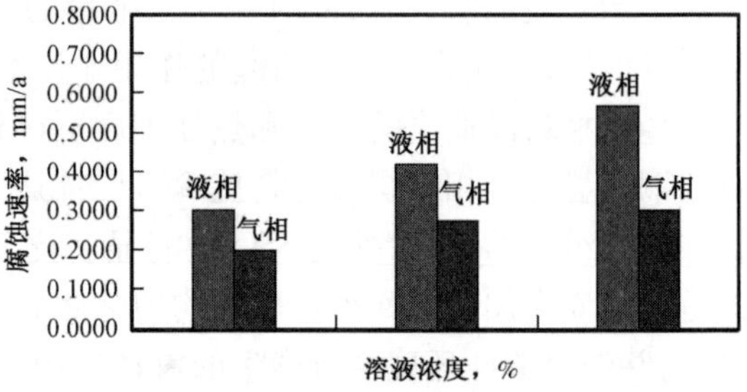

图2-9　不同溶液胺浓度对腐蚀的影响

3)热稳定性盐对腐蚀的影响

热稳定盐是甲基二乙醇胺(MDEA)脱硫溶液的主要变质产物之一,热稳定盐会影响MDEA溶液的性能。热稳定盐对MDEA溶液脱硫脱碳性能的影响,目前主要依据净化装置脱硫能力的变化和胺液复活前后净化装置脱硫能力的变化进行推断。影响净化装置脱硫能力的因素很多,仅根据工业数据很难准确确定热稳定盐的影响情况。研究结果表明,热稳定盐对MDEA溶液脱硫性能和脱碳性能的影响是不同的,不同性质的热稳定盐对溶液的影响也不一样。

不同溶液添加热稳定性盐时腐蚀性评价如图2-10所示。在MDEA水溶液中加入图中所列的热稳定性盐后,溶液的腐蚀速率均有不同程度的上升,其中加入草酸后,腐蚀速率增加最为明显。这主要是因为草酸与铁的络合常数较高,随着碳钢表面暴露的铁被氧化,草酸能与金属氧化物螯合而使暴露的表面不断被更新腐蚀。因此,溶液中的热稳定性盐会造成与脱硫溶液接触的设备、管线以及塔盘等的腐蚀速率增加。为了降低脱硫系统设备管线的腐蚀,溶液

中的热稳定性盐应尽可能保持在较低的水平，溶液中总的热稳定性盐含量一般要求不超过溶液的0.5%（质量分数）。

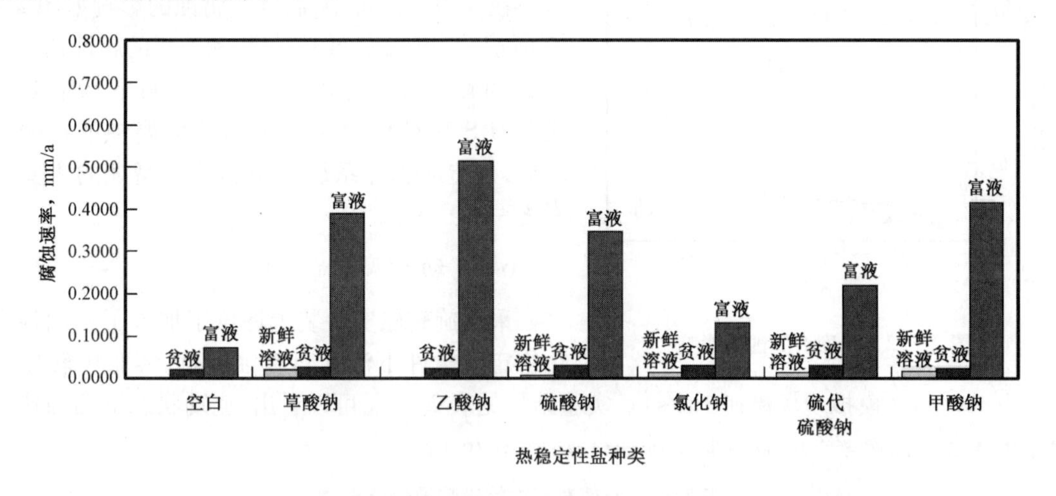

图2－10　不同溶液添加热稳定性盐[0.5%（质量分数）]时腐蚀性评价结果

4）降解产物对腐蚀的影响

醇胺的降解物指醇胺在CO_2、氧、某些有机化合物及高温等因素的作用下转化为失去活性的有害物质。虽然MDEA抗降解的能力优于其他醇胺溶液，但在长期的运转过程中仍会产生一定量的降解产物。降解产物对腐蚀的影响如图2－11所示。在50%（质量分数）的MDEA水溶液中分别加入0.6%（质量分数）的表中所列的降解产物后，腐蚀速率均有不同程度的增加。其中腐蚀速率增加最少的是1，4－二甲基哌嗪，增加最多的是甲基一乙醇胺，其次是N，N，N，N－四（羟乙基）乙二胺。这说明溶液中降解产物的存在也是引起净化厂与脱硫溶液接触的设备和管线腐蚀的因素之一。

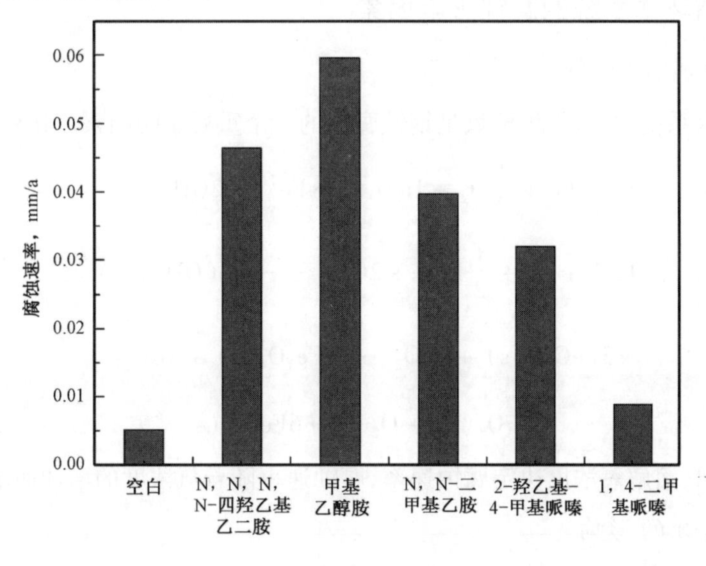

图2－11　降解产物对腐蚀的影响

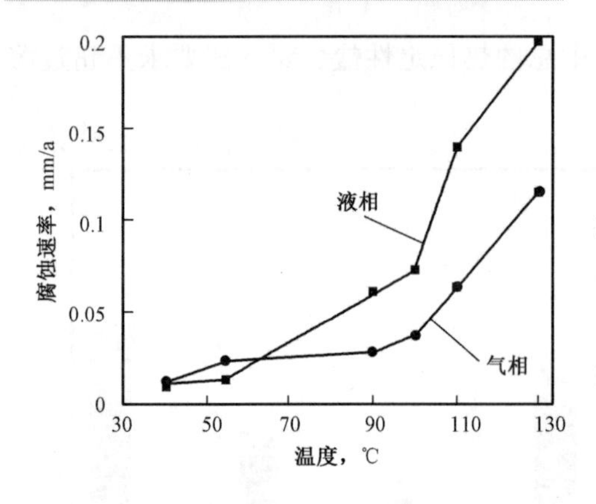

图 2-12　温度对腐蚀的影响

5）温度对腐蚀的影响

在 MDEA 环境中，温度对腐蚀的影响如图 2-12 所示。当温度较低时，气相和液相的腐蚀速率均较低，而随着温度的升高，腐蚀速率明显上升，这说明在 H_2S 和 CO_2 的存在下，温度对腐蚀的影响很明显，是造成脱硫系统设备和管线腐蚀的主要因素之一。

6）流动对腐蚀的影响

采用旋转轮实验装置评价了加入了不同种类热稳定盐条件下流动对腐蚀影响，实验中转轮的转速为 30r/min（模拟现场流速 1m/s）。实验结果见表 2-2。可以看出，流动状态下腐蚀速率较静止状态腐蚀速率有明显增加，增幅最高达到 2.76 倍。

表 2-2　流速对腐蚀的影响评价结果

添加浓度 mg/L	MDEA 贫液中动态腐蚀速率 mm/a	MDEA 贫液中静态腐蚀速率 mm/a	MDEA 富液中动态腐蚀速率 mm/a	MDEA 富液中静态腐蚀速率 mm/a
空白	0.0594	0.0158	0.6178	0.2838
草酸盐 500	0.0594	0.0304	0.5148	0.2944
氯化盐 500	0.0317	0.0198	0.5188	0.3142
硫酸盐 500	0.0554	0.0158	0.5900	0.2561
甲酸盐 500	0.0554	0.0158	0.6217	0.2263

2. 净化厂循环水系统的腐蚀影响因素

1）溶解氧对腐蚀的影响

在工业循环水系统中，水中溶解氧是钢铁腐蚀的一个重要影响因素。作用机理如下：

$$Fe + \frac{1}{2}O_2 + H_2O \longrightarrow Fe^{2+} + 2OH^- \tag{2-47}$$

$$Fe^{2+} + O_2 + \frac{1}{2}H_2O + 2OH^- \longrightarrow Fe(OH)_3(s) \tag{2-48}$$

$$3FeCO_3(s) + \frac{1}{2}O_2 \longrightarrow Fe_3O_4(s) + 3CO_2 \tag{2-49}$$

$$4Fe_3O_4(s) + O_2 \longrightarrow 6Fe_2O_3(s) \tag{2-50}$$

由此可以看出，溶解氧浓度决定腐蚀速率，腐蚀速率随着氧浓度的增加而增大。

2）温度对腐蚀的影响

一般地讲，金属的腐蚀速率随着温度的增加而增大。其原因是，当温度升高时，氧的扩散

系数增大，而水的黏度降低，加快了氧从本体溶液到金属表面的扩散，从而使腐蚀速率增大。另一方面，温度升高会使氧在水中的溶解度降低，从而使金属的腐蚀速率降低。

在敞开式系统，在温度较低的区间金属腐蚀速率随温度升高而增大，这时氧扩散速度起主导作用，这一倾向一直延续到77℃后，氧在水中的溶解度起主导作用，金属腐蚀速率随温度升高而减小。如图2－13所示。

3）pH对腐蚀的影响

pH是水中氢离子浓度的负对数。随着水中pH值的增加，水中氢离子的浓度降低，金属腐蚀过程中氢离子去极化的阴极反应受到抑制，碳钢表面生成氧化性保护膜的倾向增大，腐蚀速率下降，如图2－14所示。

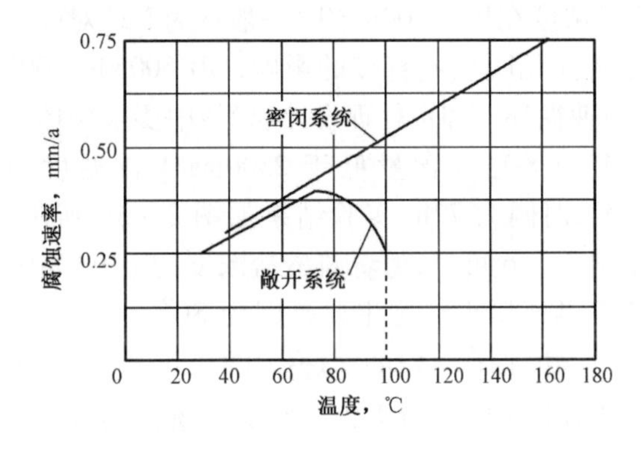

图2－13　含溶解氧的淡水中温度对铁腐蚀速率的影响

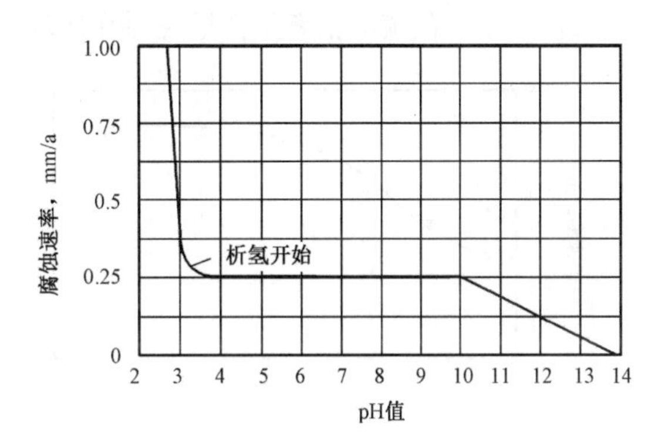

图2－14　软水的pH值对铁腐蚀速率的影响

4）Cl^-浓度对腐蚀的影响

在循环水系统中，氯离子较为常见。介质中的氯离子不仅可以增大碳钢和不锈钢的均匀腐蚀速率，而且可以诱发材料的局部腐蚀，导致点蚀的发生。当氯离子含量较高时，在阳极区导致一般坑蚀的蔓延。此外，由于氯离子半径较小，易穿透保护膜，使腐蚀加剧，产生局部腐蚀。随着氯离子浓度的增加，点蚀电位负移，这意味着随着侵蚀性离子浓度的增加，钢铁表面钝化膜的稳定性下降。因此，氯离子是对碳钢腐蚀影响最大的阴离子。

对20#碳钢在不同浓度氯离子溶液中的腐蚀情况进行了研究。以氯化钠来调节实验中实验溶液中的氯离子含量，控制氯离子浓度在0～1000mg/L（一般认为Na^+对碳钢的腐蚀无明显或直接的影响；GB 50050—2007《工业循环冷却水处理设计规范》中要求循环水氯离子含量低于1000mg/L）；温度为50℃；时间为72h。实验结果如图2－15所示。

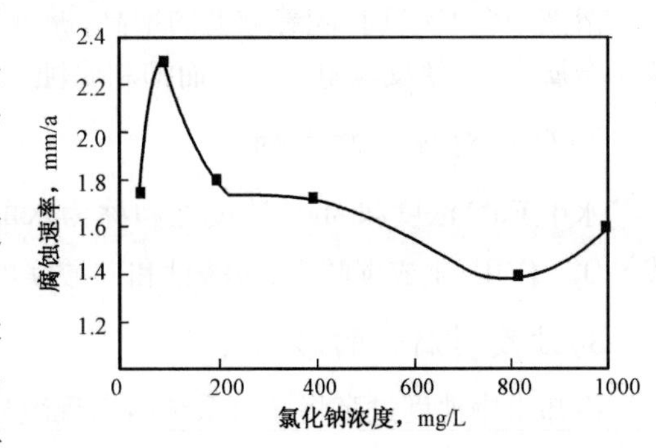

图2－15　氯离子浓度对铁腐蚀速率的影响

由图2－15的变化规律可见其腐蚀速率随着氯离子浓度的增大出现了三个阶段：

（1）低氯离子浓度阶段，钢片处于自氧化溶解阶段。由于此时的离子浓度相对很小，溶液中的溶解氧受离子的影响也很小，溶解氧可以很快地到达钢片表面发生反应；但因为其支持电解溶液的导电能力不大，此时腐蚀速率居中（也有人认为这是因为此时的氯离子浓度不足以破坏钢片表面的氧化钝化膜所致）。

（2）随着氯离子浓度的不断增加，由于该离子具有活化钢片氧化反应的能力，而且它在高浓度时可以迅速破坏钝化膜，腐蚀速率随电导率的增大而增大。

（3）当氯离子浓度增加，腐蚀速率却反而下降并趋于稳定，出现了阳极极化现象。

5）SO_4^{2-} 对腐蚀的影响

冷却水中的硫酸根离子也是回用水中常见的浓度较大的离子之一，有关文献报道其是仅次于氯离子的造成金属腐蚀的另一个重要的因素。

对20#碳钢在不同浓度硫酸根离子溶液中的腐蚀情况进行了研究。以硫酸钠来调节实验中去离子水中的硫酸根离子含量，控制硫酸根离子浓度在0～1600mg/L[一般认为Na^+对碳钢的腐蚀无明显或直接的影响；GB 50050—2007《工业循环冷却水处理设计规范》中要求循环水（Cl^- + SO_4^{2-}）含量低于2500mg/L]；温度为50℃；时间为72h，实验结果如图2－16所示。由图2－16可见，随着硫酸盐浓度的上升，腐蚀速率迅速增大。这主要是因为SO_4^{2-}与Cl^-一样对保护膜有一定的穿透作用，由于SO_4^{2-}离子的半径比Cl^-大得多，因此，其穿透能力较Cl^-小很多，因此，一般情况下对金属不会造成太大的影响，但是当冷却水中存在硫酸盐还原菌时，由于硫酸盐还原菌是在无氧或缺氧状态下用硫酸盐中的氧进行氧化反应而得到能量的细菌群，它能把水溶性的硫酸盐还原为硫化氢，使细菌繁殖点周围的pH值骤然下降，会导致金属严重点蚀。

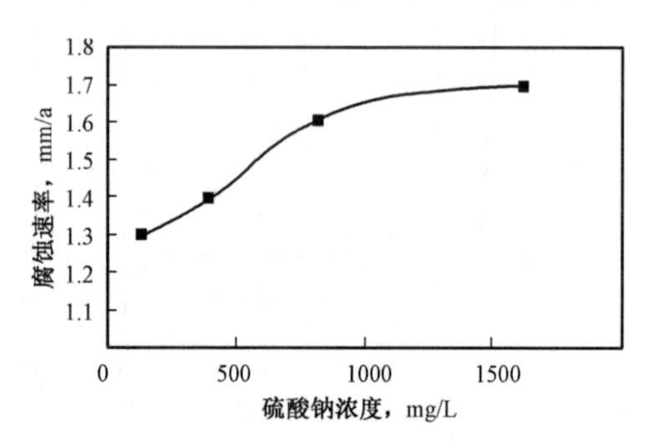

图2－16 硫酸根离子浓度对铁腐蚀速率的影响

6）碱度对腐蚀的影响

溶液中不含Ca^{2+}时，随着碱度的增高，碳钢表面生成的$FeCO_3$逐渐增加，腐蚀加剧。但Fe^{2+}与HCO_3^-反应的可逆性使得腐蚀速率存在一个最高值，当腐蚀达到最高值后，之后继续增加HCO_3^-，虽然短时间内试片表面生成大量腐蚀产物，腐蚀速率依然偏高，但反应阻力变大使得腐蚀速率略有下降并趋于稳定。

溶液中含Ca^{2+}时，随着碱度的增高，碱度对腐蚀的影响表现为由于生成大量$CaCO_3$沉淀覆于金属表面，使反应阻力变大而抑制腐蚀。

7）硬度对腐蚀的影响

水中Ca^{2+}浓度和Mg^{2+}浓度之和称为水的硬度。钙镁离子浓度过高则会与水中的CO_3^{2-}或SiO_3^{2-}作用，生成碳酸钙、磷酸钙和硅酸镁垢，引起垢下腐蚀。

8）浊度对腐蚀的影响

冷却水中浊度过高将导致系统内出现疏松的沉积层。从而使金属周围形成浓差电池，或因为局部水流速度不一致造成冲击磨损腐蚀。

9)流速对腐蚀的影响

在淡水中,金属腐蚀主要是耗氧腐蚀。在流速较低时,金属腐蚀速率随流速的增加而增加。这是因为随着水的流速增加,水携带到金属表面的溶解氧的流量随之增加。当水流速足够高时,足量的氧到达金属表面,使金属部分或全部钝化,导致腐蚀速率下降。若水流速继续增加,这时水对金属表面钝化膜的冲击腐蚀将使金属的腐蚀速率重新增大。如图 2-17 所示。

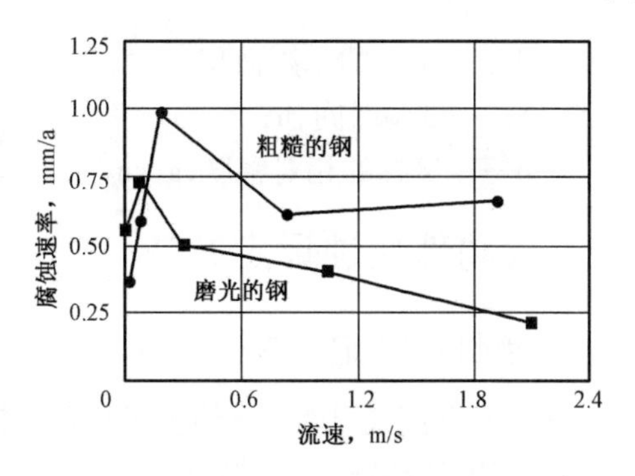

图 2-17 淡水流速对碳钢腐蚀速率的影响

第四节 腐蚀评定方法

按照腐蚀的破坏形式分,腐蚀分为均匀腐蚀和局部腐蚀两种类型。对于均匀腐蚀的评定,方法相对简单;而对于局部腐蚀,评定方法多样,且相对复杂。

一、均匀腐蚀评定方法

JB/T 7901—2001《金属材料试验室均匀腐蚀全浸试验方法》标准,在模拟现场 H_2S、CO_2 以及总压的条件下,采用建立的动态釜以及静态釜来研究材料抗电化学腐蚀的性能,腐蚀试样示意图如图 2-18 所示。

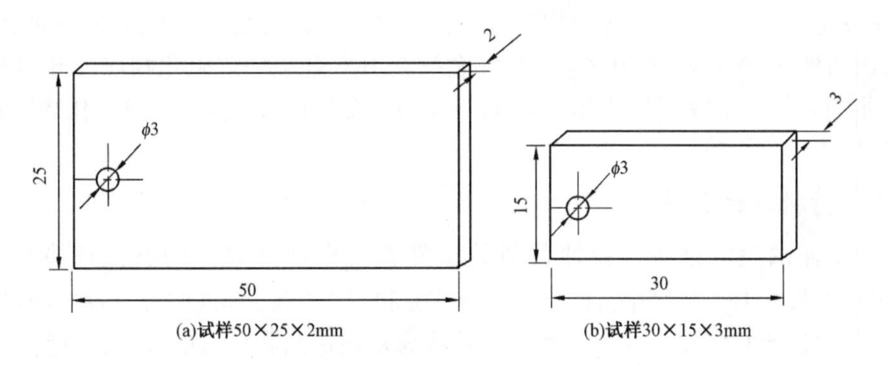

图 2-18 腐蚀失重试样示意图

根据中国 GB/T 10124—1988《金属材料试验室均匀腐蚀全浸试验方法》、NACE-TM 0171—1995《金属在高温水中的高压釜腐蚀试验》、中国石油行业标准 SY/T 5273—1991《油田注水缓蚀剂评定方法》进行试验。腐蚀速率的计算公式:

$$V_{corr} = 8.86 \times 10^4 \times \frac{w_1 - w_2}{A \cdot t \cdot \rho} \tag{2-51}$$

式中 V_{corr}——腐蚀速率,mm/a;

w——腐蚀前后的钢片重量,g;

A——试样的暴露面积,cm^2;

t——试验时间,h;

ρ——试样的相对密度,g/cm^3。

二、局部腐蚀评定方法

1. 点蚀的评定方法

关于高含硫气田条件下的金属材料点蚀试验国内还没有相关的标准,相关试验参照 GB/T 17897—2016《金属和合金的腐蚀不锈钢三氯化铁点腐蚀试验方法》,主要内容包括试样的制备、试验溶液、试验仪器和设备、试验条件和步骤、试验结果和报告等。

GB/T 18590—2001《金属和合金的腐蚀点蚀评定方法》规定了用于选择识别、检查蚀坑及评价点腐蚀的方法。点蚀的评定方法包括标准图表法、金属穿透法、统计法和力学性能分析。

高含硫气田金属材料点蚀电位测量参照 GB/T 17899—1999《不锈钢点蚀电位测量方法进行镍基合金点蚀性能测试》,即采用动电位法、在 3.5% 的 NaCl 溶液中(30℃)、以 20mV/min 的电位扫描速度进行阳极极化,通过比较在模拟环境中服役前后同一合金的点蚀电位变化,确定合金的点蚀倾向,通过比较同一服役环境中不同牌号合金的点蚀电位的大小,确定合金的耐点蚀性能。

2. 硫化物应力腐蚀开裂(SSC)评定方法

美国腐蚀工程师协会的标准 NACE TM 0177—2005《金属在 H_2S 环境中抗硫化物应力开裂和应力腐蚀》评价试验方法进行试验方法得到了世界各国的公认。通过了该方法评选的材料,能够保证生产实际不会发生硫化物应力开裂的破坏。该标准的试验方法有四种,但一般常用的是前面两种,即 NACE TM 0177—2005《金属在 H_2S 环境中抗硫化物应力开裂和应力腐蚀》A 法(恒负荷拉伸试验)和 NACE TM 0177—2005《金属在 H_2S 环境中抗硫化物应力开裂和应力腐蚀》B 法(弯梁法)。

1)恒负荷拉伸试验法

恒负荷拉伸试验法是将受拉伸载荷的试件置于标准含 H_2S 的腐蚀环境(NACE TM 0177—2005《金属在 H_2S 环境中抗硫化物应力开裂和应力腐蚀》标准溶液 A)中,经过 720h 的试验,进行材料抗 SSC 的评定方法。该方法被认为是最苛刻和可靠的方法,广泛被用于评价油套管材料、地面集输管道、压力容器用钢,以及锻钢的评价等,但该方法试验周期长达一月,对试验材料的几何形状要求高,要求壁厚达到 11mm 以上,才能加工出标准试件。

恒负荷拉伸试验方法(A 法)有着非常丰富的现场使用与试验结果的对比数据。API 5CT—2012《油套管标准规范》标准中给出了判定材料能否用于酸性环境的抗 SSC 的判据:C90、T95 油管,当拉伸载荷是 80% σ_S,在标准溶液 A 中 720h 未见裂纹。ISO 15156—2015《金属在 H_2S 环境中抗硫化物应力开裂和应力腐蚀》标准中给出了判定酸性环境(包括轻度酸性、中度酸性和重度酸性环境)碳钢和低合金钢材料抗 SSC 的判据:拉伸载荷为不小于 80% σ_S。这是恒负荷拉伸试验方法(A 法)的最大优点之一。例如川东北高含硫气田选择材料和选择焊接工艺的试验中将焊接接头拉伸载荷确定为 85% σ_S。

2)弯梁法

(1)三点弯梁法。

三点弯梁试验是评价在低 pH 值的酸性环境中承受拉伸应力的碳钢和低合金钢抗开裂破坏性能的试验方法。试验评价的是材料在应力集中状态下环境开裂的敏感性。三点弯梁法是将用三点弯曲法加载的试件置于标准含 H_2S 的腐蚀环境(NACE TM 0177—2005《金属在 H_2S 环境中抗硫化物应力开裂和应力腐蚀》标准溶液 B)中,经过 720h 的试验,对材料抗 SSC 进行评价的方法。该方法在油套管材料的评价中得到了广泛的采用。但该方法标准试验周期 720h,往往不能满足生产的需求,各大钢管厂为此开展了大量的工作,对其进行了改进,现在得到广泛认可的是 Shell 公司提出的壳牌三点弯梁法,其将试验周期缩短为 72h。有科学家曾经做过两种试验方法的试验对比,试验结果表明不能通过标准三点弯梁法的材料,90% 以上不能通过壳牌三点弯梁法,符合程度达到 90% 以上。这是壳牌三点弯梁法得到越来越多采用的试验基础。三点弯梁法要求试件的厚度不足 3mm,在薄壁管上取样方便,这使其在高强薄壁的油套管中得到广泛应用。

目前,抗 SSC 的三点弯梁法判据主要根据大量试验和现场生产数据对比的经验来确定。对于 80 钢级的油套管,在硬度符合 NACE MR 0175—2000《油田设备用抗硫化物应力开裂的金属材料》抗硫性能要求的前提条件下,*Sc* 不小于 10.6。在 API 5CT 标准的 2001 年第 7 版中,列出了 C90 抗 SSC 的虚拟临界应力值 12.0 和 T95 抗 SSC 的虚拟临界应力值 12.6。

(2)四点弯梁法。

四点弯梁试验方法是 GB/T 15970.2—2000《金属和合金的腐蚀　应力腐蚀试验第 2 部分》弯梁试样的制备和应用规定的标准弯梁试验方法之一。四点加载使材料在较大的区域均匀受力,特别适用于管线钢材料和焊接材料抗 SSC 性能评价试验。GB/T 9711.3—2005《石油天然气工业输送钢管交货技术条件》第 3 部分 C 级钢管对酸性环境管线钢材料使用要求中规定,采用 GB/T 9711.3—2005《石油天然气工业输送钢管交货技术条件》标准规定的四点弯梁法试验,加载应力为最小屈服强度的 72%,试验时间为 720h。

对于焊接材料,由于焊接残余应力的大小和方向很难预计和测量,随着约束力的不同,残余应力可能会超过材料的屈服强度。即使工程上的结构设计应力明显低于材料的屈服强度,但由于残余应力的存在,工程结构在某些点上都被要求加载到材料的屈服强度。为评价特别加载的材料,使试验条件能够代表材料在使用中经受的最严酷的条件。

3. 应力腐蚀开裂(SCC)评定方法

腐蚀环境会引起受力状态下材料的性能恶化,并且超过在相同环境中不受力材料的性能恶化,这种加剧性能恶化现象可以用评定应力腐蚀敏感性的方法来表示。由于应力腐蚀而导致性能恶化的最普通的形式是裂纹的萌生和扩展,如果试验时间合适,一条或更多的裂纹最终会导致试样的完全断裂。美国腐蚀工程师协会标准认为,在酸性环境里的钢材在较高温度下的脆性断裂,其机理属于阳极溶解的应力腐蚀开裂,介质中的 CO_2 和 Cl^- 会促进和加速裂纹的扩展。该机理不同于常温条件下发生的以氢脆为机理的硫化物应力开裂(SSC)。在 H_2S 和 CO_2 共存的高温条件(80℃左右)下,钢材会发生应力腐蚀破裂。过去一般认为抗 SSC 的材料不会在高温下发生断裂。美国腐蚀工程师协会定义酸性环境中的 SCC 以后,却并未明确抗

SSC 的材料与抗 SCC 材料之间的关系，而是将 NACE TM 0177—2005《金属在 H_2S 环境中抗硫化物应力开裂和应力腐蚀》中材料抗 SSC 能力的评价方法扩大到了用于评价 SCC。因此，对于酸性环境的井下管材，除了评价其抗 SSC 性能外，还应开展抗 SCC 的评价试验。

美国腐蚀工程师协会标准 NACE TM 0177—2005《金属在 H_2S 环境中抗硫化物应力开裂和应力腐蚀》A 法是用于评价硫化氢环境的 SCC 的方法之一，但由于 A 法需在高温、高压釜中加载拉伸试件，因此比较困难且效率低。

4. 氢致开裂(HIC)评定方法

HIC 是由于金属材料吸收含水硫化物腐蚀溶液中的氢而引起的，根据钢材性质、环境特性和其他变量，湿硫化氢环境中因钢材腐蚀所导致的氢吸收会产生不同的影响。在压力管道、压力容器中一个有害作用是裂纹沿钢材轧制方向发展，平面裂纹倾向于与相邻的平面裂纹连接形成贯穿壁厚的台阶状裂纹。裂纹会减少有效壁厚，直至压力管道、压力容器设备变得过应力而开裂。开裂有时伴有表面氢鼓泡。NACE TM 0284—2016《管道、压力容器抗氢致开裂钢性能评价的试验方法》建立了评估管材、压力容器板材抗 HIC 的试验方法，试验方法的目的不是复制操作条件，而是提供在相对短的时间内能够分辨出不同钢材试件对 HIC 敏感性的可复制的试验环境。试验持续时间(96h)不一定足够到使每一试验钢材的开裂达到最大化，但已经证明能够达到试验目的。

NACE TM 0284—2016《管道、压力容器抗氢致开裂钢性能评价的试验方法》规定了两种试验溶液供选择，即：溶液 A[5.0%(质量分数)NaCl + 0.5%(质量分数)CH_3COOH 的蒸馏水]和溶液 B(人工海水)。采用溶液 A 时，试验溶液初始 pH 值为 2.7 ± 0.1，结束时溶液 pH 值应小于 4.0 为有效试验。采用溶液 B 时，试验溶液初始 pH 值为 8.1 ~ 8.3，结束时溶液 pH 值应在 4.8 ~ 5.4 为有效试验。

为满足高酸性环境的特殊要求，管道、压力容器钢材抗氢致开裂检测评价指标应符合 ISO 15156—2015《石油天然气工业 油气开采中用于含硫化氢环境的材料》抗开裂碳钢和低合金钢及铸铁的使用。评定碳钢和低合金钢抗 HIC/SWC 的试验程序和验收标准。其最大值是每个试件三个断面的平均值，即：

裂纹敏感率(CSR) ≤2%；

裂纹长度率(CLR) ≤15%；

裂纹厚度率(CTR) ≤5%。

5. 冲刷腐蚀评定方法

近年来，国外一些公司都将流动体系的剪切应力与流速联系起来。认为剪切应力是流动介质在金属表面产生的机械行为的直接量度，并与腐蚀产物和缓蚀剂膜的机械破坏直接相关，剪切应力对腐蚀的影响已成为腐蚀领域内的研究热点。通常评价流速对腐蚀影响的最常用方法是旋转圆柱电极(RCE)和旋转圆盘电极(RDE)，这两种设备可基本满足现有采输系统内高剪切条件下腐蚀研究和缓蚀剂的评价。对于剪切力特别高(超过旋转圆柱电极能获得的剪切力)的环境，国外科研机构普遍采用喷射冲击(Jet Impingement)装置来模拟此复杂情况。

1) 采用的设备

旋转圆柱电极和喷射冲击装置。旋转圆柱电极是通常采用的设备；喷射冲击装置是用于流速(剪切力)很高条件下的设备。

2)采用的评价方法

ASTM G－73 Practice for Liquid Impingement Erosion Testing(液体冲刷腐蚀试验)

ASTM G－76 Practice for Conducting Erosion Tests by Solid Particle Impingement Using Gas Jet(固体粒子气体喷射冲击对腐蚀的影响试验)

ASTM G170－01A Standard Guide for Evaluation and Qualifying Oilfield and Refinery Corrosion inhibitors in the Laboratory(实验室评价油田和炼油厂缓蚀剂标准指南)

NACE TM 0170 Method of Conducting Controlled Velocity Laboratory Corrosion Tests(流速的室内腐蚀测试控制方法)

上述评价方法假设现场管线内的剪切力与室内动态条件下电极表面的剪切力相同,通过现场条件计算出管线内的剪切力,再在旋转圆柱电极(RCE)的转动模式下,计算出电极的转速。

目前,对冲刷腐蚀的实验室评价应用较多的试验装置包括旋转电极式试验机、射流式冲刷腐蚀试验机、管流式冲刷腐蚀试验机和 Coriolis 冲蚀试验机等。

(1)旋转电极式试验机。

旋转电极式试验机是最早用于评价金属腐蚀性能的试验装置,其原理是电极浸没在料浆体中随转轴高速旋转而发生冲刷腐蚀。它具有设备简单、价格低廉、测试用溶液量小、试验周期短的特点,是目前国内外使用最多的一种试验装置。根据电极形状及电极装夹结构的不同,这种试验机主要分为料浆罐式、旋转圆柱电极式(RCE)及旋转圆盘电极式(RDE)等 3 种。图 2－19 为旋转圆柱电极试验机的示意图。

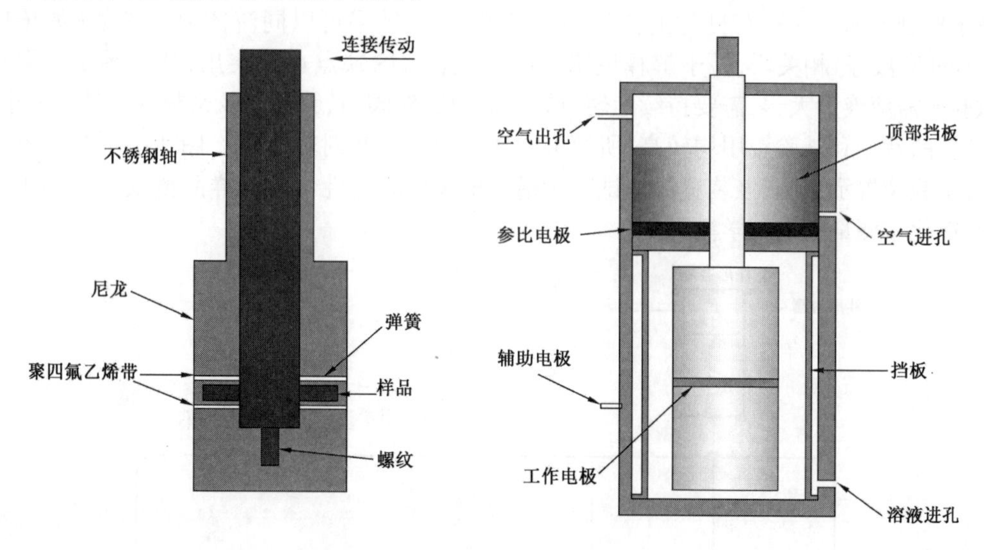

图 2－19　旋转圆柱电极试验机示意图

(2)射流式冲刷腐蚀试验机。

射流冲刷腐蚀试验机是一种应用较多的试验装置,比较适合于研究流体流经复杂形状部件时的冲刷腐蚀作用,并可用于开展较高流速下的试验研究。该设备可很好地控制冲击速度、固体颗粒浓度和冲角等重要参数，通过吸射式喷头结构较好地解决了料浆流动造成的泵体、管路、阀门等过流部件磨损而给试验带来的不稳定问题。为了能够实时获得电极表面的腐蚀电化学信息并开展冲刷腐蚀作用机制的研究。射流式试验机设计上增设电化学测试系统装置如图2－20所示。

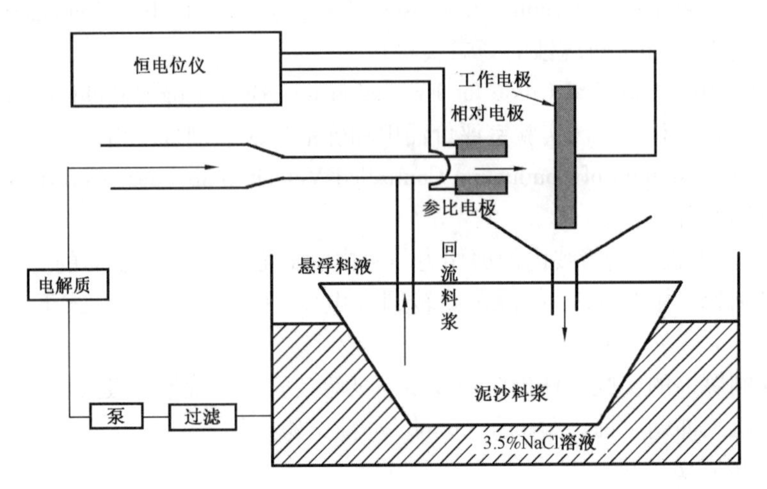

图2－20 射流式冲刷腐蚀试验机示意图

(3)管流式冲刷腐蚀试验装置。

管流式试验装置由于其试验参数容易控制，能较好地模拟管道冲刷的实际工况，而且还可模拟多种流态形式，并有良好的流体力学模型支持，有利于深入开展理论分析，因而得到了研究者的重视。该方法的主要优点是符合管道冲刷的实际工况条件，试验结果有很强的实用价值，易于控制流速、流态，有良好的流体力学模型，试验结果可以同流体力学参数(如传质系数、Reynolds数等)相关联，易于解释说明。但管流装置的缺点也很突出，整套系统占据空间大，试验所需溶液量大，泵需要持续运转，试验周期长，对阀门、管件以及密封的可靠性要求高，整套装置的费用和试验费用均较高，所模拟的壁面剪切力相对较小等。图2－21为管流式冲刷腐蚀试验装置示意图，该装置的测试段包括一根仅供暴露性试验的样品段及一个用于三电极体系电化学测量的电化学测量池。

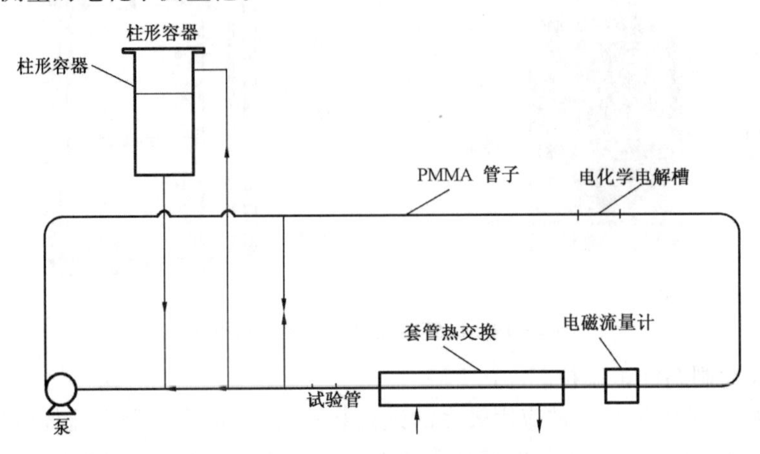

图2－21 管流式冲刷腐蚀试验装置示意图

(4)旋转笼动态腐蚀试验方法。

模拟腐蚀环境,使用管线的实际材料,将材料做成片状试片,然后使用夹具将试片固定住,试验时让整个夹具在高压釜中旋转起来,高压釜内的液体在试片上产生剪切力冲刷试片。

6. 电偶腐蚀评定方法

当两种不同金属在电解质中接触时,在金属和溶液的界面上发生电化学反应,电位较低的金属遭受腐蚀,称为电偶腐蚀。电偶腐蚀主要集中在距离接触边线附近。根据材料、腐蚀环境和时间的不同,电偶腐蚀区域的宽度会有所变化。在研究电偶腐蚀的体系中,通常都涉及含溶解氧的溶液。电偶腐蚀电流受溶解氧扩散速度控制,如果增加阴极面积,则可以使阴极还原反应总的速度增加,电偶腐蚀电流增大。在井下气田水环境中没有溶解氧的参与,并且油管管串组合结构对电偶电流的分布有一定影响,会一定程度限制其面积效应。但电偶腐蚀随阴/阳极面积比的增加而增大的一般规律仍然存在。

高含硫气田环境下金属材料的电偶腐蚀还没有相应的标准,相关试验可参照 GB/T 15748—2013《船用金属材料电偶腐蚀试验方法》。其中,试验溶液为 1%(质量分数)NaCl 通 H_2S 和 CO_2 的饱和溶液,试验温度(40 ± 2)℃。

采用电化学测量方法可以测量出金属材料在特定介质环境中的腐蚀电位,按腐蚀电位大小排列的顺序称为电偶序。在电偶序中两种金属的位置相隔越远,电位差越大,发生电偶腐蚀的趋势越大。但是电位差大并不表明电偶腐蚀的速度也大。这是由于在特定介质环境中,电位只能决定电偶腐蚀电流的方向,而电偶腐蚀电流的大小还取决于电极的极化、介质环境体系的电阻和阴阳极面积比等。

7. 缝隙腐蚀评定方法

关于高含硫气田金属材料缝隙腐蚀还未有相关的标准,主要做法参照 GB/T 13671—1992《不锈钢缝隙腐蚀电化学试验方法》,该标准规定了电化学试验方法的原理、试验仪器、试样制备、试验条件、试验步骤和实验报告等内容,实验室对缝隙腐蚀的模拟装备图如图 2-22 所示。

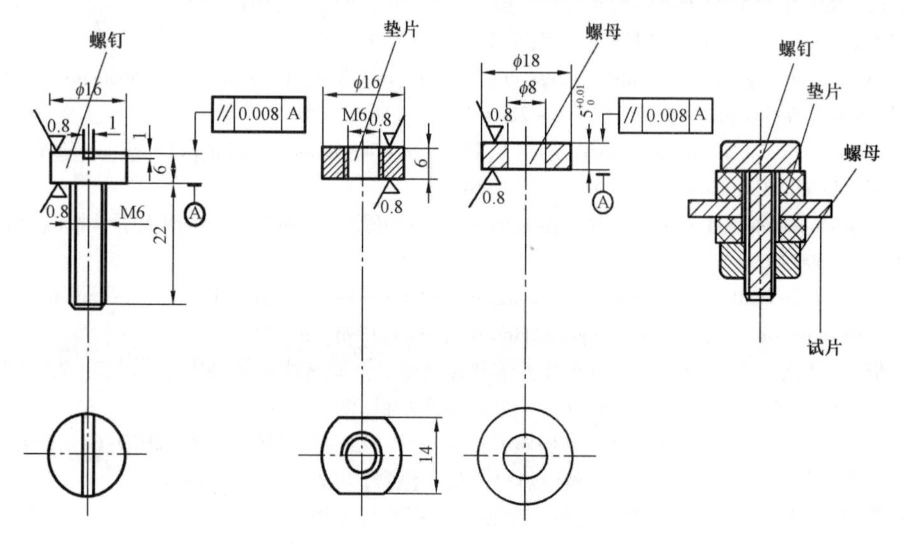

图 2-22　缝隙腐蚀模拟实验装配图

8. 晶间腐蚀评定方法

高含硫气田金属材料晶间腐蚀参照 GB/T 15260—2016《金属和合金的腐蚀　镍基合金晶间腐蚀试验方法》中试验方法进行。确定晶间腐蚀评价采用硫酸铁(Ⅱ)-硫酸试验法,试验周期 120h。采用腐蚀速率和晶间腐蚀深度来评定晶间腐蚀倾向。腐蚀速率按照式(2-52)进行计算,晶间腐蚀深度利用金相显微镜观察确定。

$$V = \frac{K \cdot \Delta m}{A \cdot t \cdot \rho} \tag{2-52}$$

式中　V——腐蚀速率,mm/a;

K——常数,8.76×10^4;

t——暴露时间,h;

A——暴露面积,cm^2;

Δm——失重,g;

ρ——密度,g/cm^3。

参 考 文 献

[1] 刘明. 高含硫气田集输管线腐蚀因素分析. 管道技术与设备,2011,(4):43-54.
[2] 赵伟. 高含硫天然气田管道腐蚀原因分析与防护措施. 化学工程与装备,2010,(3):66-69.
[3] 李国平. 高含硫气田管线泄漏 H_2S 影响区域研究. 安全、健康和环境,2013,(3):22-24.
[4] 王霞. 含硫气井钻井过程中的腐蚀因素与防护研究. 天然气工业,2006,(9):80-86.
[5] 黎洪珍. 川东地区高含硫气田安全高效开发技术瓶颈与措施效果分析. 天然气勘探与开发,2015,(03):43-47.
[6] 易特. 浅谈普光气田点蚀及点蚀防护措施. 内江科技,2013,(08):43-45.
[7] 江晶晶. 川渝气田 FF-NL 级采气井口阀门腐蚀失效分析. 石油与天然气化工,2016,(3):76-81.
[8] 陈思维. 高含硫气田湿气集输管道冲蚀风险预测研究. 天然气与石油,2015,(1):80-83.
[9] 袁曦. API X52 管线钢氢渗透行为研究. 腐蚀与防护,2010,(增1):194-196.
[10] 肖纪美. 应力作用下的金属腐蚀. 北京:化学工业出版社,1988.
[11] Kohut G. B and Mcguire W. J. Sulfide stress cracking causes failure of compressor components in refinery service. Materials Performance,1968,(6):17-22.
[12] A report of technical practices committee 1-G. Field experience with cracking of high strength steels in sour gas and oil wells. Corrosion,1952,(10):351-354.
[13] 谢飞. 氢对 X80 钢在库尔勒土壤模拟溶液中应力腐蚀开裂行为的影响. 中南大学学报(自然科学版),2016,(2):690-696.
[14] Efird K D,et. al. Wall shear stress and flow accelerated corrosion of carbon steel in sweet production. Proceedings:12th International Corrosion Congress,Houston,Texas,1993,19-24.
[15] 范应华. 石化设备的大气腐蚀与防护技术现状及展望. 全面腐蚀控制,2011,(11):3-7.
[16] 郑凤. 川西输气管道土壤腐蚀因素分析. 全面腐蚀控制,2013,(6):47-50.
[17] 颜晓琴. 热稳定盐对 MDEA 溶液脱硫脱碳性能的影响. 石油与天然气化工, 2010,(4):294-297.
[18] 唐飞. 离子色谱法测定醇胺脱硫溶液中热稳定盐. 色谱,2012,(4):378-383.
[19] 江晶晶. MDEA 脱硫溶液腐蚀性能影响因素研究. 石油与天然气化工,2014,(5):472-477.
[20] Iofa Z A,Batrakov V V,Cho-Ngok-Ba. Influence of anion adsorption on the action of inhibitors on the acid

corrosion of iron and cobalt. Electrochim. Acta,1964,(9):1645 - 1653.

[21] Shoesmith D W, Taylor P, Bailey M G, et al. Electrochemical behavior of iron in alkaline sulfide solutions. Electrochim. Acta,1978,(23):903 - 916.

[22] Günter Schmitt,Ludger Sobbe,Wolfgang Bruckhoff. Corrosion and hydrogen - induced cracking of pipeline steel in moist triethylene glycol diluted with liquid hydrogen sulfide. Corrosion Science,1987, 27(10 - 11):1071 - 1076.

[23] 王成达．油气田开发中 CO_2/H_2S 腐蚀研究进展．西安石油大学学报(自然科学版),2005,(5):66 - 70.

[24] Bolmer P W,Polarization of iron in H_2S - NaHS buffers. Corrosion,1965,21(3):69 - 75.

[25] 徐海升．N80 油管钢在含 CO_2/H_2S 水介质中的腐蚀研究．材料保护,2009,(7):59 - 65.

[26] 刘永刚．硫化氢腐蚀环境下的钻具失效研究．石油矿场机械,2009,(3):62 - 65.

[27] ВасиленкоИ И,МелеховРК 著,陈石卿,焦明山译．钢的应力腐蚀开裂．北京:国防工业出版社,1983.

[28] Tromans D,Ramakrishna S,Hawbolt E B. Stress corrosion cracking of ASTM A516 steel in hot caustic sulfide solutions potential and weld effect. Corrosion,1986,42(2):63 - 71.

[29] Kindlein W,Schilling JR P T,Schroeder R M,et al. The characterization of the sulphide stress corrosion susceptibility of high - strength low - alloy steels in standardized solutions. Corrosion Science,1993,34(8):1243 - 1250.

[30] Riecke E M,Johnen B,Moeller R. The effect of phosphorus on hydrogen uptake by iron in acidic sulphate and sulphide solutions. Corrosion Science,1987,27(10):1027 - 1039.

[31] Greer J B. Factors affecting the sulfide stress cracking performance of high strength steels. Materials performance,1975,14(3):11 - 22.

[32] 褚武扬．钢中氢致开裂机理．金属学报,1981,(17):10 - 17.

[33] Li J C M. Computer simulation of dislocations emitted from a crack. Scripta Metal,1986,(20):1477 - 1482.

[34] Lu H,Li M D,Zhang T C,et al. Hydrogen - enhanced dislocation emission,motion and nucleation of hydrogen - induced cracking for steel. Science in China,1997,(40):530 - 537.

[35] 褚武扬．断裂与环境断裂．北京:科学出版社,2000.

[36] H Huang and WJ D Shaw. Cold work effects on sulfide stress cracking of pipeline steel exposed to sour environments. Corrosion Science,1993,34(1):61 - 70.

[37] 左禹．1Cr18Ni9Ti 不锈钢在硫化氢水溶液中的台阶状应力腐蚀破裂．北京化工学院学报,1994, 21(4):58 - 63.

[38] 郑华均．16MnR 钢在不同饱和硫化氢溶液应力腐蚀的试验研究．压力容器,1999,(16):4 - 7.

[39] W Chen,F King,E Vokes. Characteristics of near - neutral pH stress corrosion cracks in an X - 65 pipeline. Corrosion,2002,58(3):267 - 275.

[40] Tsai S Y,Shih H. A statistical failure distribution and lifetime assessment of the HSLA steel plates in H_2S containing environment. Corrosion science,1996,38(5):705 - 719.

[41] 小若正伦(日)著．金属的腐蚀破坏与防蚀技术．北京:化学工业出版社,1988.

[42] 罗德福．基于提高石油管材抗硫化氢应力腐蚀的研究．中国热处理技术通讯,2009,(5):153 - 157.

[43] MacDonald. D. D,B. Roberts and J. B. Hyne. The Corrosion of Carbon Steel by Wet Elemental Sulfur. Corrosion Science,1978,(18):411.

[44] S. B. Maldonado and P. J. Boden. The Mechanism of Corrosion of Mild Steel by Elemental Sulphur/Water Suspensions. Proc 8th Intl. Congr. Metal. Corros. vol. 1 (Frankfurt,Germany:Dechema,1981):338.

[45] S. B. Maldonado and P. J. Boden. Hydrolysis of Elemental Sulphur in Water and its Effect on the Corrosion of Mild Steel. British Corrosion Journal,1982,17(3):116 - 120.

[46] G. Schmitt. Effects of Elemental Sulfur on Corrosion in Sour Gas Systems. Corrosion,1991,(47):285 - 308.

[47] N. I. Dowling,C. L. Labine and J. B. Hyne. Alberta Sulphur Research Ltd. Quarterly Bull,1985,22(3):1 - 15.

[48] H. Fang,D. Young and S. Nešić. Corrosion of Mild Steel in the Presence of Elemental Sulfur. Corrosion,2008, 08637 (Houston,TX:NACE,2008.).

[49] N Dowling, PM Henry, NA Lewis, H Taube. Heteronuclear mixed – valence ions containing ruthenium and ferrocene centers. inorganic chemistry, 2002, 20(7): 2345 – 2348.
[50] Kun – Lin, John Lee. A Mechanistic Modeling of CO_2 Corrosion of Mild Steel in the Presence of H_2S. College of Engineering and Technology of Ohio University, 2004, 161 – 171.
[51] 白真权. 模拟油田 H_2S/CO_2 环境中 N80 钢的腐蚀及影响因素研究. 材料保护, 2003, 36(4): 32 – 34.
[52] Dugstad A, Lunde L, Videm K. Parametric study of CO_2 corrosion of carbon steel. Corrosion, 1994, 14(Houston, NACE, 1994).

第三章　高含硫气田腐蚀控制方法

高含硫气田腐蚀条件苛刻，腐蚀相对严重。因此，在进行高含硫气田开发时，需要在全面评价腐蚀程度和确定腐蚀主控因素基础上，制定经济有效的腐蚀控制方案，并在现场实施中进行跟踪评价和优化完善。高含硫气田开发常用的腐蚀控制方法包括选用耐蚀材料、药剂防腐、表面涂层、阴极保护技术、控制和优化运行参数以及合理的设备设施结构设计等。

第一节　材料的选择

一、管线材料的选择

1. 井下油套管材料的选择

镍基合金油管的应用要追溯于20世纪70年代，美国腐蚀工程师协会（NACE）调查表明：从1975年到1993年，以BP为代表的12家石油公司井下镍基合金（N08028、N08825、N06985）油管的使用量已超过了380km。其中，N08825使用量最大，N08028使用量最小，使用量呈逐年增加的趋势。由于H_2S和CO_2具有腐蚀性，当其浓度较高时，在温度、压力、Cl^-等腐蚀因素（甚至包含元素硫）的共同作用下，普通碳钢或不锈钢已经很难满足高酸性气田开发对管材强度和耐蚀性的要求，采用高合金化的镍基耐蚀合金是技术发展的趋势。图3－1是常用的油井管选材指南，表明当p_{H_2S}大于0.01MPa、环境温度较高时就应该选用镍基合金。

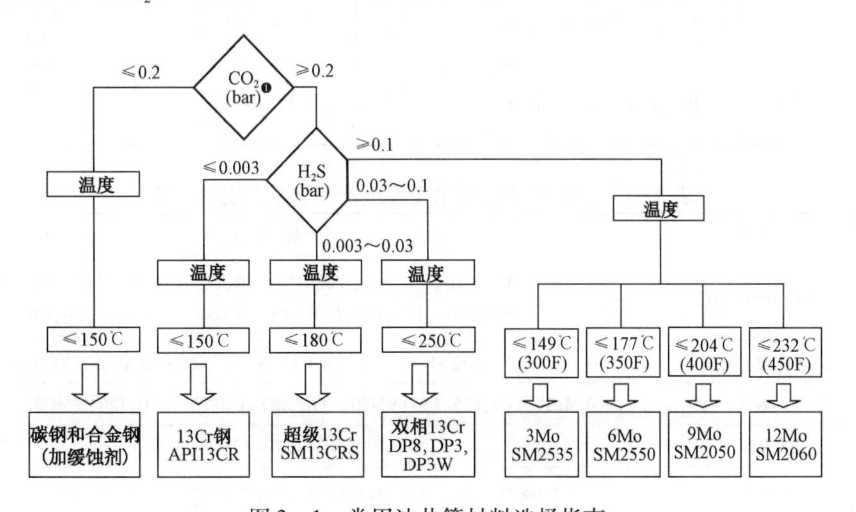

图3－1　常用油井管材料选择指南

❶ 1bar＝100000Pa＝0.1MPa。

镍基耐蚀合金是以Ni[Ni≥30%(质量分数)]为主要合金元素,同时添加了Cr、Mo等元素以提高合金耐腐蚀性能的一类合金,简称为镍基合金。镍基合金种类繁多,成分也不尽相同。高酸性气田开发中常用的镍基合金及其化学成分见表3-1。目前国际上具有镍基合金油套管生产能力的厂家主要有美国特殊钢铁公司、日本住友金属、德国V&M、瑞典Sandvik等,见表3-2。随着国内的普光气田、龙岗气田等一批高酸性气田相继投入开发,国内对镍基合金的市场需求大大增加,宝钢、攀长钢等国内的钢铁企业也已经开始了镍基合金的研发和生产中。据报道由宝钢股份自主研发和制造的、具有较高性价比的国产镍基合金油管已经在普光气田和龙岗气田得到了实际应用。

表3-1 高酸性气田开发中常用的镍基耐蚀合金

合金(UNS No.)	Ni	Cr	Mo	Cu	Co	Al	Ti	Fe	其他
N08028(028)	30.0~34.0	26.0~28.0	3.0~4.0	0.6~1.4	—	—	—	剩余	—
N08825(825)	38.0~46.0	19.5~23.5	2.5~3.5	1.5~3.0	—	0.2 Max	0.6~1.2	剩余	—
N06985(G-3)	38.5~53.5	21.0~23.5	6.0~8.0	1.5~2.5	5.0 Max	—	—	18.0~21.0	W.1.5 Max
N06625(625)	45.5~56.5	21.0~23.0	8.0~10.0	0.5 Max	—	0.4 Max	0.4 Max	5.0 Max	Nb Ta 3.2~4.2
N07718(718)	50.0~55.0	17.0~21.0	2.8~3.3	—	—	0.2~0.8	0.65~1.15	剩余	Nb.4.75~5.50
N06255(2550)	47.0~52.0	23.0~26.0	6.0~9.0	1.20 Max	—	—	0.69 Max	剩余	W.3.0 Max
N10276(C-276)	剩余	14.5~16.5	15.0~17.0	—	2.5 Max	—	—	4.0~7.0	W.3.0~4.5
N06950(G50)	≥50	19.0~21.0	8.0~10.0	—	≤2.5	—	—	15.0~20.0	W≤1.0

表3-2 国外镍基合金的主要生产厂家及其主要产品

国家	公司	镍基合金
日本	住友金属(SM)	SM2535-110,125,130;SM2035-110,125,130;SM2242-110,125;SM2550-110,125,130,140;SM2050-110,125,130,140
	日本钢管(NKK)	NKNIC25;NKNIC32;NKNIC42;NKNIC42M;NKNIC52;NKNIC62
德国	V&M	VM28-110,125,135;VM50-110,125;VM825-110,120;VMG3-110,125
瑞典	SANDVIK	Samicr028-110,125
法国	瓦鲁海克公司(VALLOUREC)	N08825-80,110;N06985;N10276;75VS22-VS25;80VS22-VS25;110VS22-VS25;130VS22-VS25;VS28-80,110,130
美国	SPECIAL METALS	N10276;N06625;N06985;N08825;N08028

2. 地面集输管线材料选择

1)抗硫金属管材

集输系统抗腐蚀材料的应用主要涉及以下几个方面的内容：

(1)集输系统生产环境、条件以及包括系统所确定的工艺、材料、腐蚀在内的各个因素。

(2)材料的冶金学控制,材料性能。

(3)实验室和现场试验对材料的评定,相关数据和现场使用经验。

(4)是否与缓蚀剂、涂层、阴极保护配套使用。

(5)经济评价。

从国内外高含硫气田集输系统抗腐蚀材料的开发和应用情况来看,集气管道和地面设备主要采用低碳钢、低合金材料,并与缓蚀剂、气液分离、清管等工艺配套。仅在地面设备中的分离器、容器、管件、法兰、阀门等部分设备中的重要和关键部件部分采用不锈钢和其他高合金材料。

对于输送气田水的碳钢管道材质均选用满足抗硫要求的 C 级钢管。碳钢的电化学腐蚀主要通过气田水中的缓蚀剂进行控制。气田水罐的放空管和气田水罐的尾气放空管道均选用碳钢(20#钢)。近年来,发现气田水罐的尾气放空管道的低洼积液处存在较为严重的腐蚀,腐蚀穿孔屡有发生,因此在低洼积液段选用 316L 复合管或者选用内衬非金属的复合管。

对于高含 H_2S 的湿气环境下的输送管材,在钢级选择上,采用强度低、韧性好的管线钢可更有效的保证管线抗 SSC 和 HIC 的能力。根据 ISO 15156—2015《石油天然气工业　油气开采中用于含硫化氢环境的材料》和工程经验,L360 钢级可适用于酸性天然气环境下的管道输送,但是耐酸性天然气电化学腐蚀性能一般。

2)双金属复合管

在高含硫气田开发中,双金属复合管的应用是经济性和安全性的要求。研究表明,机械复合和冶金复合各有其优缺点,冶金复合可能会导致耐蚀合金(CRA)产生点蚀或者 SSC,同时冶金复合过程中的热处理也会改变碳钢的机械性能。而机械复合生产出的双金属复合管则能保持原有的 CRA 和碳钢的最好性能。机械复合无论在机械性能还是腐蚀性能方面都要好于冶金复合[1]。

文献[2]将带有焊缝的双金属复合管做成压力容器,对其进行腐蚀性能评价。该容器内部可以模拟实际工况条件[$p_{总}=83\text{MPa}$,$p_{H_2S}=8.3\text{MPa}$,$p_{CO_2}=3.5\text{MPa}$,20%(质量分数)NaCl],两面为 N08825 合金的塞子,经 6 个月腐蚀试验后性能完好。

SSC 一般和合金组织也有很大关系,尤其是低温退火后的合金组织一般都具有 SSC 敏感性[3]。这主要是因为低温退火或者低温热加工后,合金内具有较大的屈服强度,并且其显微组织是晶内碳化物和少量穿晶碳化物相混合的组织[4]。因而,对复合管的显微组织研究也相当重要,尤其是冶金复合成型后,热处理会改变合金原有的组织形态。对复合管的显微组织研究应当包括对母体、热影响区和焊缝组织的研究。

二、设备材料的选材

1. 地面采输设备材料选择

用于高含硫气田环境介质的受压元件材料应是纯净度高的细晶粒结构的材料,所用材料为 Q245R、Q345R、20G(GB/T 5310—2008《高压锅炉用无缝钢管》)、20#、16Mn 无缝钢管(标准为 GB/T 6479—2013《高压化肥设备用无缝钢管》、GB/T 9948—2013《石油裂化用无缝钢管》)、20#、16Mn、18-8 锻件。这些受压元件材料应符合相应的材料标准和相关规定。材料还应满足以下要求:

(1)锻件的交货状态为正火+回火。

(2)硬度:母材和焊缝热处理后硬度 HRC 不大于 22(HB≤235),其中 Q245R、20G(GB/T 5310—2008《高压锅炉用无缝钢管》)、20#、16Mn 无缝钢管(GB/T 6479—2013《高压化肥设备用无缝钢管》、GB/T 9948—2013《石油裂化用无缝钢管》),20#锻件宜控制在 HB 不大于 200。

(3)力学性能应符合材料所属标准规定和设计图样中对材料冲击试验(夏比 V 型缺口)的规定。

(4)材料晶粒度按 GB/T 6394—2002《金属平均晶粒度测定方法》规定,其结果应是 6 级或 6 级以上晶粒度。并在设计图注明一般疏松、中心疏松、偏析、钢中非金属夹杂物(脆性夹杂物、塑性夹杂物)等规定,不允许材料内部存在白点、裂纹和气孔等缺陷。

(5)材料应进行超声波检测,符合相应标准规定,其中钢板超声波应是纵横检测,其结果应不得低于 JB/T 4730—2005《承压设备无损检测》中Ⅱ级规定,在设计图样中亦应注明。

(6)设计压力范围为 9.9~25MPa,非标压力容器和管路附件的材料应符合 SY/T 0599—2006《天然气地面设施抗硫化物应力开裂和抗应力腐蚀开裂的金属材料要求》的要求,具有抗氢致开裂(HIC)和抗硫化物应力开裂(SSC)的能力。若不能确保其抗 HIC 和 SSC 性能,且不能提供现场至少持续两年时间成功经验,则应按炉批号进行抗 HIC 和 SSC 试验评定,评定结果应满足以下要求。

① 抗氢致开裂(HIC)试验。

采用 NACE TM 0284—2003《管道、压力容器抗氢致开裂钢性能评价的试验方法》标准。试验溶液:A 溶液。试验时间:96h。其最大值是每个试件三个断面的平均值不超过下列指标。

裂纹长度率(CLR):≤15%;

裂纹厚度率(CTR):≤5%;

裂纹敏感率(CSR):≤2%。

② 抗硫化物应力开裂(SSC)试验。

按照 ISO 7539—2011《金属和合金的腐蚀》或 ASTM G 39—2011《应力腐蚀弯梁试样的制备和应用标准规范》标准采用四点弯曲试件,按照 NACE TM 0177—2005《金属在 H_2S 环境中抗硫化物应力开裂和应力腐蚀》标准进行,试验溶液:A 溶液。试验加载应力:80% SMYS(标准规定的最小屈服强度)。试验时间:720h。验收指标:试样在厚度方向上不超过深度 0.1mm 的裂纹。

(7)设计压力 p 不小于 25MPa 的非标压力容器和管路附件的材料和焊缝应进行抗氢致开裂(HIC)和抗硫化物应力开裂(SSC)性能评定。实验结果满足如下要求:

① 抗氢致开裂(HIC)试验。

采用 NACE TM0284-2003 标准,试验溶液:A 溶液。试验时间:96h。每个试件三个断面平均值不超过下列指标。

裂纹长度率(CLR):≤15%;

裂纹厚度率（CTR）：≤5%；

裂纹敏感率（CSR）：≤2%。

② 抗硫化物应力开裂（SSC）试验。

参照设计压力范围9.9～25MPa的相关规定执行。

（8）所有开口接管角焊缝按照GB/T 150—1998《钢制压力容器》规定，应保证全焊透，进行磁粉或着色渗透检测，符合JB/T 4730—2005《承压设备无损检测》中Ⅰ级规定。其中Di不小于800mm且DN不小于200mm的接管角焊缝还应进行超声波检测，符合JB/T 4730—2005《承压设备无损检测》中Ⅰ级规定。这些要求均应在设计图样中注明。

（9）法兰连接双头螺柱和螺母的标准应采用GB/T 9125—2003《管法兰连接用紧固件》，并按该标准规定进行磁粉、螺纹根圆滑r等项检测，符合该标准规定。接触介质连接螺栓和螺柱的硬度：HRC不大于22（HB≤235）。

2. 净化厂设备材料选择

1）选材原则

（1）环境因素和腐蚀介质是选材的必要条件。

材料的耐蚀性能，与所接触的介质有密切的关系。在选材时，首先要知道环境中腐蚀介质的种类、腐蚀强度、pH值以及腐蚀影响因素，如环境温度、湿度变化和应力等各种因素，以此作为选材的主要依据。

（2）对保护程度的选材。

对于一旦发生腐蚀则会带来严重后果、可靠性要求很高，以及长期运行而又无法更换或维修的关键性零部件，在不宜采取其他防腐措施的情况下，应选用高耐蚀性的材料。而对非关键性部件则可采用耐蚀性较低的材料，并辅以其他防腐蚀措施，可获得较好的经济效果。

（3）选材的同时考虑与之相应的防护措施。

一种金属材料加上适当的防护措施可以组成良好的耐蚀体系。在选材时，应注意该种材料可采取何种防护措施，以及材料与防护措施形成的体系所能达到的防腐蚀效果。

（4）材料之间的兼容性。

不同金属相互接触有可能造成电偶腐蚀。在一定条件下，非金属材料可导致金属或镀层产生腐蚀。在选材时，必须充分注意避免不同材料之间的相互影响。

（5）材料的可加工性。

对选定的材料还要考虑其加工性能和焊接性能，注意材料加工后是否会降低其耐蚀性能。

2）净化厂管线材料选择

设备应避免使用镀黄铜或铜基合金材料和铝材。容易发生腐蚀的部位可选用奥氏体不锈钢，如重沸器管束。管材的表面温度超过120℃时，应考虑使用1Cr18Ni9Ti钢管。含硫天然气净化设备制造好后应进行整体热处理消除应力。若热处理后的设备再次动焊，则必须考虑采取焊后的局部热处理措施。设备或管线在经过热处理消除应力后必须对焊缝进行硬度检查。操作温度超过90℃的设备和管线，如再生塔、重沸器等应进行焊后热处理以消除应力，控制焊缝的热影响区的硬度小于HB200。

第二节　缓蚀剂防腐工艺

一、缓蚀剂的定义

缓蚀剂是一种用于腐蚀介质中的添加剂,通常只需加少量于腐蚀介质中,它能迅速到达金属表面,并可以使腐蚀速率大幅度降低,使孔蚀、溃疡腐蚀等局部腐蚀破坏消失。腐蚀环境不同,对缓蚀剂的要求也不同,因而不同的腐蚀介质就选用不同类型的缓蚀剂,以达到有效保护的目的。一般而言,中性水介质多使用无机缓蚀剂,以钝化型和沉淀型为主;酸性介质中多用有机缓蚀剂,以吸附型为主。但现代复配缓蚀剂,根据需要在中性介质也使用有机缓蚀剂,在用于酸性介质的有机缓蚀剂中也复配无机盐类。此外,缓蚀剂必须在腐蚀介质中具有适宜的油水分配系数,否则会影响缓蚀剂在介质中的传递,从而不能较好到达金属表面,也就起不到缓蚀剂的防腐效果。

二、缓蚀剂的分类

由于缓蚀剂对石油天然气开发的独特优势,其作为一种经济有效的腐蚀控制措施在含硫气田开发过程中得到了广泛应用[5-7]。缓蚀剂的分类方法有许多种,按电化学分为阳极型、阴极型和混合型;按化学组成可分为无机和有机两大类;按对电极反应的作用形式分为界面缓蚀作用型、电解质缓蚀作用型、成膜缓蚀作用型和钝化缓蚀作用型;按使用形式分为油溶性、水溶性和挥发性缓蚀剂;按缓蚀剂成膜的种类可分为氧化型、吸附型、沉淀型和反应转化型。在石油天然气开发生产过程中,最广泛使用是有机缓蚀剂。

1. 胺类缓蚀剂

有机胺是缓蚀剂种类较多的一类[8,9],该类化合物在酸性介质中可保持较好的缓蚀性能。研究表明,在盐酸介质中胺和苯胺对低碳钢有较好的缓蚀作用,该类缓蚀剂与卤素离子具有协同缓蚀作用,在酸性介质中卤素离子对钢铁溶解反应的抑制能力依次为:$I^- > Br^- > Cl^- > F^-$。研究表明,由苄基、多个聚乙氧基组成的胺盐缓蚀剂在饱和硫化氢的 NaCl 溶液中,对钢铁具有良好的缓蚀性能。另外炔氧甲基胺系列化合物也有优异的缓蚀性。虽然胺类化合物对钢铁具有良好的缓蚀性能,但目前应用较多的芳香胺缓蚀剂的毒性较大,以脂肪胺代替芳香胺使用可降低缓蚀剂的毒性。西南油气田分公司天然气研究院研制的 CT2－1、CT2－4 等缓蚀剂为胺类缓蚀剂,用于含 H_2S 和 CO_2 环境的腐蚀防护。

2. 咪唑啉类缓蚀剂

咪唑啉类缓蚀剂[10]是含氮五元杂环化合物,既有良好的缓蚀性能,属于低毒物质,广泛用于石油、天然气工业生产。咪唑啉的盐如咪唑啉癸二酸盐、咪唑啉的油酸盐及咪唑啉油酸盐和二聚酸盐的混合物都是油井有效的缓蚀剂。目前,关于该类缓蚀剂的研究与报道,国内外都比较多,且应用效果都较好。美国各油田使用的有机缓蚀剂以咪唑啉及其衍生物的用量最大。研究发现,当咪唑啉类缓蚀剂与硫脲及其衍生物进行复配时对二氧化碳腐蚀具有较好的缓蚀效果。西南油气田分公司天然气研究院研制的 CT2－12、CT2－19 等缓蚀剂为咪唑啉类缓蚀剂,用于含 H_2S 和 CO_2 环境的腐蚀防护。

3. 其他缓蚀剂

肉桂醛[11](CA)、氮杂环季铵类缓蚀剂[12]和松香类缓蚀剂[13]等是近年发展起来的高温低毒缓蚀剂,它们在盐酸介质中有好的缓蚀作用。热稳定性高,兼有缓蚀剂、破乳剂、表面活性剂的功能,这类缓蚀剂在酸性介质中对碳钢具有良好的缓蚀性能。除上述提到的缓蚀剂种类外,常用的缓蚀剂还有有机膦缓蚀剂和非离子表面活性剂等缓蚀剂,它们在酸性介质(如含 CO_2 的油气井)中也具有较好的缓蚀作用。

三、缓蚀剂的作用机理和评价方法

缓蚀剂的种类多、用途广泛,人们对它的作用机理的理论研究、探讨日益深入,公认的大致有两种[14]:缓蚀剂成膜机理和缓蚀剂吸附机理。

1. 缓蚀剂成膜机理

成膜理论认为缓蚀剂通过与金属结合处发生反应,转化、软化和络合,形成相界膜,达到抑制腐蚀的目的。有机缓蚀剂的成膜机理有如下三种:

(1)具有极性基团,可被金属表面电荷吸附,在整个阳极和阴极区域形成一层单分子键,从而阻止电化学反应的发生。

(2)同时含有亲水基和憎水基,这些化合物的分子以亲水基吸附在金属表面上,形成一层致密的憎水膜,保护金属表明不受腐蚀。

(3)与金属形成络合物,进而在表面成膜。

2. 缓蚀剂吸附机理

具有极性中心的有机化合物由于可与金属表面的原子发生键合而吸附于金属表面上,故广泛地用作金属在腐蚀介质中的缓蚀剂。吸附机理的本质是由于缓蚀剂具有极性与非极性基团,极性基团与金属结合,非极性基团离开金属形成覆盖效应并通过润湿作用影响缓蚀效果。通过缓蚀剂与金属界面的物理、化学吸附,金属表面能趋向稳定,形成的覆盖膜使电荷和腐蚀介质的扩散受到抑制,降低了金属的腐蚀[15,16]。有机缓蚀剂的电荷主要集中在含氮、硫、磷等元素或杂环的极性基团上,这种化合物也具有表面活性。由于在水溶液中的金属表面上带有过剩电荷,缓蚀剂能迅速地吸附在金属表面,这时吸附方式主要以物理吸附为主,之后缓蚀剂和金属之间会发生电荷迁移,形成非常牢固的化学键,此时缓蚀剂在材料表面上的吸附以化学吸附为主。咪唑啉及其衍生物对钢铁的缓蚀作用就是通过吸附表现出来的,Jovancievevic 研究结果[17]表明当咪唑啉疏水基的碳链长度低于 12 时吸附不理想,这种咪唑啉无明显的缓蚀性。宁世光等[18]对十一烷基咪唑啉的几种衍生物在酸性介质中的缓蚀作用研究后指出,咪唑啉硫脲衍生物具有较强的吸附性能,是一种酸性环境中较好的腐蚀缓蚀剂。界面型缓蚀剂应用的基础研究主要在于弄清缓蚀剂在金属电极上的吸脱附规律。对于界面型缓蚀剂,吸附是产生缓蚀作用的前提条件,既要有一定的吸附覆盖度,又要有足够高的吸附稳定性,某些情况下,还要求有较快的吸附速度和较高的吸附选择性。

文献[19]指出，根据热力学原理，引起溶液中粒子在界面吸附的基本原因是吸附过程伴随着体系自由能的降低。水溶液中吸附粒子在电极/溶液界面上吸附时自由能的变化主要由下列几项组成：(1)憎水基。吸附粒子的存在破坏了溶液中水分子的短程四面体有序结构，若这些粒子自溶液内部移向界面层中，会减弱这种破坏作用而使体系的自由能降低；(2)电极表面与吸附粒子之间的相互作用。大致分为静电相互作用和化学作用两类；(3)吸附层中吸附粒子之间的相互作用。包括范德华力、静电场力；(4)置换电极表面的水分子。缓蚀剂取代水分子吸附比直接吸附在电极表面需要释放额外的自由能，缓蚀剂的性质和分子结构是影响吸附性能和缓蚀效果的首要因素。

3. 缓蚀剂的评价方法

目前国内外对于高含硫酸性气田用缓蚀剂的评价没有统一的方法。由于缓蚀剂的使用效果受介质组分、温度、H_2S 和 CO_2 的分压、气体流速及材质影响很大，不是广泛适用的，可能在一个气田使用效果很好而在另一个气田却不起作用。同时由于缓蚀剂对解决均匀的电化学腐蚀效果较好，但是对于局部腐蚀的效果不确定，因此在使用前，必须模拟气田的实际工况环境对缓蚀剂进行评价和筛选。

缓蚀剂的评价主要有挂片失重法和电化学法：

(1)挂片失重法。这是一种可靠的直接测量方法，用途广泛。除直接用于评价、筛选缓蚀剂外，还被用于验证其他测试方法的准确性。

(2)电化学法。主要包括电位极化曲线法、塔菲尔曲线外推法、恒电量法和交流阻抗法。

此外，还有光谱学法和显微学法以及缓蚀剂残余浓度分析方法等也可用来评价和表征缓蚀剂的应用效果。光谱学法利用入射光波对金属表面吸附分子震动的影响得到关于电极表面状态的结构信息。显微学法主要有电化学扫描显微技术(STM)、扫描电子显微技术(SEM)、透射电子显微技术(TEM)和光学显微镜法。缓蚀剂残余浓度的分析可以用来表征其缓蚀效果和优化缓蚀剂的使用量。

四、高含硫气田缓蚀剂防腐技术

1. 高含硫气田对缓蚀剂的性能要求

适用于高酸性气田的缓蚀剂应具备以下特点：

1)理化性能

(1)溶解性：无沉淀及相分离。

(2)乳化指标：无乳化倾向。

(3)发泡指标：无发泡。

(4)相容配伍性：与水合物抑制剂、硫溶剂等无相互不良影响。

(5)热稳定性：满足生产工艺要求。

(6)凝固点不大于－10℃。

(7)黏度能够满足雾化加注要求。

(8)开口闪点不小于40℃。

(9)存储期不大于1年。

(10)室内评价试验均匀腐蚀速率不大于0.0254mm/a,无点蚀,缓蚀率不小于90%。

2)现场防腐指标要求

(1)现场在线监测腐蚀速率不大于0.1mm/a,无点蚀。

(2)环境友好。

3)安全风险控制

(1)由于高酸性气田中H_2S含量很高,要求缓蚀剂除了具有良好的抗电化学腐蚀的性能外,还应具有一定的抑制氢致开裂和应力腐蚀开裂的性能。

(2)高酸性气田要求缓蚀剂不仅应具有良好的防护性能和良好的膜持久性能,以保证缓蚀剂膜在高气体流速冲刷下仍能较好地附着于管壁;同时在高酸性气田中缓蚀剂良好的膜持久性能保证其在一段较长时间内发挥保护作用,延长加注周期,减少加注频率[20]。

(3)缓蚀剂的多相分配和有效保护距离应满足腐蚀控制要求。

(4)缓蚀剂应根据ISO 15156—2015《石油天然气工业　油气开采中用于含硫化氢环境的材料》标准对管材进行HIC和SSC试验。

2. 高含硫气田的缓蚀剂

许多国家有多年从事开发高酸性天然气田的经历,其中以美国、法国、加拿大、俄罗斯等国家的经验最为丰富。但对开发高酸性油气田,各国都采取了慎重的作法,对H_2S、CO_2、Cl^-环境条件下的腐蚀性研究和材料评选等一系列技术难题,从实验室研究到先导性试验井试采到工业性开发,进行长时期的研究,制定出有效的技术措施后,才投入开发。加拿大的气田多采用胺类、吡啶和咪唑啉类缓蚀剂。后来美国和加拿大壳牌公司合作开发的合成酸/多胺的缩合物,在贝尔贝利等特高含硫气田使用具有较好的防腐性能。美国的托马斯维尔气田采用了代号为C的专利缓蚀剂,缓蚀效果非常好。另外,聚烷基聚胺类、含芳香基团的脂肪酸及其与胺类之间的缩合物、脂肪酸与酸酐之间的加成产物也可在高含硫环境中发挥有效的防腐作用。

20世纪70年代国外开发的Amine Guard ST工艺便是其中的代表。该工艺使用钝化型缓蚀剂在设备的金属表面形成一层钝化保护膜,使MEA溶液使用浓度提高到30%(质量分数)、DEA的溶液使用浓度提高到55%(质量分数),防腐效果明显。中国石油西南油气田分公司天然气研究院成功研制出的CT2-1和CT2-19缓蚀剂,在高含H_2S的天东5-1井和峰15井的应用结果表明,可将现场腐蚀挂片的腐蚀速率降至0.1mm/a下,使现场设备得到有效的保护。

3. 缓蚀剂防腐方案的制定

在实施缓蚀剂防腐措施前,必须对气田腐蚀工况和环境有清楚的认识。在现场调研完成后,根据收集的资料综合分析,室内开展模拟试验。筛选出适合的缓蚀剂,制定出针对含硫气田的缓蚀剂防腐方案。缓蚀剂的现场防腐严格按照防腐方案进行,在实施过程中,针对现场工况的变化,及时调整和修正方案,使其更加完善和具有可操作性。对长期停用的装置与设备,应及时评估暂存阶段的内腐蚀风险,采取清洗、置换、隔离等保护措施。主要内容包括:

(1)建立数据记录系统。包括缓蚀剂加注量、电化学腐蚀检测数据、缓蚀剂残余浓度分析数据、铁离子分析数据等。

(2)严格按照审批的腐蚀防护方案,做好缓蚀剂的加注与预膜、残余浓度等参数监测和分析。每年至少开展一次腐蚀防护效果分析评估,评估内容应包括腐蚀控制效果、防腐方案的适应性和经济性,根据评估结果及时优化调整腐蚀防护方案。

(3)现场缓蚀剂使用应根据油溶性、水溶性缓蚀剂的使用说明书要求进行配制;缓蚀剂的预膜量应为正常加注量的3~5倍。

(4)缓蚀剂的加注。采用间歇加注或连续加注的方式,返排液中缓蚀剂的残余浓度不低于50mg/L。

(5)电化学监测。每周对现场管道上的电化学探针和挂片探针进行检查和维护,确保监测装置正常运行。每1~6个月进行一次电化学数据的下载和挂片探针的取挂片工作,并计算腐蚀速率。

4. 缓蚀剂现场加注工艺

缓蚀剂的防腐蚀效果必须通过合理的缓蚀剂加注工艺技术来实现。现场一般严格按事先编制好的缓蚀剂防腐方案执行,根据防腐方案确定的缓蚀剂品种、加注方式和加注量进行实施。同时结合监测和检测结果进行调整与优化。缓蚀剂现场加注包括缓蚀剂预膜作业和正常加注两个步骤。

1)缓蚀剂预膜工艺

在采气管线和集气干线投入运行以前,需要在管线的内壁涂抹一层缓蚀剂,使管线在一开始时就得到充分的保护。对于井口到分离器采气管线,通常采用一次性泵注大剂量缓蚀剂进行预膜作业。作业程序相对简单,但由于是在井口泵入缓蚀剂,要求泵注设备要具备足够的泵注压力。对于集气管线和输气干线,通常采用清管器缓蚀剂预膜作业方式进行预膜。

在进行缓蚀剂预膜作业前,要先进行清管作业,以确保管道内壁清洁和清除管内积液,然后再利用清管发送装置推动清管器及缓蚀剂对管线内管壁进行成膜处理,保证管线内壁始终被缓蚀剂膜所覆盖。预膜通球后,缓蚀剂可以涂抹在管道、弯头的任何一个部位,发挥很好的防护效果。但是由于时间的推移及重力作用,缓蚀剂可能会顺管壁流到管道底部,顶部管道就会得不到缓蚀剂的保护。这时使用喷射式清管器,对管道底部的缓蚀剂进行一次旋转喷涂,优化缓蚀剂的防护效果。标准双向缓蚀剂预膜工艺和蛛头球缓蚀剂预膜工艺如图3-2和图3-3所示。

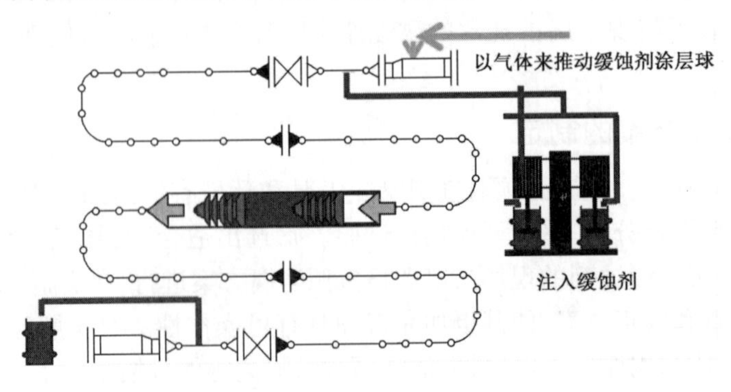

图3-2 定量加注缓蚀剂示意图

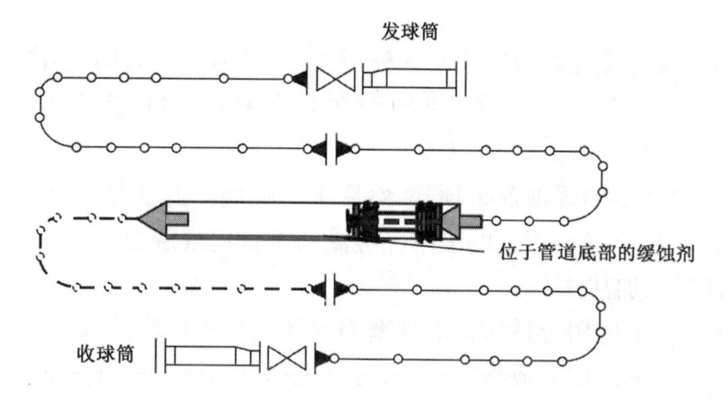

图 3－3　喷射式清管器优化缓蚀剂示意图

关于缓蚀剂的预膜时间及预膜量[21]，国内均有一些理论研究和计算模型，在给定边界条件后可以进行计算，并用来指导现场实施。

有资料[22]指出，缓蚀剂膜的最小厚度为 100μm，也就是在管道得到保护情况下的最小液膜厚度。工程上一般按照 3mils❶ 膜厚度来计算缓蚀剂的预膜量。

2）缓蚀剂正常加注工艺

（1）井口—分离器采气管线缓蚀剂加注。

对于酸性气田井口—分离器的管线，在进行缓蚀剂预膜作业后，生产期间通常采用间歇加注工艺来加注缓蚀剂，必要时也可采用连续泵注工艺加注缓蚀剂。此工艺采用的设备是液压隔膜计量泵，泵注压力高，要求大于井口压力。用泵将缓蚀剂以雾状喷入管道内，使缓蚀剂雾滴均匀分散于管道气流中，被气流带走，吸附于管道内壁上。间歇加注缓蚀剂一般用于油溶性缓蚀剂，缓蚀剂用量主要根据井的产水量或产气量，实际最佳加量要根据实验结果给出。

（2）集气管线和输气干线缓蚀剂加注。

对于集气管线和输气干线，在进行清管器缓蚀剂预膜作业后，生产期间一般采取连续加注工艺来加注缓蚀剂。连续加注是指将缓蚀剂配成所需浓度，用泵连续注入管线，缓蚀剂扩散进水中，在水和钢材之间形成临时的屏障。采用小排量泵可实现缓蚀剂的连续加注。此工艺采用的设备是柱塞隔膜计量泵，泵注压力等级相对较低。连续加注一般适用于水溶性缓蚀剂或油溶水分散型的缓蚀剂，缓蚀剂的加注量根据管线中所含的水量而定，实际最佳加量要根据实验结果给出。如果不能很好确定管线中水的含量，就只能根据经验公式来估算，一般为 0.17～0.66L/10^4m^3（缓蚀剂用量/天然气体积）。

（3）主要的缓蚀剂加注方法。

① 平衡罐加注法。

该方法将缓蚀剂配成所需浓度，用平衡罐将缓蚀剂加注到管道内，并依靠气流速度将缓蚀剂带走。此加注工艺简便，然而缓蚀剂的效率发挥和管道保护距离将随气流速度大小、管道铺设的地势陡缓而变化。

---

❶ mils—英制长度单位，千分之一英寸，1mils＝0.0254mm。

② 喷射式加注法。

用泵或旁通高压气将缓蚀剂以雾状喷入管道内,使缓蚀剂雾滴均匀分散于管道气流中,被气流带走,吸附于管道内壁上。喷雾嘴安装于气体管道中心,用泵直接加压,使喷管按气体流动方向喷雾,或在紧靠喷嘴的管道前部安装一套节流孔板,压力降在0.07~0.14MPa,气由高压孔板一侧流出,经过滤器到缓蚀剂罐顶部,然后进行喷滴。此法使缓蚀剂喷成雾滴,增大接触面积,促进了缓蚀剂在金属表面上的吸附。雾滴的重量比液滴更轻,更易被气流带走。

③ 柱塞隔膜计量泵加注法。

在缓蚀剂加注系统上选用合适排量的柱塞隔膜计量泵进行缓蚀剂的加注。一般情况下可将小排量的柱塞隔膜计量泵加工成橇装装置,可以机动灵活调节缓蚀剂的加量和加注的频率,保证最好的缓蚀剂使用效果。

3)缓蚀剂防腐效果的确定

缓蚀剂防腐效果的评定可通过设置的腐蚀监测或检测体系来完成,通常通过腐蚀速率和缓蚀率两个指标来表征。

第三节 表面涂覆

采用耐腐蚀性能良好的金属或非金属材料覆盖在设备基体表面,使基体金属与腐蚀介质隔离,以达到防腐蚀的目的,是应用最广泛的一种防腐蚀方法。覆盖层的种类很多,根据覆盖层的材料不同,可以分为金属覆盖层和非金属覆盖层两大类;根据在管线和设备上涂敷的位置,可以分为内部涂敷和外部涂敷。

一、管道和设备的非金属内涂层

内涂层使用于天然气管道,不仅是由于内涂层能起到一定的防腐作用,更重要的是能使管道内表面光滑,减小摩阻,降低动力消耗,增大输量,降低管道的建设成本和运行维修费用。目前,适用于管道内涂层的材料品种较多,主要有环氧酚醛树脂及改体、粉末环氧树脂、聚氨酯、聚酰胺和煤焦油环氧树脂等。

1. 内涂层技术的发展和应用

涂层的应用具有悠久的历史。早在4000多年前,战国时期的著作《韩非子·十过篇》曾记载“舜禅天下而传之于禹,禹作为祭器,墨染其外,而朱画其内”的内容。“墨外朱内”就是色漆的雏形。20世纪80年代以来,各种功能涂料不断出现,如净化环境氟涂料,阻燃、防污和自洁性涂料、润滑性涂料、选择性透气、阻隔与屏蔽性涂料、荧光氟涂料等。利用全氟辛酸为起始原料,经一系列反应得到N-羟乙基全氟辛酰胺丙烯酸酯单体,最后与丙烯酸异辛酯及乙酸乙酯等单体进行乳液聚合得到乳液共聚产物,用于绒面服装皮革的防污,其防水、防油级别分别是90和80。孟祥春[23]等人以N-甲基-N-烃乙基全氟辛基磺酰胺先与2,4-TDI反应,然后再与丙烯酸-p-烃乙酯反应制备出单体,最后与丙烯酸酯、甲基丙烯酸丁酯共聚制得含氟丙烯酸共聚物,该共聚物用于处理皮革、纺织品、纸张,使它们具有良好的防水防油性能。中科

院黄月文[24]等人研究含氟丙烯酸酯类单体改性后的丙烯共聚物酸酯的憎水性能，随含氟丙烯酸酯类单体的种类、侧链含氟烷基、加料方式、引发剂用量及催化交联剂等因素的变化，得到共聚物憎水性能如水接触角和吸水率呈现不同的变化规律，以及聚合物膜的表面铅笔硬度及其光泽和透明性能变化规律。

20 世纪 90 年代，内涂层管线在石油石化行业的应用有了长足进步，主要用途包括降低管体腐蚀、减少结垢结蜡、减少管道磨损、增加流体的流动性及电绝缘的作用。在长输管线方面，截至 2012 年，中国油气骨干管道中内涂层管道超过了 9×10^4km，内涂层油管的产量达到了 4600km 以上。就主要实现防腐功能而言，21 世纪初，塔里木油田、长庆油田、塔河油田等开展了系统的内涂层技术研究并配套形成了现场应用工艺。从应用结果来看，涂层技术在应用过程中主要存在的问题包括：(1) 油田用户对涂料产品性能缺乏了解（采购的是内涂层管，对于涂料本身和涂敷工艺并不十分清楚）；(2) 对供应商提供的涂层产品与油田用户环境服役适用性缺乏有效评估（选择有一定的盲目性）；(3) 涂料系统设计过程中无法有效提出技术条件，很少参与技术规格书的制定；涂层管道施工过程缺乏监管，缺少专业涂装监造师；(4) 服役过程中的涂层管如何维护、如何修补、判废条件等不十分清楚。

2. 涂层破损点检测技术

常用的防腐层破损点检测评价技术包括 ACVG（交流电位梯度法）、DCVG（直流电位梯度法）和 PCM（交流电流衰减法）等，PCM 的原理如图 3－4 所示。

DCVG（直流电位梯度法）采用周期性同步通/断的阴极保护电流施加在管道上后，利用两支硫酸铜电极，以密间隔测量管道上方土壤中的直流电位梯度，在接近破损点附近电位梯度会增大，破损面积越大，电位梯度也越大。根据测量的电位梯度变化，可确定防腐层破损点位置；通过检测破损点处土壤中电流的方向，可识别破损点的腐蚀活性；依据破损点定性判断破损点的大小及严重程度。对破损点腐蚀状态进行识别；结合密间隔电位测试法（CIPS）可对外防腐层破损点大小及严重程度进行定性分析。对破损点未与电解质（土壤、水）接触的管道不适用，另外下列情况会使本方法测量结果的准确性受到影响或应用困难：(1) 剥离防腐层或绝缘物造成电屏蔽的位置；(2) 测量不可到达的区域，如河流穿越；(3) 管段处覆盖层导电性很差，如铺砌路面、冻土、沥青路面、含有大量岩石回填物。

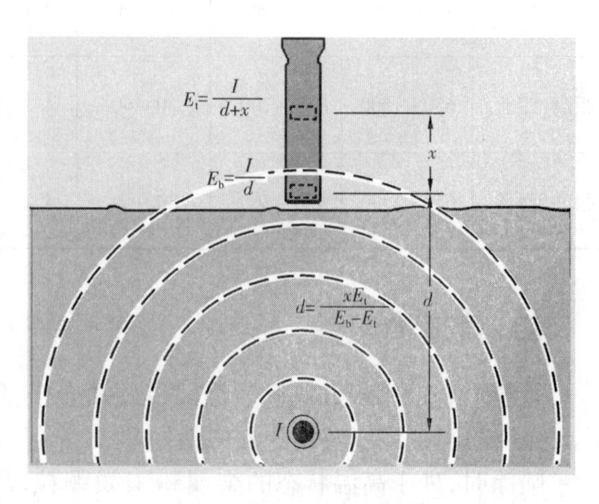

图 3－4　PCM 工作原理示意图

PCM 可以实现整体防腐层质量评价、管道探测及埋深测量、查找牺牲阳极埋设位置和阴极保护系统故障检测等。PCM 埋地管道防腐层检测仪，含亚米级 GPS 定位记录仪，应用蓝牙通讯方式，可实时、批量地接收记录埋地管道防腐层检测仪接收机的检测数据；与 GPS 定位功能配合，采集检测点防腐层缺陷点的位置信息，定位精度可达 15cm。

3. 涂层的寿命预测

ISO 12944—2007《色漆和清漆　钢结构防腐涂层保护体系》根据环境对涂层的寿命进行了预测，见表 3－3。

表 3－3　ISO 12944 环境和寿命预测

腐蚀类别	单位面积上的质量损失(第一年暴露后)				温性气候下的典型环境	
	低碳钢		锌		外部	内部
	质量损失 g/m^2	厚度损失 μm	质量损失 g/m^2	厚度损失 μm		
很低	≤10	≤1.3	≤0.7	≤0.1		加热的建筑物内部，空气洁净，如办公室、商店、学校和宾馆等
低	10～200	1.3～25	0.7～5	0.1～0.7	大气污染较低，大部分是乡村地带	未加热的地方，冷凝有可能发生，如库房，体育馆
中	200～400	25～50	5～15	0.7～2.1	城市和工业大气，中等的二氧化硫污染，低盐度沿海区域	高湿度和有些污染空气的生产场所，如食品加工厂、洗衣厂、酒厂、牛奶厂等
高	400～650	50～80	15～30	2.1～4.2	高盐度的工业区和沿海区域	化工厂、游泳池、海船和船厂等
很高(工业)	650～1500	80～200	30～60	4.2～8.4	高盐度和恶劣大气的工业区域	总是有冷凝和高湿的建筑和地方
很高(海洋)	650～1500	80～200	30～60	4.2～8.4	高盐度的沿海和离岸地带	总是处于高湿高污染的建筑物或其他地方

二、管道内喷涂

管道内壁或阀板和阀座表面喷焊硬质合金，使之具有良好的耐磨性和抗腐蚀能力，可在含 H_2S 介质的腐蚀环境及钻井液中使用。

喷涂时，处于高温状态的金属粉末微颗粒，高速冲击碰撞在基体表面，并黏附在基体上。后来的微颗粒即碰撞在已经黏附在基体上的微粒上，并互相镶嵌，逐渐形成涂层。涂层与基体的结合有以下形式。机械结合金属微观表面总是凹凸不平的，当高温的金属微粒碰撞到基体表面时，便产生变形，经冷凝收缩后咬住凸点，从而形成机械结合。这是喷涂层与基体的主要结合形式。焊接基体金属表面上的凸点受高温金属粒子的碰撞加热而温度升高，并和高温颗粒熔合在一起，形成了微焊接。高温高速的金属颗粒，碰撞在极清洁、干净的基体表面上，颗粒变形后与基体表面密切贴合，就产生了金属键结合。微扩散焊接喷涂金属与基体金属表面紧密接触，在界面上可产生微小的扩散现象，使喷涂层和基体金属的结合增加。氧乙炔火焰喷涂的特点是与其他喷涂工艺(电弧喷涂、等离子喷涂、爆炸喷涂)相比较，对工件的加热温度低、涂层耐磨性好、用途广泛等优点。不同表面覆盖层的比较见表 3－4。

表3－4　不同表面覆盖层保护技术的适应性

金属表面覆盖层保护	电镀	防锈、装饰和防腐蚀	不适合于强腐蚀介质
	喷镀	防大气、海水和盐类介质腐蚀	表面必须用涂料封闭
	热浸镀	适合于防锈蚀	常用于包装容器、食品包装
	金属搪焊层	适用于强腐蚀介质的防护，以搪焊为代表，常用于复合衬里底层	多为非金属覆盖层代替
	金属衬里层	最常用的有衬铅，衬不锈钢，可节约有色金属和合金	衬不锈钢应用广泛
	无机涂层和搪瓷涂层	涂层强度高，密实性好，但不抗冲击，易破损，可耐多种腐蚀	具有传热作用，是重要的化工设备，不适应复杂形状设备搪瓷
	搪玻璃层	用玻璃吹制贴衬设备表面，与搪瓷具同样作用	可用于管道内壁防腐蚀
	胶泥防护层	以合成树脂胶泥为主，若加鳞片玻璃填料效果更好，可降低施工成本	国内处于推广阶段
	防腐蚀涂料	适用于大气、海水、土壤和腐蚀性不强烈场所	不适用于强腐蚀介质
	防腐蚀涂料与阴极保护并用	适用于地下管道、油罐、含硫污水罐防腐蚀	多用于自来水管、油管、地下管道、油罐

三、高含硫气田管道的外防腐涂层

1. 外防腐层的主要类型

外防腐层是管道保护的主要屏障，外防腐层选用应根据管线具体敷设环境的地形、土质状况，结合国内成熟的防腐层的使用情况，以技术可靠、经济合理、管理维护方便、现场施工适应性强为选用原则。埋地钢制管道外防腐层包括8大系列：石油沥青、环氧煤沥青、煤焦油瓷漆、聚乙烯胶粘带、熔结环氧粉末，两层或三层聚乙烯防腐层和硬质聚氨酯泡沫塑料防腐保温层等。聚乙烯防腐层、熔结环氧防腐层是目前国内新建石油、天然气管道首选外防腐层，其共同特点是与管道黏接力强，抗土壤应力好，耐化学介质侵蚀，硬度高，阴极剥离半径较小等。

三层挤压聚乙烯防腐层由熔结环氧底层、胶黏剂中间层和高密度聚乙烯外层组成，具有优异的粘接性能、耐化学介质（除强氧化性酸外）侵蚀的能力、机械性能和耐土壤应力性能，低吸水率、稳定性高及施工后的完整性高，适用于管道运行温度不大于70℃的土壤和浸水环境中，是埋地和水下管道防腐层中综合性能较优良的防腐层。大中型管道工程中大多采用该防腐层，使用效果好，经济效益明显。

二层挤压聚乙烯防腐层由胶黏剂层和高密度聚乙烯层组成，与三层聚乙烯防腐层相比除粘接性能和耐阴极剥离性能稍差外，其余性能与三层聚乙烯防腐层相当，但价格更低。

熔结环氧与挤压聚乙烯防腐层相比具有致密性差、吸水率大、针孔多、容易鼓包的特点。由于环氧树脂孔隙率高、吸水率较大，加上环氧树脂的延伸率低等因素，近期国内大口径非保温线路工程很少使用。

聚乙烯胶粘带防腐层为不需加热施工的防腐层，具有施工方便灵活、防腐层致密、吸水率小、耐化学侵蚀等特点，但存在耐土壤应力差的特点。剥离强度是胶粘带性能指标中应该重点关注的，通常应采用有隔离纸的胶粘带，且对底漆钢的剥离强度应达到 40N/cm 以上，对背材的剥离强度应达到 20N/cm 以上。与三层结构聚乙烯防腐层比较，耐高温性和剥离强度都还有一定差距，且造价较三层聚乙烯防腐层还高。从方便施工操作方面考虑，聚乙烯胶粘带比较适合站内零星管道的防腐，及挤压聚乙烯防腐层预制线不能预制的小管径管道的防腐。

聚丙烯是耐高温性能较好的防腐层，长期使用温度可达 80℃，改性三层结构聚丙烯具有与管道粘接力强，耐低温性能好，抗土壤应力好，硬度高、吸水率较低、阴极剥离半径较小、稳定性较好、寿命较长等特点，但价格较三层聚乙烯防腐层高。

2. 外防腐涂层工艺技术

管道防腐层采用二层结构聚乙烯普通级防腐层，管道补口及弯管采用现场缠绕聚乙烯胶粘带防腐层。

1）站外管道预制及施工技术要求

（1）管道防腐层预制及质量检验应符合标准 GB/T 23257—2017《埋地钢质管道聚乙烯防腐层》。二层 PE 普通级防腐层厚度：DN150 不小于 2.0mm，DN100 不小于 1.8mm。防腐层管端预留长度（钢管裸露部分）为 100 ~ 110mm，防腐层端面应形成小于或等于 30°的倒角。

（2）防腐管的堆放、搬运、布管、下沟及回填等施工应符合 GB/T 23257—2017《埋地钢质管道聚乙烯防腐层》标准的规定。

（3）防腐管装卸应严格执行其操作规程，轻吊轻放，严禁摔、撞、磕、碰损坏防腐层。

（4）施工现场管道布管及堆管时，宜采取底部垫砂袋等有效措施保护防腐层。严禁使用石块、碎石土作管墩。

（5）严禁施工机具在作业带贴近防腐管行驶，以免撞（磕）伤防腐层。

（6）吊具宜使用尼龙吊带或橡胶辊轮吊篮，严禁直接使用钢丝绳。使用前，应对吊具进行吊装安全测试。

（7）沟上组焊的管道下沟前，沟下组焊在回填前，应在业主或监理确认补口、补伤已完成，经检查合格后方可实施下一步施工工序。

（8）管道下沟时，应注意避免与沟壁刮碰，必要时应在沟壁垫上木板或草袋，以防擦伤防腐层。

（9）沟上组焊的管道下沟前或沟下组焊的管道放到沟底前，应使用电火花检漏仪全线检查防腐层，检漏电压 15kV，检测出的漏点必须修补。

（10）防腐层完整性地面检测：在管道下沟回填后，应使用 PCM 和配套 A 字架对全线进行地面检漏，检测出的漏点应进行修复。

2）站外管道补口及热煨弯管防腐

（1）管道补口及热煨弯管防腐采用现场缠绕聚乙烯胶粘带加强级防腐层。

(2)聚乙烯胶粘带采用带隔离纸的胶带,要求对背材的剥离强度不小于20N/cm,对底漆钢的剥离强度的不小于30N/cm,胶带的其他性能技术指标应符合SY/T 0414—2007《钢质管道聚乙烯胶粘带防腐层技术标准》的规定。

(3)胶带生产厂商必须提供材料出厂合格证、使用说明书和经国家质量认证检测部门出具的检验报告。产品到货后,业主应抽检产品是否符合质量标准,不合格产品,不允许投入使用。

(4)聚乙烯胶粘带防腐层结构为:一层底漆一层胶带,底漆为胶粘带配套底漆,胶带缠绕的搭接宽度为胶带的50% ~55%,防腐层总厚度不小于1.4mm。

(5)胶带与管道防腐层的搭接宽度应不小于100mm。

(6)聚乙烯胶粘带防腐层施工要求。

胶粘带防腐层的现场施工应由经培训合格的操作工进行施工。施工应执行SY/T 0414—2007《钢质管道聚乙烯胶粘带防腐层技术标准》及材料厂家施工操作说明书的相关规定。补口部位采用喷砂除锈,除锈质量应达到GB/T 8923—2011《涂装前钢材表面锈蚀等级和除锈等级》中规定的Sa2.5级。不能喷砂除锈的地方,经现场监理和业主同意才可采用电动钢丝刷除锈,除锈等级达St3级。钢管表面预处理后至涂刷底漆前的间隔时间宜控制在4h内,底漆涂刷前,钢管表面及防腐管搭接部位必须干燥、清洁无尘。

底漆涂敷:底漆采用与聚乙烯胶粘带配套的底漆,不能以其他底漆来替换。使用前底漆应充分搅拌均匀。按照制造商提供的底漆说明书的要求涂刷底漆。底漆应涂刷均匀,不得有漏涂、凝块流挂等缺陷。

胶粘带缠绕:底漆涂刷后,应按产品使用说明书要求的时间内缠绕胶粘带。如超过要求时间,应重新除锈与涂刷底漆。应使用专用缠绕机或手动缠绕机进行缠绕施工,只有在个别地方或特殊情况下,机具施工无法进行时,经现场监理同意才可用手工缠带。在涂好底漆的管子上螺旋缠绕胶带,搭接宽度为胶带宽度的50% ~55%。缠绕时应绷紧胶带,保证其具有足够的张力,各圈间应平行,不得扭曲皱折,始、末端应压贴使其不翘边。胶粘带表面应平整、搭接均匀、无永久性气泡、皱折和破损。焊缝处和与管道防腐层交接处应用手压实不得有空洞。

(7)检查验收。

聚乙烯防腐层外观应逐个检查,胶带表面应光滑平整、无皱折、无气泡,搭接部位贴合紧密,无空隙现象。

3)站内地面管道、设备外防腐层

(1)地面管道、设备采用涂装涂料防腐,防腐涂层结构为环氧富锌底漆(干膜厚度≥80μm)—环氧云铁中间漆(干膜厚度≥90μm)—丙烯酸聚氨酯面漆(干膜厚度≥80μm),涂层干膜总厚度不小于250μm。

(2)表面预处理采用喷砂除锈,除锈等级达GB/T 8923—2011《涂装前钢材表面锈蚀等级和除锈等级》的Sa2.5级。为防止砂粒及杂质进入阀门等设备缝隙中,对不宜采用喷砂除锈的设备或管道结合部的表面,应采用电动钢丝刷除锈,除锈等级达到St3级。

(3)可采用高压无气喷涂或刷涂。施工操作及施工环境条件要求应符合SY/T 0320—

2010《钢质储罐外防腐层技术标准》的规定和涂料产品使用说明书的要求。

(4)涂刷颜色:露空管道设备涂色应符合 SY/T 0043—2006《油气田地面管线和设备涂色规范》规定。

(5)涂层质量检测。

外观应平整、光滑且不得有漏涂、发黏、脱皮、气泡和斑痕等缺陷存在。涂层厚度采用磁性测厚仪测量各部位涂层厚度,涂层最薄处厚度应达到设计规定厚度,否则,应增加涂装道数直到合格。

涂层完整性检测:可采用电火花检漏和低压湿海绵检漏仪检漏,采用电火花检漏时,检漏电压为 5V/μm,发现针孔应立即修补。黏结力检查采用刀挑法,用锋利刀刃垂直划透防腐层,形成边长约 40mm、夹角约 45°的 V 形切口。用刀尖从切割线交点挑剥切口内的防腐层,如果挑起处的防腐层呈脆性点状断裂,不出现成片挑起或剥离的情况,则防腐层黏结力合格。对检验损伤处应进行修补,黏结力不合格的防腐层应重涂。

4)站内埋地管道防腐

站内与线路相同管径的埋地管道采用二层 PE 普通级防腐层,其他管径的埋地管道采用聚乙烯胶粘带特加强级防腐层防腐。管径不小于 100mm 的管道采用 100mm 宽胶带,管径小于 100mm 的管道采用 50mm 宽胶带。聚乙烯胶粘带防腐层的结构及补口和施工要求参照前述内容。

5)绝缘接头安装

绝缘接头制作应符合 SY/T 0516—2008《绝缘接头与绝缘法兰技术规范》的有关规定。生产厂商应提供强度试压、严密性试验、电绝缘测试等检验报告,经业主验收。在绝缘接头安装前,根据 GB/T 50369—2006《油气长输管道工程施工及验收规范》的要求对绝缘接头进行水压试验。试验压力为设计压力的 1.5 倍,稳压时间为 5min,以无泄漏为合格。试压后应擦干残余水,进行绝缘检测,检测应采用 500V 兆欧表测量,其绝缘电阻应大于 10MΩ。检验合格后方可进行现场焊接到管道上的指定位置。

第四节　阴极保护

阴极保护技术是电化学保护技术的一种,其原理是向被腐蚀金属结构物表面施加一个外加电流,被保护结构物成为阴极,从而使得金属腐蚀发生的电子迁移得到抑制,避免或减弱腐蚀的发生。主要包括强制电流阴极保护和牺牲阳极阴极保护技术。

一、强制电流阴极保护技术

强制电流阴极保护原理就是利用恒电位仪向被保护的金属通入一定量的直流电,把被保护金属相对于阳极变成一个大阴极消除金属因成分不同造成的电位差,腐蚀电流降为零,使被保护金属免遭电化学腐蚀。强制电流阴极保护的原理示意图如图 3-5 所示。

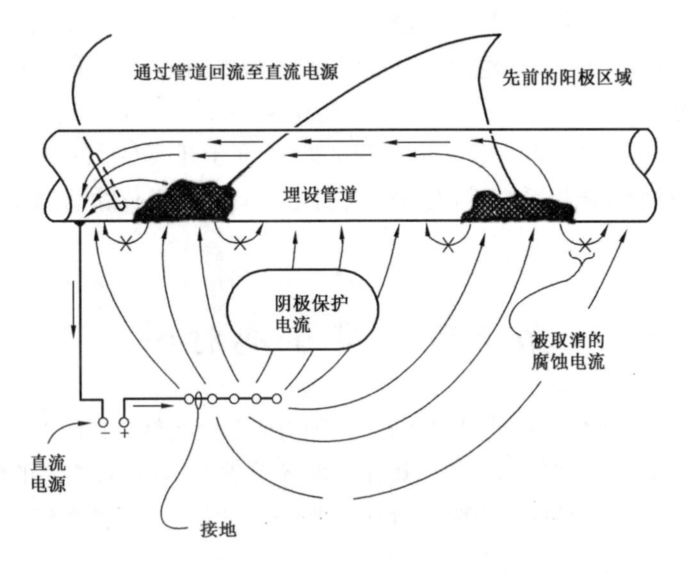

图 3－5　强制电流阴极保护原理图

电位测量是阴极保护系统测量的主要手段。根据电位测量的结果,可以了解阴极保护所处介质的腐蚀性,验证牺牲阳极的质量,确定被保护结构的保护状况,检测出保护不良的部位,测量杂散电流通过的部位,以及判断对相邻结构干扰的程度。阴极保护系统的电位测量可分为开路电位测量,牺牲阳极工作电位测量,保护电位测量和杂散电流干扰下的电位测量。

强制电流阴极保护系统的测试参数,包括恒电位仪输出电流、输出电压、控制电位,保护对象的保护电流和极化电位、汇流点处电位、阳极地床接地电阻等。

开路电位指金属构筑物未加阴极保护时的电位,即自然腐蚀电位,根据开路电位测量结果可了解介质的腐蚀性。对牺牲阳极来说,开路电位指其在介质中的自然腐蚀电位。对各种不同的阳极材料,开路电位值都有严格的规定。阴极保护要求牺牲阳极有足够负的开路电位,若测量结果达不到,说明该阳极材料的质量有问题。

工作电位测量。工作电位又称为闭路电位,指牺牲阳极在介质中与被保护结构连接在一起时的电位。牺牲阳极要有足够负的闭路电位,这样可以在工作状态下与被保护结构之间有一定的电位差,输出必要的阴极保护电流。

保护电位测量。保护电位指保护结构在施加阴极保护后的电位,是判断阴极保护程度的一个重要参数。根据阴极保护原理,测量的保护电位应是纯极化电位,不应含有介质的电位降。

二、牺牲阳极阴极保护技术

将还原性较强的金属作为保护极,与被保护金属相连构成原电池,还原性较强的金属将作为负极发生氧化反应而消耗,被保护的金属作为正极就可以避免腐蚀。因这种方法牺牲了阳极(原电池的负极)保护了阴极(原电池的正极),因而叫做牺牲阳极(原电池的负极)保护法。日常运行过程中的注意事项包括:

(1)应每半年检测一次牺牲阳极的阳极保护电位、输出电流,出现异常及时处理。

(2)阳极开路电位、阳极接地电阻、阳极埋设点土壤电阻率,测试周期不得超过1年,可根据具体情况加密测试。

(3)两组牺牲阳极装置中间应设置电位测试桩,以便于开展参数的测试。

(4)每年至少对牺牲阳极系统维护1次,对引出外套装置进行除锈、刷漆和编号等维护保养工作。

第五节　非金属材料

非金属管材具有多种优良性能,但目前不同种类的非金属材料在耐蚀性、耐高温等方面性能存在较大差异,目前国内在气田天然气集输方面还缺乏应用经验,相关的性能测试方法、适用的管道类型、接头在输气环境的密封性等还需要研究和完善。在高含硫气田生产过程中,非金属管线主要用于气田水系统的防腐。

一、国内外发展状况

自20世纪70年代美国、加拿大油田采用非金属材料的地面输送管,广泛应用于输送油气田的污水处理水、回注气田水及具有腐蚀性的原油。如1980年美国雪佛龙公司在美国德州使用3.5MPa,150km的原油输送管及注水管;1986年美国Amoco公司建有5.5MPa,200km的煤层气集输管道等。目前,世界上很多国家已建有10MPa以上的注水管道及原油管道。

国外在复合管内衬材料的研发方面取得了很大的进步,针对一些介质环境、温度和气密性要求比较高的应用领域,开发出了聚苯硫醚(PPS)和以聚偏二氟乙烯(PVDF)为代表的氟塑料等一些先进材料。这两类材料的耐气体渗透性能、抗硫性能、耐温性能都比传统PE、PP等热塑性塑料有了很大的提高。但是由于目前这两类材料的价格比较高,实际应用中如何通过材料改性或结构优化设计(管中管结构)等方法降低使用成本,是国外复合管内衬材料的发展趋势。

国外柔性复合管管道发展比较快,已经有多种产品进入应用市场。荷兰的"Pipelife Nederland B. V."所生产的"SoluForce"柔性复合管,基结构特征是三层复合,即PE内衬层/芳纶纤维增强带或钢丝增强带/PE外护套层,可以盘卷成长管,最大工作压力2.9~15MPa。南京航天晨光股份公司生产的RTP管也属于这种产品,采用芳纶纤维增强带来缠绕增强。而加拿大公司Flexpipe Systems Inc. 所生产的"Flexpipe line pipe"管道,是由三层复合HDPE/玻璃纤维增强层/HDPE,经过处理的玻璃纤维缠绕在内管上作为增强层,由于玻璃纤维没有涂覆环氧树脂,因此保留有一定的柔性。外护套层含有抗紫外线添加剂的PE,是可盘卷管道,长度可达到2100m。

20世纪80年代开始,国内油气田吸收引进非金属管道,继而国内各厂家开始自主研制非金属管道产品。近20年来,非金属材料应用日益广泛。常用的主要有玻璃钢管、钢骨架增强聚乙烯复合管、塑料合金复合管、柔性复合管、非金属内衬(PE内衬,PVC内衬等)金属管等。

其中，高压玻璃钢管、柔性复合高压输送管、塑料合金复合管三种非金属复合管应用更为广泛。

在天然气的输送方面，国外在20世纪60年代后期将非金属管道用于低压天然气的输配，最初的输送压力只有0.2MPa。而到了90年代初期，输送压力达到0.7MPa。随着高分子技术的进步，尤其是PE 100的出现，使得非金属管道向更高压力等级发展，同时，管道连接技术和密封技术的多样化发展，推动了非金属管道在天然气行业的应用。聚乙烯管被广泛用于燃料气的输送，使用压力一般不高于1MPa，后发展了交联聚乙烯管，输送压力已达到2MPa，并有向更高压力发展的趋势。

而增强型非金属管道技术的发展，则展示了非金属管道在中压甚至高压输气方面的潜力。Piplife、Coflexip、Flexpipe、Wellstream等公司在非金属管道、管件上投入大量研发力量，开发了芳纶纤维、玻璃纤维、钢骨架等增强型管道，这些增强型管道已经在油气田用于油气集输十多年。无需阴极保护、无需防腐处理、无维护要求，平均年花费更低，这些特点使得非金属管道对气田工程充满吸引力。在天然气输送方面也形成了相应的标准体系，在热塑性管道系统方面有EN 1555—2010《气体燃料供应用塑料管道系统》、ISO 4437—2017《燃气用埋地聚乙烯(PE)管道系统．聚乙烯(PE)》ISO 6993—2006《输送气体燃料用埋设的、高耐冲击的聚氯乙烯(PVC－HI)管道》、ISO 8085—2011《供应燃气的聚乙烯管使用的聚乙烯管件》、ISO 14531—2010《塑料管道和配件　气体燃料运输用交联聚乙烯管道系统　米制系列》、ISO 22621—2010《最大操作电压小于并且包括2MPa(20bar)的燃料气体供应用塑料管道系统　聚酰胺(PA)》等。在增强型非金属管道方面，有ISO/TS 18226—2006《塑料管材和管件　压力4MPa的气体燃料供用加固热塑管道系统》、API RP 15S—2006《带卷轴的增强塑料管线的认证》等。在ISO/TS 18226—2006《塑料管材和管件　压力4MPa的气体燃料供用加固热塑管道系统》中，非金属管道的压力等级达到4MPa，并允许使用更高等级。

在实际应用中，非金属管道的运行压力一般在2.5～4.2MPa之间，设计压力更高，个别试验管段运行压力达到9.8MPa。而在经济方面，非金属管在天然气输送方面，管道成本比碳钢管道成本更高，但无内、外涂层、无阴极保护、无焊接，安装、挖沟、回填费用更低，使得总体投资成本更低，且使用寿命越长，年花费费用更低，总体成本将减少25%。天然气用非金属管道类型及性能特点见表3－5。

表3－5　天然气用非金属管道类型及性能特点

管道类型	管径，mm	适用温度，℃	适用压力，MPa	连接方式	寿命，a
钢骨架聚乙烯复合管	40～500	－35～70	≤3.5	法兰、电熔	30～50
增强热塑性塑料复合管	65～200	－40～90	≤9.6	螺纹	≥30
柔性高压复合管	50～150	－50～260	≤2.5	螺纹、法兰	≥30
玻璃纤维塑料复合管	40～400	－30～70	≤3.5	活接头、法兰	≥30

二、常用的非金属管材

国内外油气田常用的非金属管道按其结构可以分为塑料管、增强塑料管和衬管三大类，见表3－6。

表 3-6　油气田常用非金属管道分类

分类		管道名称	用途
塑料管		聚乙烯管(PE 管)、氯化聚氯乙烯管(CPVC)、聚丙烯管(PPR)、聚四氟乙烯管(PTFE)等	给排水、天然气分输、加药等
增强塑料管	热固性	玻璃钢管、塑料合金复合管	输油、输气、给排水、注聚
	热塑性	钢骨架增强聚乙烯复合管、柔性高压复合管	集气、供水
衬管		内衬非金属钢管	油、气集输
		不锈钢内衬玻璃钢管	油管修复、油气集输

1. 塑料管

塑料管通常采用热塑性塑料为基材,包括 PE、PPR、PEX、CPVC 等。塑料管一般采用连续挤出成型,常以连续管的形式供货,管道连续采用电熔焊或粘接的形式。1933 年,英国 ICI 公司首先发现了聚乙烯(PE)。发展至今,聚乙烯已是由多种工艺方法生产的、具有多种结构和特性及多种用途的系列品种树脂,已占世界合成树脂产量的 1/3。

2. 增强塑料管

增强型塑料管可分为热塑性塑料管和热固性塑料管两种类型。增强型热塑性塑料管通常是可盘圈的,以热塑性塑料为基管,采用有机纤维、钢丝/带、玻璃纤维等为增强材料制成。使用较多的有钢骨架增强聚乙烯复合管、增强型热塑性塑料复合管、柔性高压复合管等。增强型热固性塑料管是以热固性树脂为基体,采用玻璃纤维为增强材料制备而成。国内油田常用产品类型包括玻璃钢管、塑料合金复合管、钢骨架聚乙烯复合管和纤维增强热塑性塑料复合管。增强塑料管使用压力较高,部分小管径的管材使用压力可达到 32MPa 以上,广泛用于油气集输、注聚和注水等。

1)玻璃钢管

玻璃钢管是油气田应用时间长、用量大的非金属管材。玻璃钢管的成型工艺包括缠绕、离心浇铸和手工铺设等,树脂可采用环氧树脂、乙烯基树脂和不饱和聚酯树脂等。

胶黏剂粘接的锥形装配连接系统,因其强度符合要求及操作简单,成为运行压力低于 3.1MPa 的油田标准管线。电加热带和化学加热包的研制成功,使得玻璃钢管的安装可以在任何天气条件下进行。8 牙/in 螺纹的螺纹接头连接成为较高压力玻璃钢管采用最多的连接系统。8 牙圆螺纹接头更易于安装。20 世纪 60—80 年代是美国油田应用玻璃钢管的高峰期。测试表明,脂肪胺固化的玻璃钢油管在 15.6MPa、48.9℃的 CO_2 循环和静态试验条件下没有发现物理或化学性能下降。

1984 年,Exxon 公司进入大规模应用玻璃钢管的新阶段。在 Means 油田安装了约为 195km 的玻璃钢出油管、注水管和集输管线。在该项目中,Exxon 公司最大限度地使用玻璃钢管,而内涂层钢管的使用只限于个别处,如交通区及较大尺寸的管线(管径大于 101.6mm,压力等级为 14MPa)。使用情况见表 3-7。

表 3-7 Exxon 公司在 MEANS 油田应用玻璃钢管情况

安装时间	管径,mm	工作压力,MPa	总长度,km	用途	使用年限,a
1984 年	76.2	5.5	146	出油管	>4
	76.2	5.5	41	集输管	
	76.2	9.6	35	注水管	

玻璃钢管主要用于各种水管,如冷却水管、注水管和污水处理管。只要安装得当,有足够的支撑点以减少振动以及合适的维护工具,就可取得成功。下面是壳牌公司在海上油田应用玻璃钢管的实例:在海湾,76.2~304.8mm 的玻璃钢管用作海水立管,运行良好;压力为 10MPa 的玻璃钢管用作消防供水系统,灌满水即可以很好地用于防火,又不产生有毒气体。

经过多年的技术发展,现在的玻璃钢管多以无碱玻璃纤维为增强材料,以环氧树脂为基体,经过连续缠绕成型、固化而成。根据环氧树脂固化剂的不同,可以分为酸酐固化和芳胺固化两种玻璃钢管。玻璃钢管的连接形式主要包括螺纹连接、承插粘接、锁键连接和法兰连接等形式,尤以螺纹连接和承插粘接比较常用。

2)钢骨架增强塑料复合管

钢骨架增强热塑性塑料复合管以钢骨架(钢丝焊接骨架、钢丝/钢带缠绕骨架)为增强体,以聚乙烯树脂为基材复合成型,当有特殊环境要求时,基体也采用其他高性能的热塑性塑料(如 PVDF、PEX、PA-11 等)。根据增强层的结构特点,钢骨架聚乙烯复合管又可分为钢丝网骨架聚乙烯复合管、钢板网骨架聚乙烯复合管、钢丝缠绕骨架聚乙烯复合管和钢带缠绕骨架聚乙烯复合管四种。钢骨架增强热塑性塑料复合管有定长管和连续管两种管型,即硬管和盘卷管。

钢丝网骨架增强聚乙烯复合管,采用钢丝连续缠绕焊接成型的网状骨架与聚乙烯共挤成型,成型后钢丝骨架与基体融为一体。连接通常采用电熔套筒焊接的方式,也可采用法兰连接,如图 3-6 至图 3-8 所示。该产品制造执行标准 SY/T 6662—2012《石油天然气工业用钢骨架增强聚乙烯复合管》、HG/T 3690—2012《工业用钢骨架聚乙烯塑料复合管》或 CJ/T 123—2014《给水用钢骨架聚乙烯塑料复合管》。

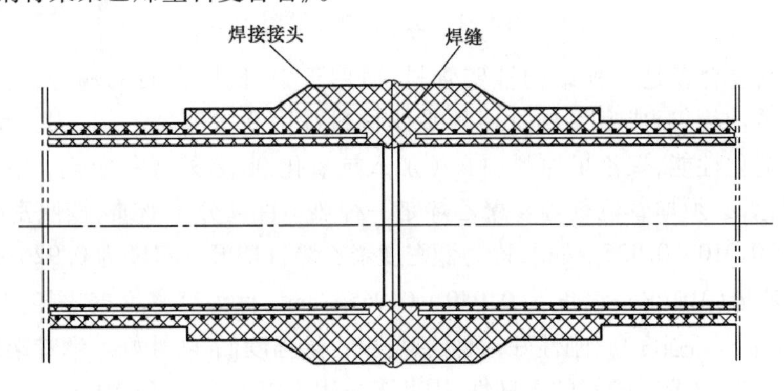

图 3-6 对焊连接示意图

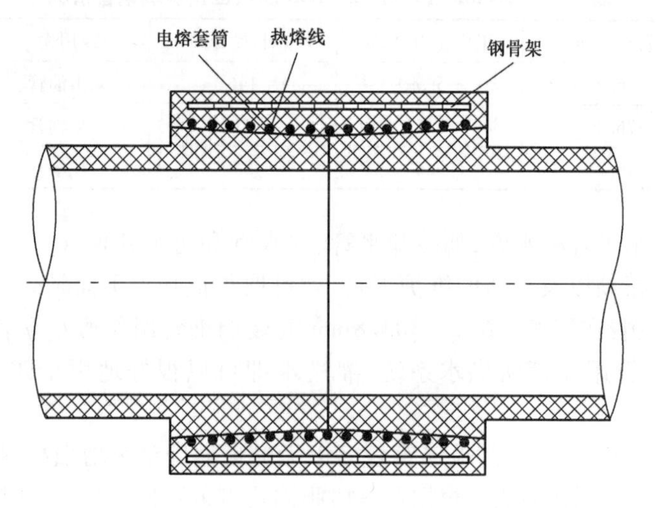

图3-7　电热熔连接示意图

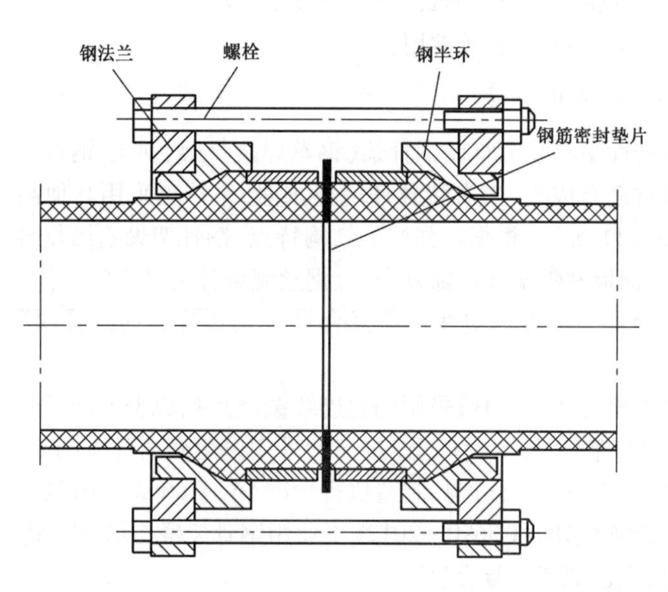

图3-8　法兰连接示意图

钢骨架塑料复合管是一种结构性壁管材，适用于中、低压介质的输送，例如燃气管、排污管、给水管、输油管等，成型管材所用的基体材料选用高密度聚乙烯，为了增强钢骨架塑料复合管的抗老化性能，聚乙烯原料中必须加入抗氧化剂、紫外线稳定剂，同时为了使管材具有特定的颜色，必须加着色剂等。聚乙烯是一种热塑性高分子物质，按照密度的大小可以分为三类：密度0.910~0.925g/cm^3，称为低密度聚乙烯(LDPE)；密度为0.926~0.940g/cm^3，称为中密度聚乙烯(MDPE)；密度为0.940~0.965g/cm^3，称为高密度聚乙烯(HDPE)。一般情况下，高密度聚乙烯强度高、刚性好；而低密度聚乙烯强度低、塑性好。钢骨架塑料复合管要求既有较好的刚性，又要有较好的柔韧性，因此多采用中密度聚乙烯(MDPE)和高密度聚乙烯(HDPE)。

聚乙烯作为钢骨架塑料复合管的基体材料，其结构与性能决定了乙烯管材的性能。聚乙烯的破坏通常是由于分子链的断裂或解缠而造成的。对于聚乙烯管材，在正常使用压力和环境条件下，破坏的原因主要是由于在应力作用下聚乙烯发生蠕变而产生的分子链缠绕相互脱开。因此，只要控制在应力作用下聚乙烯发生蠕变的速度，就可以提高聚乙烯管材的使用性能。

钢骨架塑料复合管的特殊结构使其具有金属管道和塑料优点，同时又相互弥补两种材质管道的缺陷。钢骨架塑料复合管的成型是把塑料和钢骨架牢固的复合在一起，充分发挥了两者的优势，使其具有不可比拟的多方面优良性能。

3）塑料合金复合管

塑料合金复合管是以塑料合金管为内衬层，以连续纤维缠绕形成的增强层为结构层的复合管。该管道内层管是由一种或多种高分子材料复合制造，具有光滑的内表面和良好的亲水性及耐腐蚀性能；管子的中间层是由多层高强度钢带螺旋缠绕在内管的外侧提供管子径向和轴向抗压能力。

塑料合金管的连接方式主要分为熔融连接和螺纹连接两种，螺纹连接如图3－9所示。管材接头为钢制，连接方式为活螺纹连接，胶垫密封。连接可靠性好，每根管都可以单独拆卸，便于快速安装和维修。

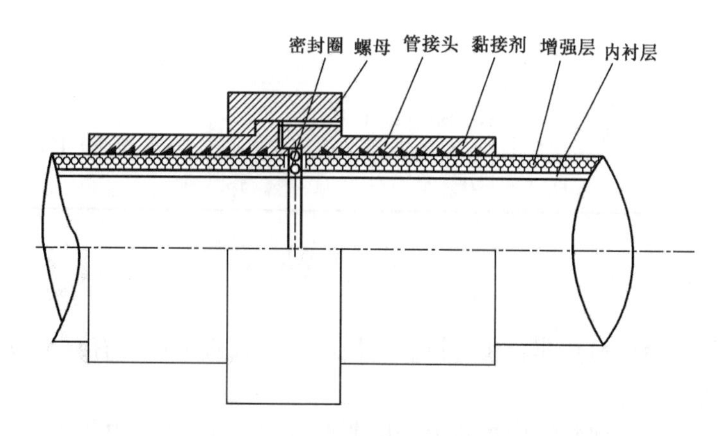

图3－9　塑料合金管的螺纹连接

熔融连接方式结构简单，安装容易，接头处的承压和抗拉强度不下降。内衬管采用热熔方式连接级可以保证内衬管的连续性又能保证内衬管的密封性。主要用于输气管线。塑料合金复合管目前的最高压力等级为32MPa，与玻璃钢管相似。国内的制造能力在管材公称直径100mm时，公称压力不高于25MPa。产品制造执行HG/T 4087—2009《塑料合金防腐蚀复合管》标准。

4）有机纤维增强热塑性塑料复合管

有机纤维增强热塑性塑料复合管是以热塑性塑料管为基体，通过有机纤维（芳纶、聚酯纤维等）增强带或纤维绳网增强，再外敷热塑性塑料保护层复合而成。典型有机纤维增强热塑性塑料复合管为三层结构。有机纤维增强热塑性塑料管为连续管形式，商业上常称为柔性复合高压输送管。国外产品通常采用芳纶纤维增强材料，国内为降低成本常采用聚酯纤维为增强材料。

芳纶纤维全称为聚对苯二甲酰对苯二胺，英文为 Aramid fiber(杜邦公司的商品名为 Kevlar)，是一种新型高科技合成纤维，具有超高强度、高模量和耐高温、耐酸耐碱、重量轻等优良性能，其强度是钢丝的5~6倍，模量为钢丝或玻璃纤维的2~3倍，韧性是钢丝的2倍，而重量仅为钢丝的1/5左右，在560℃的温度下不分解、不融化。它具有良好的绝缘性和抗老化性能，具有很长的生命周期。芳纶的发现，被认为是材料界一个非常重要的历史进程。

油田应用较多的非金属管道为玻璃钢管、塑料合金复合管、钢骨架增强聚乙烯复合管和增强热塑性塑料连续管等，性能对比见表3-8。

表3-8　不同类型非金属管优缺点对比

管材类型	主要优点	局限性
玻璃钢管	耐温性能好，酸酐固化65℃，芳胺固化80℃，价格相对便宜	抗冲击性能差，接头易损，地形起伏大时接头与管体易发生剪切破坏
塑料合金复合管	抗冲击性、气密性优于玻璃钢管	耐温性一般低于70℃，接头为金属材料，易被腐蚀，需外防腐，地形起伏大时接头与管体易发生剪切破坏
钢骨架增强聚乙烯复合管(定长)	管道口径范围大，适应性强	承压能力(一般在1~5MPa)，使用温度不高于60℃
增强热塑性塑料连续管(包括纤维增强和钢骨架增强)	连续成型，单根可达数百米，接头少；柔性好，抗冲击性能好；重量轻，运输成本低；安装快速简单	口径一般低于150mm，价格较高

三、内衬管

内衬分为耐蚀合金内衬和非金属内衬。这种内衬复合管常用的有双金属复合管、玻璃钢内衬复合管和陶瓷内衬复合管。

双金属复合管是在普通管线内覆盖上一层薄壁耐蚀合金，通常由耐蚀合金层与基体管两部分组成，其两端采用特殊结构或特殊焊接连接，为保证管体达到油气输送强度及压力的要求，根据输送介质压力来确定基体管；为了达到耐腐蚀性能的目的，依据管线使用寿命及油气田介质环境来设计管线耐蚀层。

国外双金属复合管的应用较为活跃，德国 Butting 公司生产的机械复合管、英国 Proclad 公司生产的冶金复合管在世界许多国家得到运用；国内的长庆油田分公司靖安首站、大庆油田的注水管道也采用双金属复合管，不仅综合了基体管的机械性能和耐蚀合金层的性能，而且具有很高性价比，发展潜力极大。

玻璃钢由环氧树脂和增强玻璃纤维组成，具有防腐、防垢、减阻等优良的性能，改性玻璃钢内衬复合管是将浸润在改性树脂胶黏剂的玻璃纤维布上，并借助特殊模具直接贴附于管道内壁一次成型的复合管，具有更为广泛的应用潜力和使用价值。

第六节　控制及优化操作参数

通过控制和优化高含硫气田地面系统的运行参数也是一种有效的腐蚀控制措施。一方面，对地面集输系统而言，加强地面管道系统流体介质输送参数的控制和优化，如流速的控制、系统积液的清除等，可以有效控制腐蚀；另一方面，对净化厂系统，在设备主体材质选定后，则主要依靠控制和优化运行参数来有效控制腐蚀。

一、地面管道系统流体介质输送参数控制与优化

主要采取控制集输管道合理的流速和定期进行集输管道的清管作业。天然气集输管道流速在设计规范里没有明确建议，一般还是 5 ~ 10m/s 比较合适。酸性气体含量较高时，管道内腐蚀会比较明显，应适当降低流速，以控制冲刷腐蚀。

在湿气条件下，管线内可能出现游离水，通过对某集输系统湿气输送工艺的计算结果，发现在管线内存在少量的积液，管线内的积液率在 1% ~6% 之间。清管作业是减少积液、控制腐蚀的必要措施。根据集气管线投产时间、积液、垢物积聚和腐蚀情况制定清管周期和程序。在投产时先进行一次智能清管，作为管道原始的基础数据保存，运行一段时间后再做一次，进行对比。

二、净化厂运行参数控制与优化

1. 溶液的净化

醇胺溶液降解产物（尤其是氧化降低产物）往往腐蚀性很强，且腐蚀产物颗粒会对管壁造成冲刷腐蚀。因此，除去溶液中的杂质非常必要。对于新开工的脱硫装置，溶液中悬浮颗粒和 FeS 含量较高，应加强溶液净化，以减少 FeS 等固体颗粒造成的冲刷腐蚀。

活性炭过滤器可去除溶液中的杂质和降解产物。在操作中应按要求连续过滤。当压差达到规定的标准（一般为 0.2MPa），应清洗过滤设备和更换过滤器填料。补充、更换活性炭时，应先对活性炭反复清洗。活性碳过滤器能通过吸附作用有效地除去溶液中的烃类凝液和降解产物，对保持溶液清洁、降低设备和管线腐蚀有重要作用。极细的活性碳颗粒也可能被带入醇胺溶液中，因而在采用活性炭净化溶液时，有必要采用机械过滤器净化溶液。溶液中的各种阴离子会对溶液的质量以及工艺装置的腐蚀和过程控制造成影响。因此，必须严格控制各种阴离子的含量。

对热稳定性盐的处理除传统的加碱减压蒸馏外，还有离子交换及电渗析技术。典型的有美国联合碳化物公司开发的 Ucarsep 电渗析技术，加拿大 Eco - Tec 公司的 Amipur 系统和美国 MPR 公司的 Hssx 系统采用的是离子交换树脂。

2. 控制操作条件

1）控制温度

重沸器及再生塔底部的温度是影响酸气解析程度的重要因素。温度越高，酸气解析越彻

底，但是高温也加速了腐蚀。重沸器内的液面要足以使全部管束浸泡在其中，以免上部未浸泡的管束局部过热而造成局部腐蚀加剧。重沸器管束等接触高温醇胺溶液的部位应定期维护，彻底清除管壁上的锈皮和沉积物，避免发生点蚀和垢下腐蚀。

2）控制酸气负荷和溶液浓度

随着溶液胺浓度和酸气负荷的增加，腐蚀速率也随之上升。因此，在实际操作过程中应按装置设计的溶液浓度和酸气负荷进行操作，不应随意提高溶液浓度或溶液的酸气负荷，以免使设备的腐蚀加剧。在装置运转过程中，如果溶液浓度升高，应及时补加水量进行调整。

3）合理选择流速

高流速的胺液会破坏金属表面的保护膜，导致设备和管线腐蚀加剧，尤其对弯头的腐蚀影响最大。根据经验，对碳钢而言，胺液在管道内流速一般应不大于1.5m/s，在换热器管程内的流速不超过0.9m/s，富液进再生塔流速不大于1.2m/s。此外，还可改进结构设计以改变流态，如加长弯头、选用非直角三通，溶液改变流向处用无缝管，消除因法兰垫片伸入管内等引起的节流，整修那些与管板不齐平的管头等。为防止泵气蚀，应尽量减小吸入压降及保持足够的吸入压头以防止小气泡的形成。

4）加强储液的保护

醇胺脱硫溶剂在氧存在下易发生氧化降解而生成热稳定性盐。同时，溶液中的氧还能氧化 H_2S 而生成元素硫，后者在加热条件下与醇胺反应而生成二硫代氨基甲酸盐类、硫脲类、多硫化合物类和硫代硫酸盐类化合物，也会增加溶液对设备和管线的腐蚀。脱硫系统容易进入氧气的部位主要有溶液贮罐、溶剂和水补加罐等。为了避免氧气进入系统，溶液贮罐、溶剂和水补加罐等设备应充氮气保护，循环泵和溶剂泵入口必须维持正压，装置开车前须用氮气和蒸汽吹扫，以彻底清除系统中残余的氧气。

第七节　合理的设备设施结构

高含硫气田开发系统设备设施结构件的形式力求简单，这便于采取防腐蚀措施，便于检查、排除故障，有利于维修。形状复杂的构件，往往存在死角、缝隙、接头，在这些部位容易积液或积尘，从而引起腐蚀。在无法简化结构的情况下，可将构件设计成分体结构，使腐蚀严重的部位易于拆卸、更换。

构件的表面状态，要尽量致密、光滑。通常光亮的表面比粗糙的表面更耐腐蚀。在有积水或积尘的地方，往往腐蚀的危险性大。因此在结构设计时，应尽可能不存在积水或积尘的坑洼。缝隙中的介质可引起金属的缝隙腐蚀，但可通过拓宽缝隙、填塞缝隙、改变缝隙位置或防止介质进入等措施加以避免。

防止电偶腐蚀的常用办法是避免腐蚀电位不同的金属连接。当金属表面处于流速很高的腐蚀性液体中时，会发生磨损腐蚀。磨损腐蚀在具有局部高流速和湍流显著的地方特别大。因此在设计时，应避免构件出现可造成湍流的凸台、沟槽、直角等突变结构，而应尽可能采用流线型结构，如图3－10所示。环境诱发破裂是由机械应力和腐蚀联合作用产生，包括应力腐蚀破裂和腐蚀疲劳。

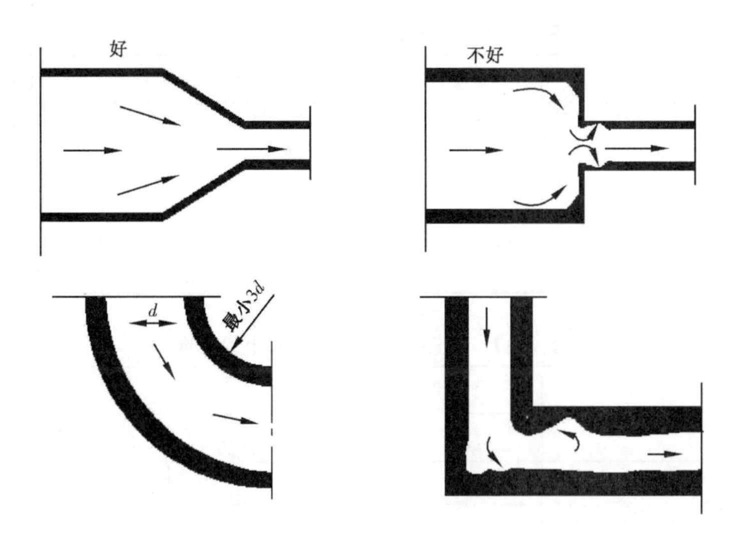

图3-10　结构的合理设计

防止这类破坏的措施旨在消除拉应力或腐蚀环境，或者可能使两者一并消除。加热器或加热盘管的位置应向着容器的中心，以防止出现温差电池。建筑物的位置如有选择可能，应选择自然腐蚀较低的位置，如避免海洋大气、工业排水、电气化铁路等影响。

第八节　腐蚀控制效果评价

目前，国内还缺乏专门针对高含硫气田开发过程中腐蚀控制效果的评价标准，通常采用现有的金属材料耐蚀性评定的相关标准来进行效果评定。

一、金属材料腐蚀程度评价

1. 均匀腐蚀和点蚀程度评价

金属材料在环境介质条件下承受或抵抗腐蚀的能力，称为金属的耐蚀性。NACE RP 0775—2005《油田生产中腐蚀挂片的准备和安装以及实验数据的分析》标准对金属材料的腐蚀程度进行了划分，如表3-9所示。

表3-9　NACE RP 0775—2005　标准对金属材料的腐蚀程度的划分

分类	均匀腐蚀速率，mm/a	点蚀速率，mm/a
轻度腐蚀	<0.025	<0.127
中度腐蚀	0.025~0.125	0.127~0.201
严重腐蚀	0.126~0.254	0.202~0.381
极严重腐蚀	>0.254	>0.381

中国对金属材料耐蚀性执行的是四级标准，苏联等国家为金属材料耐蚀性的十级标准，见表3-10和表3-11。

表 3-10 中国金属耐蚀性的四级标准

级别	腐蚀速率,mm/a	耐蚀性评价
1	<0.05	优良
2	0.05~0.5	良好
3	0.5~1.5	可用、腐蚀较严重
4	>1.5	不适用、腐蚀严重

表 3-11 苏联金属耐蚀性的十级标准

耐蚀性评定	耐蚀性等级	腐蚀速率,mm/a
完全耐蚀	1	<0.001
很耐蚀	2	0.001~0.005
	3	0.005~0.01
耐蚀	4	0.01~0.05
	5	0.05~0.1
尚耐蚀	6	0.1~0.5
	7	0.5~1.0
欠耐蚀	8	1.0~5.0
	9	5.0~10.0
不耐蚀	10	>10

2. 氢渗透程度评价

氢探针主要用于含 H_2S 的环境中,当腐蚀环境中硫化氢分压超过 0.048MPa 时可以考虑安装氢探针。通常,氢探针投入使用要经过 6~48h 的时间才能达到稳定状态。由于氢探针的测量结果不能直接计算得到腐蚀速率,因此,氢探针应与其他腐蚀监测方法及表面形貌分析和断面观察结合起来使用。只能将其作为在必要的位置选用的监测手段之一,不宜单独使用。

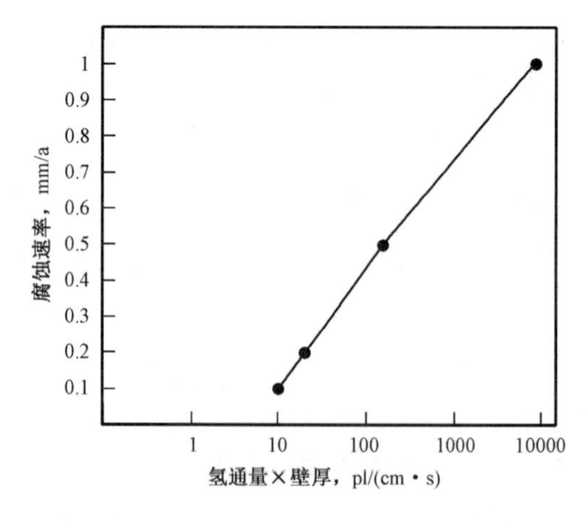

图 3-11 氢通量和腐蚀速率之间的关系

钢铁内表面腐蚀产生的氢原子由里向外渗透,在钢铁外表面形成氢分子,氢探针技术是通过在管道或装置外直接测量微量的氢气浓度预计装置内腐蚀速率。在高含硫气田开发过程中,氢探针被广泛用于缓蚀剂预膜效果的评价和金属材料抗硫化氢性能的监测。氢通量和腐蚀速率之间的大致对应关系如图 3-11 所示。如氢通量为 20pL/(cm^2・s),厚度 1.25cm,氢通量乘以厚度为 25pL/(cm・s),对应的腐蚀速率近似等于 0.2mm/a。

二、非金属材料耐蚀性能评价

非金属材料的腐蚀主要是环境介质向材料内部渗透、扩散,引起化学反应、溶胀、溶解,以及应力开裂等形式的破坏。对于非金属材料的耐蚀性能,目前还没有很好的评定方法,它不像金属材料那样可以用腐蚀速率作为标准来评定其耐蚀性。通常是以材料的失强、增减重和外形破坏的描述等作为综合考察指标来进行评定。

一般采用下列三级标准来评定非金属材料的耐蚀性。(1)一级:良好,有轻微腐蚀或基本无腐蚀;(2)二级:可用,有明显的腐蚀,如轻度变形、变色、失强或增减重等;(3)三级:不适用,有严重的变形破坏或失强。

对于一些高分子材料(如塑料、橡胶、玻璃钢和黏合剂等),可参考下列指标来确定是否可用。(1)抗弯强度下降小于25%;(2)重量或尺寸变化小于±5%;(3)硬度(洛氏&)变化小于30%。凡是满足上述条件的,就可认为这种材料在试验期限或更长一些时间内是可用的。

参考文献

[1] Russell D. Kane, S. Mark Wilhelm, Toshlo Yoshlda. Analysis of Bimetallic Pipe for Sour Service. SPE 20837, 1991, 6(3): 291 - 296.

[2] Chen W C, Petersen C. W. Corrosion Performance of Welded CRA - Lined Pipes for Flowlines. SPE 22501, 1992, 7(4): 375 - 378.

[3] 赵明纯. 显微组织对管线钢硫化物应力腐蚀开裂的影响. 金属学报, 2001, (10): 1087 - 1092.

[4] Chen. H. N, Chen. L. S, Lin Q. H. Stress Corrosion Test for Clad Plate Weldments with Compressive Stress Treatment Using the Anti - Welding - Heating Method. CORROSION - Vol. 55, No. 6: 626 - 630.

[5] 郑家燊. 缓蚀剂科技发展历程的回顾与展望. 材料保护, 2000, 33(5): 11 - 15.

[6] Godinez L A, Meas Y, Borges R O, Corona A. Corrosion inhibitors. Revistade Metalurgia, 2003, 39: 140 - 158.

[7] 曹楚南. 缓蚀剂在油气田的应用. 石油化工腐蚀与防护, 1997, 14(4): 34 - 36.

[8] Migahed M A. Corrosion inhibition of steel pipelines in oil fields by N, N - di(polyoxy ethylene) amino propyl lauryl amide. Progress in Organic Coatings, 2005, 54: 91 - 98.

[9] Xometl O O, Likhanova N V, Aguilar M A D, Hallen J M, Zamudio L S, Arce E. Surface analysis of inhibitor films formed by imidazolines and amides on mild steel in an acidic environment. Applied Surface Science, 2006, 252(6): 2139 - 2152.

[10] 董泽华. 咪唑啉对碳钢在弱酸性 H_2S 溶液中缓蚀作用. 材料保护, 1998, 31(6): 66 - 68.

[11] 周欣. 肉桂醛对 X60 碳钢的缓蚀行为的电化学研究. 西华师范大学学报(自然科学版), 2003, 24(4): 434 - 436.

[12] Jiang X, Zheng Y G, Ke W. Effect of flow velocity and entrained sand on inhibition performances of two inhibitors for CO_2 corrosion of N80 steel in 3% NaCl solution. Corrosion Science, 2005, 47: 2636 - 2658.

[13] 王延. 盐酸介质中脱氢松香基咪唑啉缓蚀剂对 Q235 钢缓蚀性的研究. 腐蚀与防护, 1998, 19(6): 247 - 248.

[14] AbdE K, Warraky A A, Aziz A M. Corrosion inhibition of mild steel by sodium tungstate in neutral solution. Part 3: Coinhibitors and synergism. British Corrosion Journal, 1998, 33(2): 152 - 157.

[15] Loto C A, Adeleke A H. The effect of potassium dichromate inhibitor on the corrosion of stainless steels in sulphuric acid mixed with sodium chloride. Corrosion Prevention and Control, 2004, 51(2): 61 - 69.

[16] Ergun M, Bektas D. Evaluation of corrosion inhibitors for aluminum in chloride containing solutions. Turkish Journal of Engineering & Environmental Sciences, 1996, 20(5): 289 - 293.

[17] Rehim S S, Hassan H H, Amin M A. Corrosion and corrosion inhibition of Al and some alloys in sulphate solutions containing halide ions investigated by an impedance technique. Applied Surface Science, 2002, 187(3): 279 – 290.

[18] Jovancicevic V. Inhibition of CO_2 corrosion of mild steel by imidazolines and their precursors. Corrosion, 1998, 18.

[19] 宁世光．咪唑啉衍生物对钢在酸中的缓蚀作用与电子密度和前线轨道能量的关系．中国腐蚀与防护学报, 1990, 10(4): 383 – 386.

[20] 胡永碧．高酸性气田集输系统用缓蚀剂筛选评价试验．石油与天然气化工, 2007, 36(5): 401 – 403.

[21] Longwell J P. Mixing and distribution of liquids in high – velocity air stream. Ind. and. Eng. Chem, 1953, 45(3): 667 – 677.

[22] 郑永刚．输气管道中缓蚀剂雾化浓度分布及其加注量计算．油气储运, 1997, (7): 17 – 20.

[23] 孟祥春，刘庆安，孙艳松．含氟丙烯酸酯共聚物的制备研究．1999(4): 31 – 34.

[24] 黄月文, 刘伟区, 寇勇．有机氟改性丙烯酸酯涂料的研究。2005, 21(2): 9 – 11.

第四章　腐蚀监测和检测技术

腐蚀监测指长时间对同一物体进行实时监视而掌握它的变化，腐蚀检测指用制定的方法检验测试某种物体（固体、液体、气体）指定的技术性能指标。通过对腐蚀信息的及时收集和准确了解，并使用评价和预测软件得出具有指导意义的数据，可为决策层提供腐蚀防护的决策依据。

高含硫气田常用的监测技术主要包括挂片失重、电阻探针、线性极化探针、电感探针、全周向腐蚀监测仪（FSM）、电化学噪声、交流阻抗探针、恒电量探针和氢探针等。高含硫气田常用的检测技术主要包括壁厚减薄测量法、内部缺陷检测法、表面观察分析法、化学分析法和直接腐蚀评价法等。

近年来，高含硫气田腐蚀监测和检测技术已成体系，随着计算机技术和传输技术的发展，数据库管理技术和无线传输技术得到了广泛的应用，提高了气田数据管理的效率。

第一节　腐蚀监测和检测点的设置

高含硫气田现场腐蚀监测点包括两部分，在线安装的监测点和根据生产需要补充的非安装的监测点。高含硫气田腐蚀监测和检测点的设置主要根据生产工艺流程和腐蚀程度来确定。腐蚀监测和检测设备的安装和运行需要符合安全生产要求，并便于数据采集。

一、腐蚀回路的划分

设置腐蚀监测点应遵循“区域性、系统性、代表性”的原则，根据生产工艺流程，围绕装置生产系统的各个环节合理选择监测点。区域性是指重点部位要重点监控，系统性是指覆盖高含硫气田生产的各个环节，代表性是指监测点能提供有代表性的腐蚀测量结果，监测数据能达到以点代面的作用。

为了便于研究现场管线和设备腐蚀问题，将现场生产流程中腐蚀环境相同、腐蚀行为类似的管线和设备划分到一个回路。腐蚀回路对于掌握易腐蚀点的腐蚀环境特征和保障腐蚀监测和检测点的系统性、完整性和代表性具有重要意义。高含硫气田开采包括井筒和地面系统，地面系统主要由单井站、集气站、集气总站和净化厂构成，总共划分腐蚀回路 80 余条。单井站的腐蚀回路划分见表 4 – 1，共有 12 条腐蚀回路。集气站和集气总站腐蚀回路划分需要补充来气管线、来气分离器、排污管、放空管线系统等回路。

表 4 – 1　井站的腐蚀回路划分

序号	名称	腐蚀环境特征	监测方法
1	井口至缓蚀剂加注口	高温、高压、多相	超声波、氢探针
2	缓蚀剂加注口至一级节流	高温、高压、多相	超声波、氢探针

续表

序号	名称	腐蚀环境特征	监测方法
3	一级节流至水套炉一级节流	气液混输	超声波
4	水套炉一级节流至水套炉二级节流	气液混输	电感探针、腐蚀挂片
5	水套炉二级节流至分离器	气液混输	超声波
6	分离器设备	酸气、酸水及界面冲刷	超声波、腐蚀挂片
7	分离器排污管	酸水冲刷	电感探针、腐蚀挂片
8	分离器至出站口	潮湿酸气	超声波、氢探针
9	放空管线	酸气	超声波
10	闪蒸罐设备	酸气、酸水及界面冲刷	超声波、腐蚀挂片
11	闪蒸罐排污管	酸水冲刷	超声波、水质分析
12	尾气处理管线	积液	超声波

二、腐蚀监测点的设置

高含硫气田集输系统腐蚀监测点的设置：(1)水套炉一级节流和二级节流之间的地面管线；(2)分离器排污管线；(3)单井至集气站的长距离采气管线的始端，站内缓蚀剂加注点之后。集气站的腐蚀监测点布置如图4－1所示。

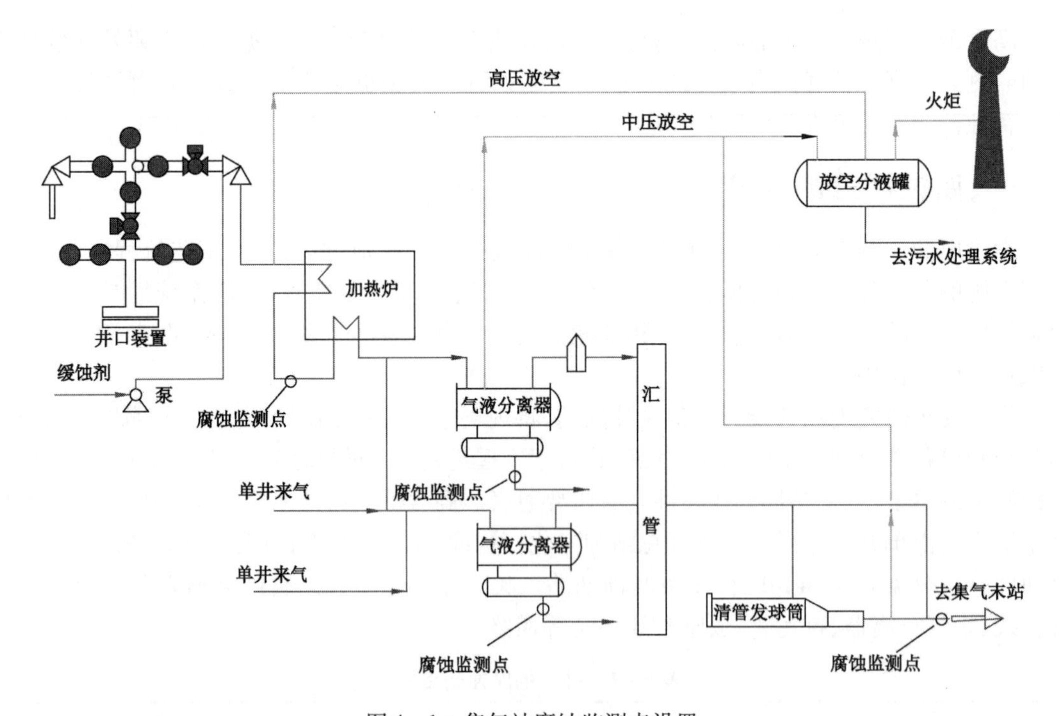

图4－1　集气站腐蚀监测点设置

净化厂的腐蚀严重部位主要集中在再生塔塔壁及内部构件、贫富液换热器、高温富液管线、高温贫液管线、重沸器、重沸器半贫液管线、液流池和循环水系统。脱硫装置腐蚀监测点：

吸收塔、吸收塔富液出口管线、换热器、换热器富液出口管线、再生塔贫液管线、再生塔内返回线入口下部、再生塔内返回线入口上部、再生塔中上部、重沸器半贫液返回线、重沸器酸气返回线、重沸器和再生塔塔顶。脱水装置腐蚀监测点包括：脱水塔、闪蒸灌、重沸器。硫黄回收装置腐蚀监测点：酸气预热器上部、燃烧炉出口、一级冷凝器进口、硫黄捕集器顶部和转化器顶部。尾气处理装置腐蚀监测点设置为：克劳斯尾气至加热炉前的管段、加热炉腐蚀监测点、反应器出口管线、余热锅炉上腐蚀监测点、急冷塔顶部、吸收塔底部进气口、再生塔中上部、再生塔内返回线入口上部、再生塔内返回线入口下部、酸气去克劳斯管线、重沸器中部和燃烧炉进口。净化厂监测点的布置如图4－2至图4－5所示。

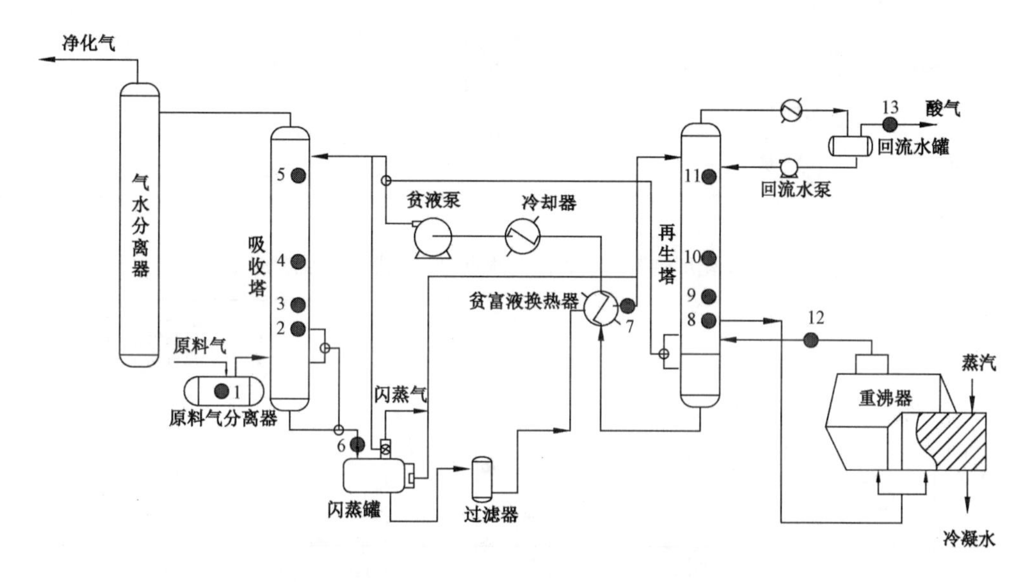

图4－2　净化厂脱硫单元腐蚀监测点（1～13代表腐蚀监测点位）

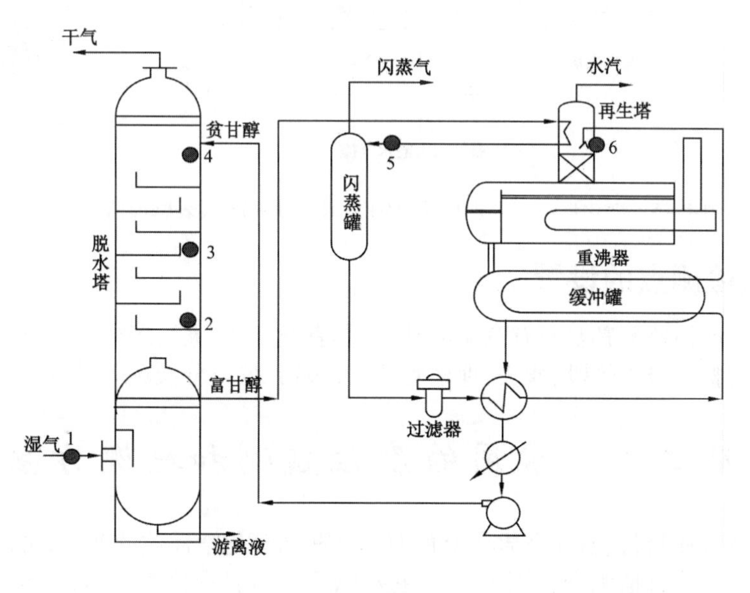

图4－3　净化厂脱水单元腐蚀监测点（1～6代表腐蚀监测点位）

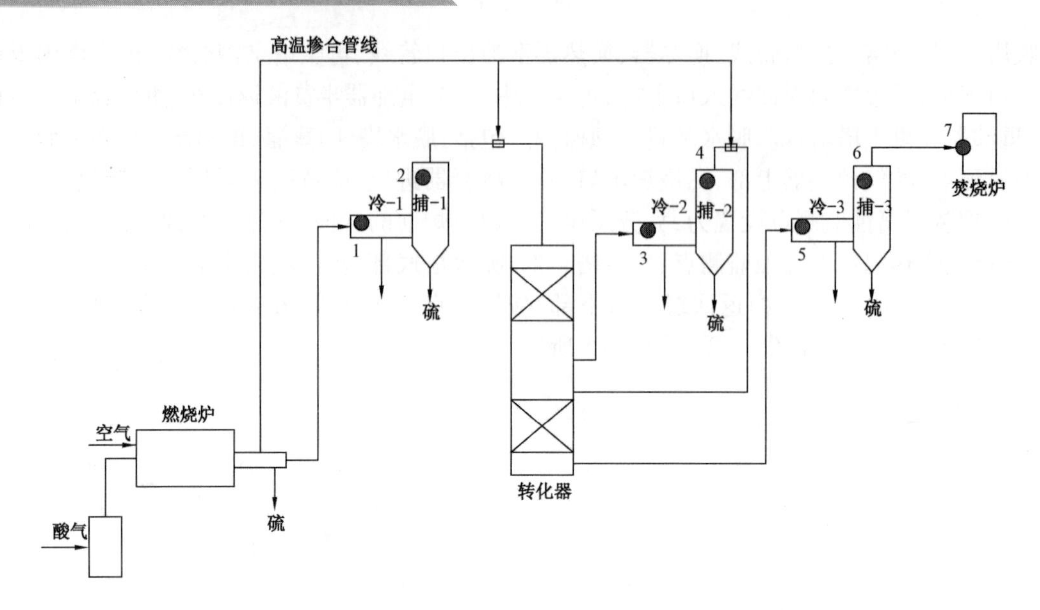

图4－4　净化厂硫黄回收腐蚀监测点(1～7代表腐蚀监测点位)

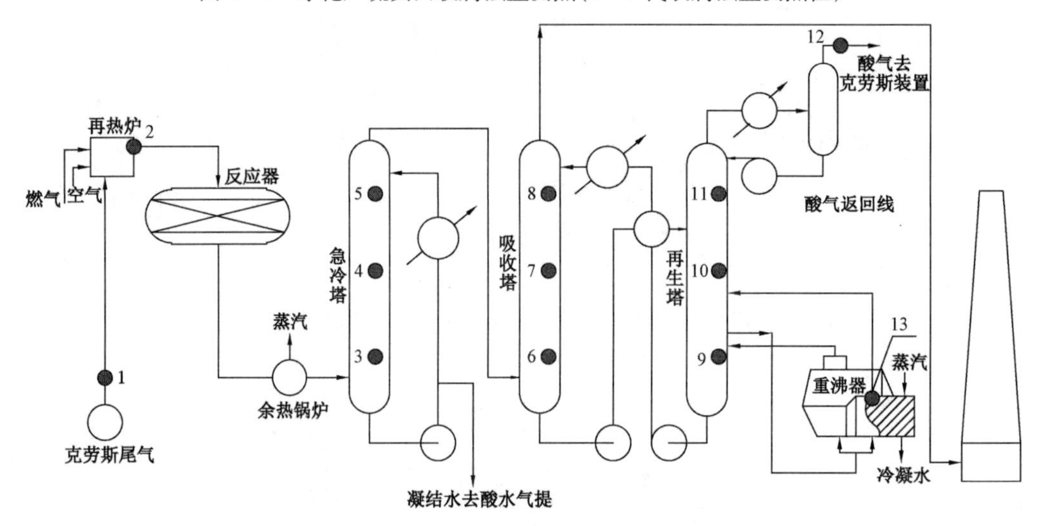

图4－5　净化厂尾气处理单元腐蚀监测点(1～13代表腐蚀监测点位)

三、腐蚀检测点的设置

腐蚀检测是腐蚀监测必要而有意义的补充，具有便携式、灵活多样、数据分析简单等特点，主要检测部位包括井口直管段、弯头、埋地管线、分离器、放空分液罐等设备。

第二节　常用的腐蚀监测和检测方法

监测和检测金属材料、腐蚀介质或上述两者某些物理化学性质的变化，可以对腐蚀作用进行评定[1]。常用的腐蚀监测和检测方法的主要原理包括表观检查、质量变化、电化学性能变化、厚度减薄、力学性能变化等。

一、腐蚀监测方法

1. 挂片失重法

挂片失重法是一种经典的、最常用的腐蚀监测方法，适用于实验室腐蚀评价和现场腐蚀监测，通过质量变化反映腐蚀状况。该方法的优点是：(1)较真实地反映了材质的腐蚀速率，可以直接用来预测特定部件使用的寿命；(2)观察试片表面形貌，分析表面腐蚀产物，确定腐蚀的类型，判断是均匀腐蚀还是点蚀。不足之处在于试验时间较长，测试的是试验期间平均腐蚀速率，且无法反映工艺参数的快速变化对腐蚀的即时影响[2]。现场腐蚀挂片的安装如图4－6所示。

油气田现场腐蚀失重测量分为带压更换挂片形式和不带压更换挂片形式两种。带压更换挂片指不停产情况下更换腐蚀挂片，使用专门的带压取挂片装置，如图4－7所示。不带压取挂片指挂片安装在大气压力的管线或可以通过倒换旁路实现挂片安装位置的大气压力环境。近年来，中国石油开发了适合高温、高压环境的井下腐蚀挂片装置，实现了不停产状态下的井下挂片更换，丰富了井下腐蚀数据的采集手段。

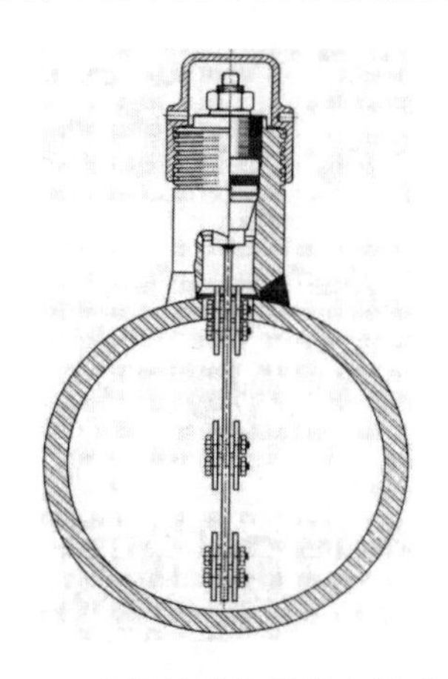

图4－6　腐蚀挂片的管线安装示意图

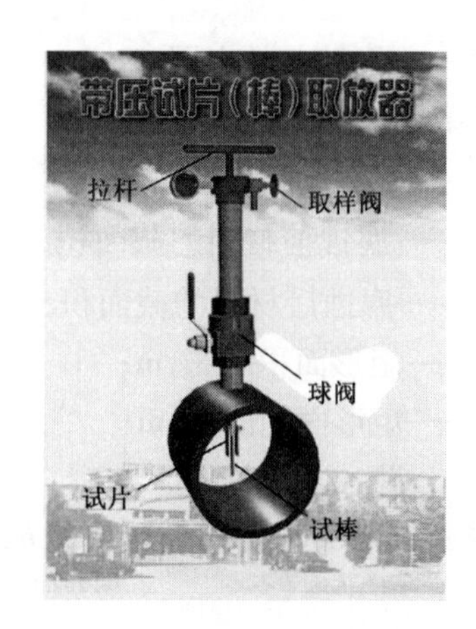

图4－7　带压取挂片装置示意图

2. 电阻探针

电阻探针原理是建立在均匀腐蚀的基础上，金属丝长度不变、直径减小，电阻增大，通过测试电阻的变化来换算出金属丝的腐蚀减薄量。当所用金属丝的材质与所测量设备的材质相同时，就可用金属丝的腐蚀率近似地代表设备的腐蚀率。电阻探针技术是基于测量金属探针丝在腐蚀前后的减薄量而引发的电阻值的变化来测量腐蚀速率的，电阻探针的组成及平面探头如图4－8所示。

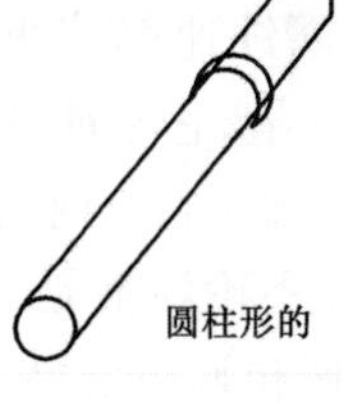

图4－8　电阻探针

电阻探针腐蚀测量是基于一定的金属材料，在某一温度下，其体积与电阻值对应关系见式(4－1)：

$$R = \frac{\rho L}{S} \tag{4-1}$$

式中 R——材料的电阻，Ω；

ρ——电阻率，Ω·m；

L——材料的长度，m；

S——材料的截面积，m^2。

长度一定的金属材料在受到环境影响腐蚀减薄时其截面积减少，电阻值增大，只要测得其电阻的变化值，即可算出其减薄量。下面以一矩形截面积的条形试片为例推导计算公式，则

$$\frac{R_t - R_o}{R_t} = \frac{L/aS_t - L/S_0}{L/S_t} = \frac{S_0 - S_t}{S_0} = \frac{a \cdot b - (a - 2x)(b - 2x)}{a \cdot b} \tag{4-2}$$

式中 R_o——腐蚀前的电阻，Ω；

R_t——腐蚀后的电阻，Ω；

L——材料的长度，m；

S_0——腐蚀前材料的截面积，m^2；

S_t——腐蚀后材料的截面积，m^2；

a——矩形面积的长，m；

b——矩形面积的宽，m；

x——腐蚀减薄量，m。

推导式(4－2)可得腐蚀减薄量 h，腐蚀速率的计算公式为

$$v = \frac{8760 \times \Delta x}{\Delta T} \tag{4-3}$$

式中 v——腐蚀速率，mm/a；

ΔT——二次测量的时间间隔值，h；

Δx——二次测量值的差值，mm；

8760——一年的小时数。

金属材料的电阻值受温度的影响，是因为金属材料的电阻率随温度的变化而变化。为排除环境温度对测量的影响，在探针制作过程中引入了补偿试片，这个试片处于与腐蚀试片同样的温度环境中，补偿试片不应受到腐蚀。

通过元件灵敏度的选择，可以测定出腐蚀速率较快的变化。然而，与经典失重挂片法一样，电阻法只能测定一段时间内的累计腐蚀量，它不能测量瞬时腐蚀速率，也不能测定局部腐蚀。此外，电阻法所测定的“探头元件”的腐蚀，它有时与设备本身金属的腐蚀行为可能不同。但它也有其特色，就是电阻法既能作液相（不论溶液是电解质还是非电解质）腐蚀测定，也能作气相腐蚀测定。而且方法简单，易于掌握和解释结果。图4－9是腐蚀监测的短节示意图。

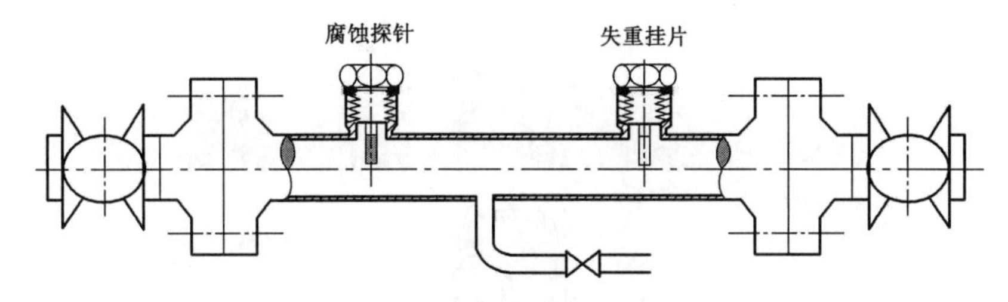

图 4－9　腐蚀监测短节示意图

3. 线性极化探针

线性极化探针也是广泛用于油气田腐蚀监测的技术之一。该技术的原理是，在腐蚀单位附近极化电位和电流之间呈线性关系，极化曲线的斜率反比于金属的腐蚀速率：

$$\left.\frac{\Delta E}{\Delta I}\right|_{\Delta E \to 0} = R_{\mathrm{P}} = \frac{B}{i_{\mathrm{corr}}} \tag{4-4}$$

式中　ΔE——极化电位的变化，V；

ΔI——极化电流的变化，A；

R_{P}——极化阻力，$\Omega \cdot \mathrm{m}^2$；

B——极化阻力常数，V；

i_{corr}——腐蚀电流，$\mathrm{A/m^2}$。

线性极化探针的特点是：反应迅速，可以快速敏捷的测量金属的瞬时全面腐蚀速率，有助于获得腐蚀速率与工艺参数的对应关系，可以及时而连续的跟踪设备的腐蚀速率及变化。极化阻力法和电阻法类似，也需将所测定的金属制成电极试样（探头），装入设备内。而且只适合于在电解液中发生电化学腐蚀的场合，基本上只能测定全面腐蚀。但它能测定瞬时腐蚀速率，这是它最大的优点。

4. 电感探针

电感测量法是以测量金属损失为基础，测试元件质量发生变化引起电感的变化，电感信号经放大后输出质量损失信息。选定测试起始点，经软件处理可以得到该时间段内的腐蚀速率。该方法把 LPR 技术的快速响应和 ER 技术及腐蚀挂片广泛适用的特点结合在一起，响应速度快，可以在任何腐蚀环境中应用。它是建立在均匀腐蚀的基础上，测量由金属管状探头在腐蚀前后的减薄而引发的线圈电感量的变化来测量腐蚀速率。

该方法的优点在于通过元件灵敏度的选择，可以较快测定出腐蚀速率的变化。可用于气相及液相、导电及不导电的介质中连续进行测量。不足之处为不适合测量点蚀、应力腐蚀，只能测定一段时间内的累计腐蚀量，不能测定瞬时腐蚀速率和局部腐蚀。如果覆盖在探头表面的腐蚀产物有电磁性，易造成测量结果错误，不适合在漏磁环境中应用，如电机附近。

5. 全周向腐蚀监测仪（FSM）

全周向腐蚀监测仪（FSM）也称为“电指纹法”，系统构成和安装示意图如图 4－10 所示。通过在给定范围内进行相应次数的电位测量，对局部进行监测和定位。FSM 是一种非插入式的监测方法，通过一段与管道材质完全一致的测试短管与工艺管道焊接或法兰连接在一起。

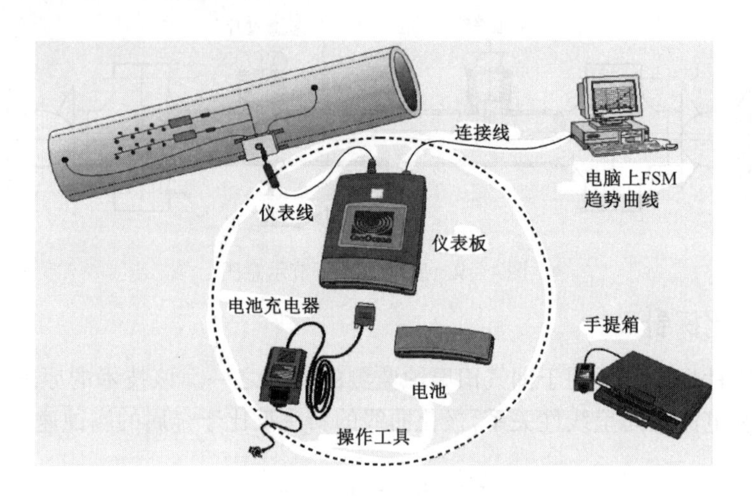

图 4－10　FSM 系统构成及安装示意图

FSM 是以无干扰测量技术来测量管道壁厚的变化，这项技术使用可控电流通过金属结构，建立一个电场。结构壁上的任何腐蚀或磨蚀导致的变化都会在电场中显示出来，并由附着在结构外部的感应探针探测出来。当管道存在均匀腐蚀时，腐蚀均匀地分布在结构内部，其产生的反应也是直截了当的。电流分布均匀，金属损失随着测量探针对电阻和电压的增长呈线性增长；当管道存在焊缝腐蚀时，典型的焊缝腐蚀与探针对距离相比是一条狭窄的缝，此时探测目标只有很小一部分管壁厚度在减小，原始测量数据只能通过经验模型进行还原，焊槽腐蚀的真实深度需要通过特殊的运算法则进行计算；当管道存在点蚀时，其情况比焊缝腐蚀更加复杂。在蚀斑周围，增加的电阻将导致电流绕过蚀斑。如果数据未被分析，则蚀斑通常看上去比其实际宽度要宽，而其深度比实际的要小得多，电流方向上相邻的探针对由于这些区域的电流减小，将得出负值。

该方法对腐蚀速率的测量是在管道、罐或容器壁上进行，在操作上没有元件暴露在腐蚀、磨蚀、高温和高压环境中，没有将杂物引入管道的危险，不存在监测部件损耗问题，在进行装配或发生误操作时不会造成有害物质泄漏。

管道全周向监测方法可以通过计算金属损失量实现对金属材料在腐蚀环境中的均匀腐蚀速率的表征，进而可以基于 NACE RP 0775—2005《油田生产中腐蚀挂片的准备和安装以及实验数据的分析》标准判断材料的腐蚀等级，其测量参数为金属损失量随时间的变化[3,4]。FSM 可以通过三维图形实现对点蚀和焊缝处腐蚀的表征，图 4－11 为焊缝处腐蚀前后电压分布示意图。

6. 电化学噪声

电化学噪声(Electrochemical Noise，EN)是指由金属材料表面变化而自发产生的一种电位或电流的随机波动，主要与金属表面状态的局部变化以及局部环境有关。EN 是一种原位、无损的金属腐蚀监测技术，能灵敏反映材料腐蚀特别是局部腐蚀过程的变化，在实验室腐蚀研究领域和现场腐蚀监测领域均得到了日益广泛的应用，EN 探针在油气田现场的应用如图 4－12 所示。

与传统监测技术相比，EN 具有明显的优势。首先它是一种原位无损的监测技术，在测试过程中对被测体系无须施加任何可能改变腐蚀电极过程的外界扰动，达到反映材料腐蚀真实

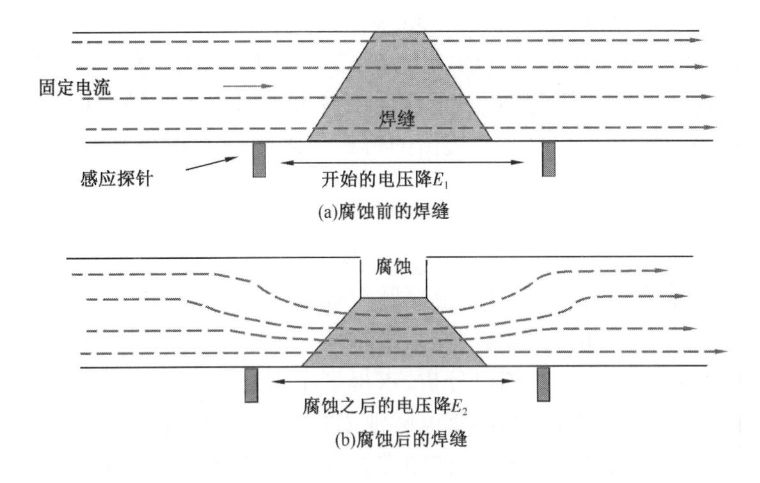

图 4－11　焊缝处腐蚀前后电压分布示意图

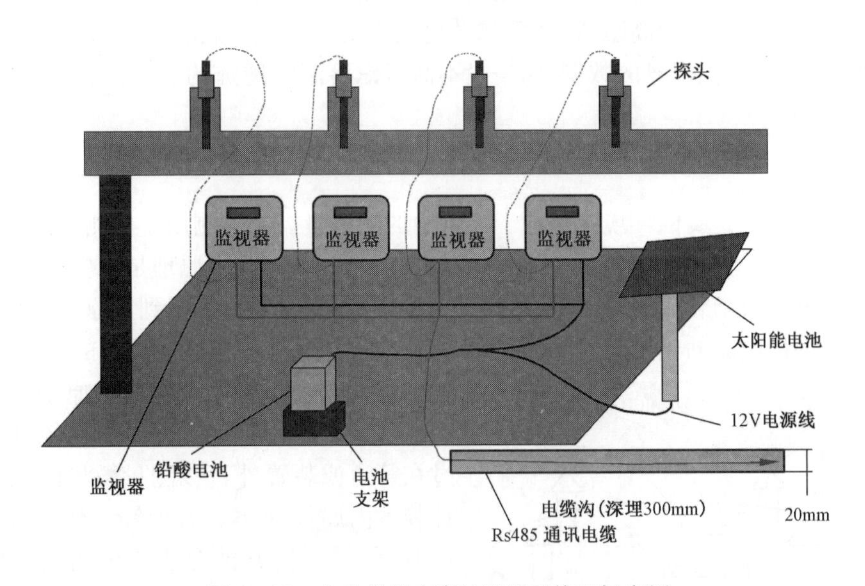

图 4－12　电化学噪声腐蚀监测系统现场应用

情况的目的;其次,能真正实现连续监测,可以完整记录腐蚀过程所有电位和电流数据;第三,无须预先建立被测体系的电极过程模型;最后,监测设备简单,可以实现远距离监测。然而面对如此庞大、复杂和随机的噪声信号,如何进行合理的图谱解释与数据分析是当前迫切需要解决的问题之一,也是目前试验与理论研究的重点。

7. 交流阻抗探针

该方法用小幅度正弦交流信号扰动电极,并观察体系在稳态时对扰动的跟随情况,测量电极的阻抗。该方法的突出优点是对体系的干扰小;可将电极过程以电阻和电容,电感组成的电化学等效电路来表示;从多种角度提供了界面状态与过程的信息,便于分析缓蚀作用机理;数据分析过程相对简单,结果可靠。Epelboin 首先使用这一方法研究了 1,4－丁炔二醇、丙炔醇对铁的缓蚀作用,解释了阻抗谱的变化。从那以后,这种方法愈来愈受重视,并迅速开始在缓蚀剂研究领域广泛应用。将阻抗方法和稳态方法相结合分析缓蚀过程常常是一种相当有效的手段，如曹楚南分析了腐蚀—缓蚀过程的动力学参数与阻抗谱及阻抗参数的相关性，提出了缓蚀作用类型的极化曲线和阻抗谱判据[5]，王佳运用该方法研究了缓蚀剂阳极脱附现象[6]。应用交流阻抗技术的主要困难在于复杂阻抗谱的解析。因受制于现场腐蚀环境的复杂和多变，交流阻抗探针在现场的应用还不多见。

8. 恒电量探针

恒电量法又称电量激励的瞬态响应、电流脉冲弛豫、恒电量脉冲极化和电荷阶跃法等[7]。在恒电量方法中，将一个已知的小量电荷作为激励信号，在极短的时间内施加到金属电极上，记录电极电位随时间的衰减曲线并加以分析，求得多个电化学信息参数。这是一种瞬态电荷脉冲张驰方法，注入的电量是恒定的，不受电解池阻抗变化的影响，完全由实验选定。由于测量过程可以在短时间内完成，自然腐蚀电位的漂移和表面状态的变化可忽略不计。从本质上看，恒电量法是一种断电松弛的方法，过电位的衰减是在没有外加电流的情况下测定的，对于那些电化学方法不便应用的高阻体系（例如净化气管线、蒸馏水、混凝土等），恒电量技术能快速而有效地应用，并提供定量的数据，而一般不需考虑溶液欧姆降的校正，从而扩大了电化学方法的使用范围。

9. 氢探针

氢渗透法测量的是腐蚀环境中氢原子在钢中的渗透量。氢监测用于监测氢渗入钢材的趋向和速度，从而表明材质受氢脆、氢鼓泡、氢致开裂的趋势。其基本原理是：腐蚀环境中的氢原子渗入钢制管壁后会结合成氢分子，通过对其压力的测量和计算，可得到氢原子对钢的渗透速率和渗透量。根据监测的氢压与时间的关系，来确定腐蚀环境中电化学反应的剧烈程度。

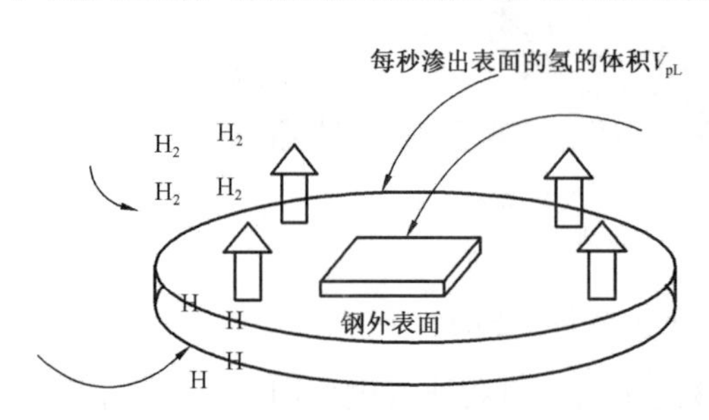

图 4 - 13　氢探针工作原理示意图

钢铁内表面腐蚀产生的氢原子由里向外渗透，在钢铁外表面形成氢分子，氢探针技术是通过在管道或装置外直接测量微量的氢气浓度预计装置内腐蚀速率。氢探针工作原理如图 4 - 13 所示。可见，腐蚀介质或金属表面反应产生的氢原子进入金属材料内部相互结合成为氢气，通过测量每秒渗出表面氢的体积来实现对氢致开裂、硫化物应力腐蚀开裂等进行判断。测量表面可以处于不同状况。氢探针主要用于含 H_2S 的环境中，当腐蚀环境中硫化氢分压超过 0.048MPa 时可以考虑安装氢探针。通常，氢探针投入使用要经过 6 ~ 48h 的时间才能达到稳定状态。由于氢探针的测量结果不能直接计算得到腐蚀速率，因此氢探针应与其他腐蚀监测方法及表面形貌分析和断面观察结合起来使用，只能将其作为在必要的位置选用的监测手段之一，不宜单独使用。

近年来，氢探针主要应用的领域包括高温环烷酸腐蚀、HF 烷基化中腐蚀、各种形式的氢损伤、焊接除氢监测、焊前除氢工艺控制、硫化氢氢腐蚀控制、评估缓蚀剂加注和实时控制等。具有操作简便、测量精度高、在氢损伤领域无可替代等优势，不足之处是不能解释腐蚀的整体产生机理。

二、腐蚀检测方法

1. 壁厚减薄测量法

1)超声波壁厚测量技术

超声波测厚仪是根据超声波脉冲反射原理来进行厚度测量的,当探头发射的超声波脉冲通过被测物体到达材料分界面时,脉冲被反射回探头。通过精确测量超声波在材料中传播的时间来确定被测材料的厚度。凡能使超声波以一恒定速度在其内部传播的各种材料均可采用此原理测量。超声波测厚仪是采用最新的高性能、低功耗微处理器技术,基于超声波测量原理,可以测量金属及其他多种材料的厚度,并可以对材料的声速进行测量。可以对生产设备中各种管道和压力容器进行厚度测量,监测它们在使用过程中受腐蚀后的减薄程度。

电磁超生测厚系统是根据电磁感应产生涡流的原理,换能器在被检体内激发出超声波。对换能器的高频线圈通脉冲电压,在材料体内激发出频率相同的电磁超声波,通常为传播方向与振动方向相互垂直的横波。在材料边界电磁超声的透射能力低,则超声波往返在工件中,被放置在金属材料上的线圈所接收,传播的时间 T 即为收集到的两个回波信号的时间差,由此计算材料的厚度为 $d=\frac{1}{2}TC$(d—材料壁厚;C—传播的速度,钢中横波波速为3230m/s。)

近年来,为了适应现场弯头和管线的长期监测,开发了柔性超声波系统。其最大优点是安装方便,不需要对埋地管线进行重新开口;安装后完全不影响管线的正常操作和流程,通过采集器和电缆引出的数据方便读取,数据下载操作方便,分析简洁明了,采集数据精度较高,可以进行连续检测及间歇数据采集。能够实现对管线内壁腐蚀长期、稳定的监测,对缓蚀剂的不同工艺考察和效果评价具有重要意义。柔性超声波腐蚀监测系统适用于海水注入系统、流体管线(油、水、天然气)、埋地管线、排污管线等多种系统。用于埋地管线腐蚀监测,其精度为0.01mm,适用于较长周期的腐蚀监测。

2)超声导波测试技术

管道超声导波聚焦检测系统采用低频导波技术,用于检测管道的腐蚀或冲蚀,能够100%覆盖管道壁厚,在理想的情况下单点可以检测360m长的管线,超生导波应用示意图如图4-14所示。仪器任一个测试点发射低频导波,低频导波沿着管线能够传播很长的距离,甚至在保温层下面传播,反射的回波由仪器接收,并由此评价管道的腐蚀状况。该技术正在被广泛接受为管道和管网评估的有效工具,尤其针对实施检测很困难的或因实施检验的费用昂贵的区域,更能显示出其技术优势。

超声导波的主要优点为:聚焦功能能够对重点区域进行进一步检测,提高其检测精度,并确定缺陷在管道周向分布;可对无法到达的区域进行检测,如套管、穿公路、过河等埋地管线、水下管线;除探头安装区域外,可不开挖、不拆保温层;自动识别纵波和扭转波,可区分管道的腐蚀情况和管道的特征(焊缝、支撑、弯头、三通等);无需液体耦合,采用内置气泵向探头施加压力,保证探头与管体充分接触。

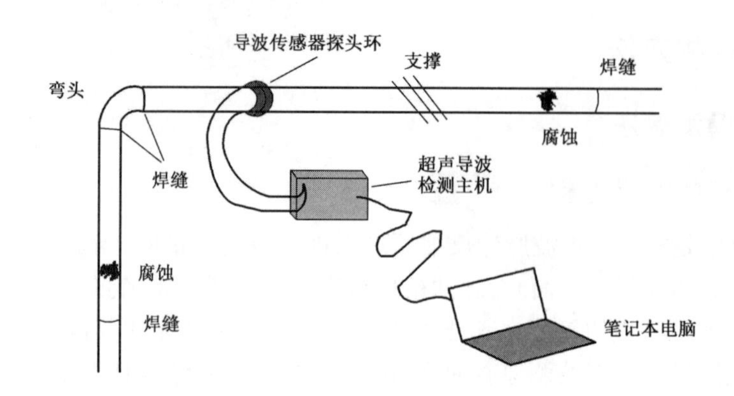

图 4-14　超生导波应用示意图

3）远场涡流检测技术

当给激励线圈通以交流电时，激励线圈在其周围产生交变磁场，两次穿过管壁被检测线圈接收，原理如图 4-15 所示。每次穿过管壁，交变磁场都会产生时间延迟和幅度衰减。当探头移到壁厚减薄区域，则交变磁场在线圈之间的传播时间减少，强度衰减减少，表现为信号的相位（信号的延迟时间）和幅度（信号的强度）减少，通过对相位和幅度的分析，就可以确定材料减薄的深度和范围。

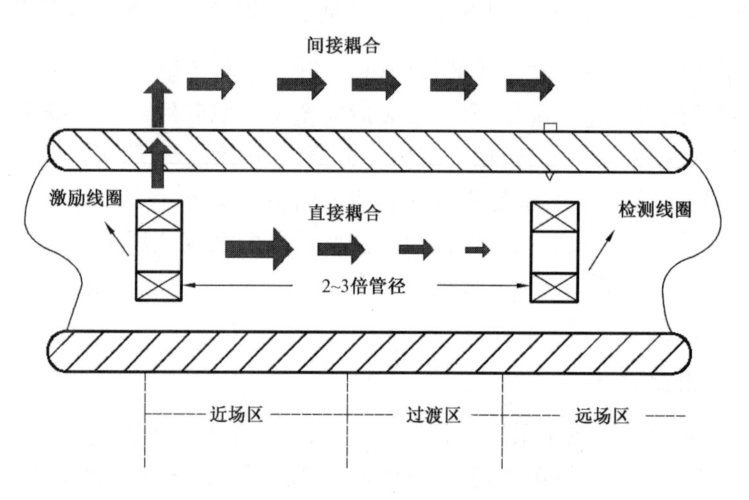

图 4-15　远场涡流原理示意图

4）多臂井径仪和磁测厚仪

多臂井径仪利用电缆或钢丝下入井中，一旦工具到达井底，触臂经电动张开，弹簧加载，硬而尖的触臂以较小的受力沿套管或油管内壁向上推。向上运行过程中，每个触臂的运动传递给一个位置传感器，位置传感器输出的结果数字化后记录到存储器中或直接传到地面；同时通过深度时间记录仪记录井径仪在井筒中运行的速度和时间。对井径仪测得的内径数据结合深度记录仪记录的速度、时间数据进行分析，就可以知道油管在不同深度处管柱内壁的腐蚀状况。多臂井径仪根据获取数据方式的不同，可分为地面在线读取式和存储式。地面在线读取

方式可直接将检测数据传到地面通过计算机进行在线显示，其优点在于能够实时反映检测工具在井筒中的检测情况，对某些存在疑问的区域可及时进行重复检测；能够了解检测工具在井下是否正常工作，如发现测量效果不好，可及时起出检测工具进行检修处理，以确保检测结果的有效性。存储式只能在检测完毕后读出存储数据对检测结果进行分析，由于配套装备少，所需费用较少，适用于含硫气井的检测。

磁性测厚仪主要由发射电磁的线圈和接收线圈两部分组成，通过发射线圈产生电磁波，电磁波穿过管壁后，通过接收线圈接收电磁波，信号传输时间主要依赖于磁特性和壁厚，壁厚发生变化后，其接收信号也将发生变化，以此来进行壁厚的测试，其工作原理如图 4 – 16 所示。

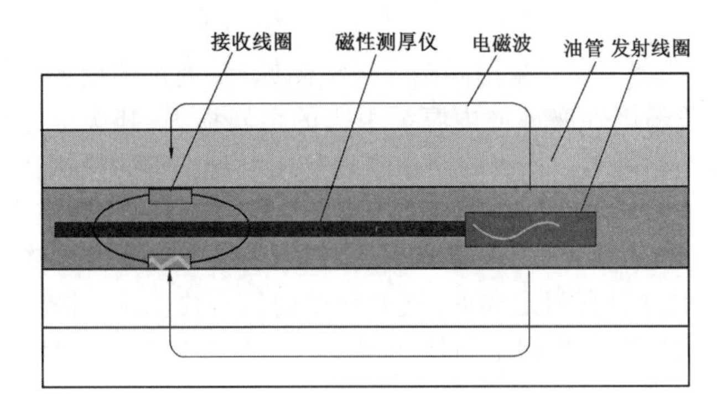

图 4 – 16　磁测厚仪原理示意图

2. 内部缺陷检测法

1)超声 C 扫描和超声相控阵技术

超声 C 扫描系统使用计算机控制超声换能器(探头)在工件上纵横交替搜查，将探测特定范围内(指工件内部)的反射波强度以辉度的形式连续显示出来，这样就可以绘制出工件内部缺陷横截面图形。这个横截面是与超声波声束垂直的，即工件内部缺陷横截面，在计算机显示器上的纵横坐标，分别代表工件截面的纵横坐标。在检测时，数据的获取、处理、存贮与评价都是在每一次扫描的同时由计算机在线实时进行。在每一次扫描结束时，计算机可通过软件自动完成对每一种颜色和显示的百分比面积的像素计数。对显示出来的扫描图像都可以做出相应的解释，对缺陷进行评定。

超声相控阵是超声探头晶片的组合，由多个压电晶片按一定的规律分布排列，然后逐次按预先规定的延迟时间激发各个晶片，所有晶片发射的超声波形成一个整体波阵面，能有效地控制发射超声束(波阵面)的形状和方向，能实现超声波的波束扫描、偏转和聚焦。

2)智能 PIG 检测技术

利用智能检测器对管道实施在线检测是国际管道行业的通行做法，装置结构如图 4 – 17 所示。智能检测器采用高精度漏磁检测原理进行在线检测(智能 PIG)，漏磁检测以管道输送的介质为动力，对管道进行在线直接无损检测。是当前国际公认的最完善的管道检测手段。欧美发达国家使用此技术已有 40 年历史。管道在线检测设备在国际上属于垄断技术，仅有几家公司掌握。

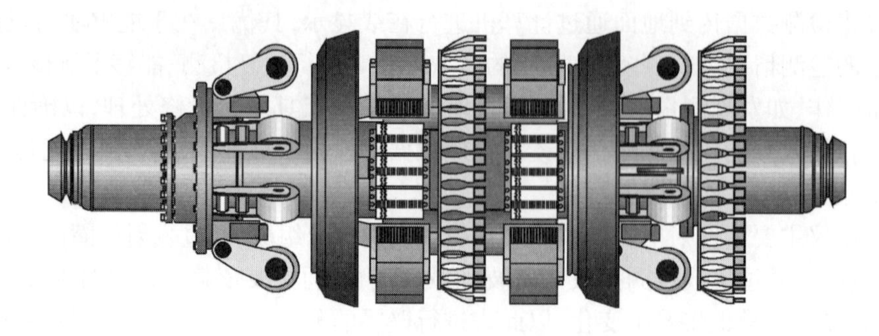

图4－17　智能清管装置示意图

管道漏磁腐蚀检测器主要是采用漏磁无损检测原理，通过该设备在管道中随输送介质运行，在线检测确定管道因外腐蚀或内腐蚀引起的金属损失，其次也能检测出管道的机械损伤、材质缺陷及管道附件等。检测的工作原理是用自身携带的磁铁在管壁全圆周上产生一个纵向磁回路场，当检测器在管内行走时，如果管壁没有缺陷，则磁力线囿于管壁之内，如果管内壁或外壁有缺陷，则磁力线将穿出管壁之外而产生所谓漏磁 MFL(Magnetic Flux Leakage)。漏磁场被位于两磁极之间的、紧贴管壁的探头检测到，并产生相应的感应信号，这些信号经滤波、放大处理后被记录到检测器上的海量存储器中，再经检测后的数据回放处理，对其进行判断识别。

3)晶间结构测量法

不锈钢在腐蚀介质作用下，在晶粒之间产生的一种腐蚀现象称为晶间腐蚀。主要由于晶粒表面和内部间化学成分的差异以及晶界杂质或内应力的存在。晶间腐蚀破坏晶粒间的结合，大大降低金属的机械强度。而且腐蚀发生后金属和合金的表面仍保持一定的金属光泽，看不出被破坏的迹象，但晶粒间结合力显著减弱，力学性能恶化，不能经受敲击，所以是一种很危险的腐蚀。通常出现于黄铜、硬铝合金和一些不锈钢、镍基合金中。不锈钢焊缝的晶间腐蚀是化学工业的一个重大问题。晶间腐蚀试验装置按照 GB/T 15260—2016《金属和合金的腐蚀　镍合金晶间腐蚀试验方法》来组建。通过金相观察可以横向比较不同材料耐晶间腐蚀的程度。

4)射线检测

γ－射线数字扫描检测技术(GSDM－Gamma－Scan Digital Measurement)原理与切线照相法(TRT)原理相同，它是 TRT 技术的发展工作原理如图4－18 所示。在 GSDM 检测技术中采用了单能谱窄束 γ－射线源，窄束射线从管切线方向入射检测管，并从管外向管内扫描包覆管壁；采用高灵敏度探测器、光电倍加放大器、将射线强度的衰减信息动态存储和计算机实时数字图像处理技术，其 γ－射线源强度仅为切线照相法的 1/1000，辐射剂量场大大缩小，并实现了实时数字图像化显示。

3. 表面观察分析法

1)表观检查法

表观检查通常是一种定性的检查评价方法，通过分析腐蚀样本表面的形貌和成分等确定腐蚀形态和程度。随着近年来微观分析手段的迅速发展，放射化学法、光谱分析法、原位高空

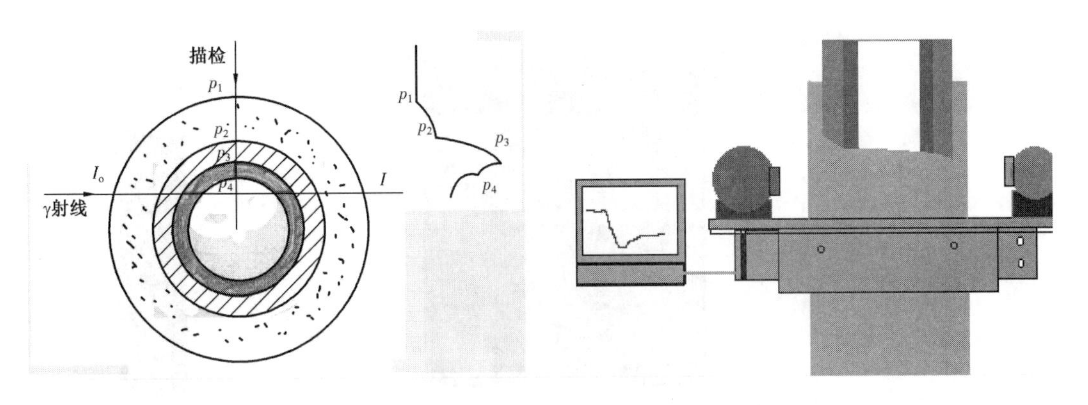

图4－18　GSDM射线扫描数字检测法工作原理

间显微技术、能谱分析等用于表观检查和分析，部分分析方法甚至实现了腐蚀深度和表面缺陷的微米尺度的测量。

表观检测主要包括宏观检查和微观检查。宏观检查就是用肉眼、照相机及低倍体视显微镜对金属材料和腐蚀介质腐蚀前后的形态进行仔细观察并做好记录。宏观检查应注意观察和记录：(1)材料或腐蚀产物表面的颜色、形态、附着情况及分布；(2)腐蚀介质和产物的变化，如颜色、形态和数量；(3)判断腐蚀类型；(4)观察重点部位，如应力集中部位、焊缝及热影响区、气液界面、温度与浓度变化部位、异金属接触部位、压力变化部位等。(5)收集腐蚀发生部位的环境参数；如流量、管径、温度、压力、水质分析及材料服役时间等。

微观检查主要是借助原子力显微镜、扫描电镜、光学显微镜、能谱分析等微观测量手段，分析材料在微、纳尺度上的变化，用于揭示过程的本质和细节，是宏观检查的补充手段。微观检测能实现以下功能：(1)元素的放射性同位素示踪；(2)在表面不被严重损坏的情况下给出研究表面上各元素的含量、表面形貌以及表面精细结构，并根据元素特征峰的位移可以得到有关氧化态的信息。微观形貌观察，如观察断口、组织、析出物、夹杂的形态、晶间缺陷；(3)实现物理参量的测定和晶间结构的分析，如膜厚、膜的光学常数、点阵常数、位错密度、组织和物相、电子组态和磁组织结构等[8]。

2)点蚀深度测量法

对于现场腐蚀试样，为了解局部的腐蚀状况，可以测量腐蚀失厚或孔蚀深度。为了表征孔蚀的严重程度，通常应综合评定孔蚀密度、孔蚀直径和孔蚀深度。其中，前两项指标表征孔蚀范围，而后一项指标表征孔蚀强度。为此，经常测量面积为0.01m^2上10个最深的蚀孔深度，并取其最大蚀孔深度和平均蚀孔深度来表征孔蚀严重程度。也可以用孔蚀系数来表征孔蚀。孔蚀系数是最大孔蚀深度与按全面腐蚀计算的平均侵蚀深度的比率。孔蚀系数数值越大，表示孔蚀的程度愈严重，而在全面腐蚀的情况下，孔蚀系数为1。图4－19为显微镜观察并测量孔深。

3)磁粉检测

铁磁性材料工件被磁化后，由于不连续性的存在，使工件表面和近表面的磁力线发生局部畸变而产生漏磁场，吸附施加在工件表面的磁粉，在合适的光照下形成目视可见的磁痕，从而

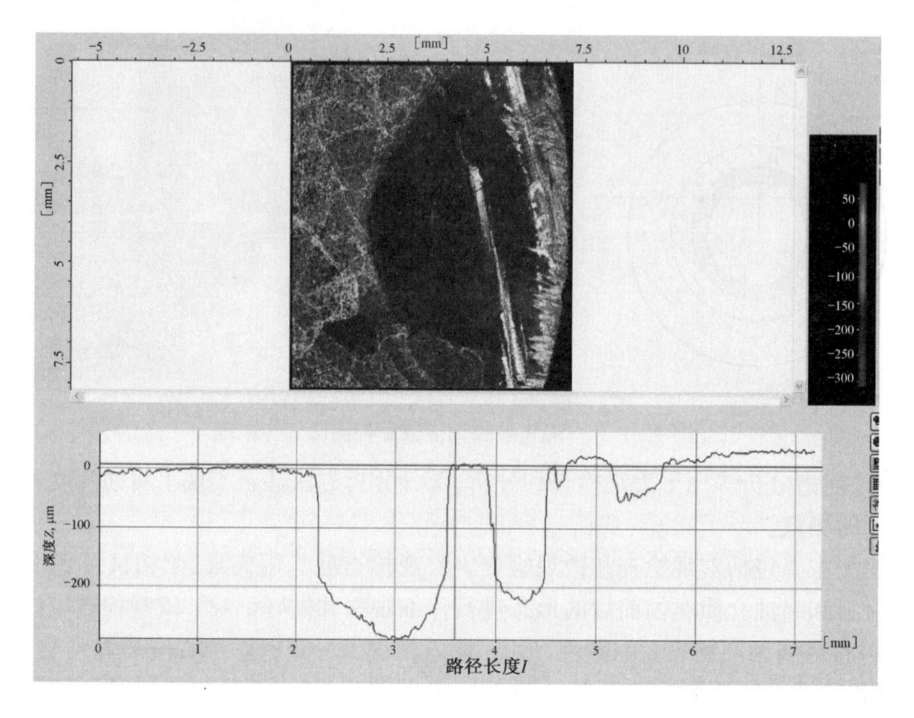

图4－19　显微镜观察和测量孔深

显示出不连续性的位置、大小、形状和严重程度。磁粉检测只能用于检测铁磁性材料的表面或近表面的缺陷，由于不连续的磁痕堆集于被检测表面上，所以能直观地显示出不连续的形状、位置和尺寸，并可大致确定其性质。

4. 化学分析法

定期分析生产过程中的铁离子含量，可以定性确定设备的腐蚀变化情况。此法适合于纯CO_2腐蚀、Cl^-腐蚀的生产系统，对于含H_2S气体的生产系统，由于腐蚀产物FeS呈固体状沉积，取水样分析时，难于取准，其结果也存在较大偏差。该方法需用较长时间监测，采用统计方法进行数据处理才能得到较理想的效果。此外，铁离子分析还受现场取样点的制约，难以准确描述特定管线的腐蚀状况。

此外通过分析现场气田水中的缓蚀剂的残余浓度，可以指导现场缓蚀剂的加注量，为方案调整提供参考。

5. 直接腐蚀评价法

1）内腐蚀直接评价法

美国西南研究院2002年提出了内腐蚀直接评价方法，通过腐蚀环境给出腐蚀状况评价。评价过程包含：(1)预评价。收集资料，进行可行性评估；(2)间接检测。应用气液两相流动状态和腐蚀预测模型预测风险点；(3)详细检测。管道开挖验证；(4)后评价。有效性评估，确定再次评估的周期，一般为管线剩余寿命的一半。干气管道内腐蚀直接评价方法(DG－ICDA)实现了工业应用。干气管道只在短期波动期间存在液态水，DG－ICDA通过识别积液位置，确定腐蚀位置，但不涉及积液量大小和腐蚀程度[9,10]。

西南油气田分公司与美国西南研究院合作，于2010年对长乐—蓬溪干气管线进行了内腐蚀直接评价。详细检测结果显示DG－ICDA评价有效。延长油田2012年开展内腐蚀直接评价研究，截至2016年，已评价60余条、380km管道，详细检测230多个检测点，超过210个检测点与预测相符，符合率超过90%。

2）外腐蚀直接评价法

管道外壁腐蚀直接评价（ECDA）是通过评价和减轻外壁腐蚀对管道完整性的危害，从而提高管道安全性。通过识别和确定腐蚀活性，修复腐蚀损伤以及针对造成腐蚀损伤的原因加以补救，ECDA寻求一种事先预防方法，避免管道外壁腐蚀缺陷尺寸发展到影响管道完整性的程度。

ECDA包括以下四个步骤：

（1）预评价。采集历史数据和当前数据，以确定是否可行。采集的数据包括：有施工记录、运行和维修历史、调试记录、腐蚀调查记录、其他地面检测记录和过去完整性评价或维修工作的检测报告。

（2）间接检查。包括地面检测，为确定防腐层缺陷严重程度、异常和管道上已经发生或可能发生腐蚀区域的地表检查。

（3）直接检查。通过分析间接检测数据选择开挖管道表面评价的场地。得到的数据与以前所得数据结合来确定并评价外壁腐蚀对管道的影响。

（4）后评价。分析以上三步所得数据来评估ECDA过程的有效性并确定再评价的时间间隔。

第三节 腐蚀监测和检测方法的选择

腐蚀监测和检测方法的选择是一个复杂的问题，需要专门的知识。许多腐蚀监测和检测方法原理很简单，获得的信息也很明确。高含硫气田选择腐蚀监测和检测方法的基本原则如下：

（1）能得什么样的数据和资料。

（2）对腐蚀过程变化的相应如何。

（3）每次测量所需时间间隔的累计量。

（4）探针与生产设备腐蚀行为之间的对应关系。

（5）对环境介质的适应性。

（6）监控和评定的腐蚀类型是什么。

（7）对监测和检测结果解释的难易程度。

（8）是否需要复杂仪器和先进科学技术理论等。

高含硫气田腐蚀监测和检测方法的选择需要根据腐蚀监测和检测方法的适应性和现场工艺特征进行，表4－2为常用腐蚀监测和检测方法的特点对比。

表 4 - 2　腐蚀监测和检测方法的特点对比

监测和检测方法	响应时间	环境要求	信息类型	腐蚀类型	应用环境
失重挂片法	慢	任意	腐蚀速率、腐蚀形态、腐蚀产物	全面腐蚀、局部腐蚀	井下、地面集输和净化厂
线性极化法(LPR)	快	电解液	瞬时腐蚀速率、累计腐蚀速率	全面腐蚀	地面集输
电阻法(ER)	快	任意	腐蚀失重	全面腐蚀	地面集输
电感测量法	快	任意	腐蚀失重	全面腐蚀	地面集输和净化厂
交流阻抗法	较快	高阻电解液	交流信号	局部腐蚀	地面集输和净化厂
电化学噪声法	较快	任意	超声波	全面腐蚀、局部腐蚀	地面集输和净化厂
全周向监测方法	快	任意	腐蚀速率、缝隙腐蚀和点蚀图谱	全面腐蚀、局部腐蚀	地面集输
氢通量法	相当差	$p_{H_2S}>0.048MPa$	单位面积渗氢量	全面腐蚀	地面集输和净化厂
化学分析法	较慢	任意	离子含量	全面腐蚀	井下、地面集输和净化厂
超声波	慢	金属外表面	壁厚	全面腐蚀、局部腐蚀	地面集输和净化厂

第四节　腐蚀评价和预测系统

高含硫气田腐蚀评价和预测系统是高含硫气田腐蚀控制的重要内容，建立高含硫气田腐蚀评价和预测系统的主要作用包括：(1)收集、整理室内、现场与腐蚀相关的参数，为对气田的实际腐蚀状况做出合理的分析评估提供基础资料；(2)为管理者提供气田的实际腐蚀及发展趋势等全面清晰的概貌，实现实时报警，为完整性管理决策提供数据基础，实现气田安全经济开发；(3)收集、整理各种腐蚀工程数据，不断提升油气田腐蚀防护技术水平；(4)适应建设“数字气田”，提升开发管理水平的需要。

高含硫气田腐蚀评价和预测系统集成应用数据库管理技术、评价软件和神经网络模型等来完成对腐蚀数据的采集、分析、处理及应用，为腐蚀控制措施优化和生产管理提供支撑。腐蚀评价和预测系统流程图如图 4 - 20 所示。

一、腐蚀数据采集

高含硫气田腐蚀数据采集包括气田的基础数据、腐蚀环境数据、腐蚀监测和检测数据的采集。基础数据主要包括气田的基本信息如管线和设备的基本信息、水质气质参数、土壤信息等，这些基础数据可以利用气田开发已建成的各类数据库获得；腐蚀数据主要包括在线监测数据(如电化学探针和腐蚀挂片等)和非在线安装的检测数据(如无损检测、氢探针等)及辅助的化学分析数据。

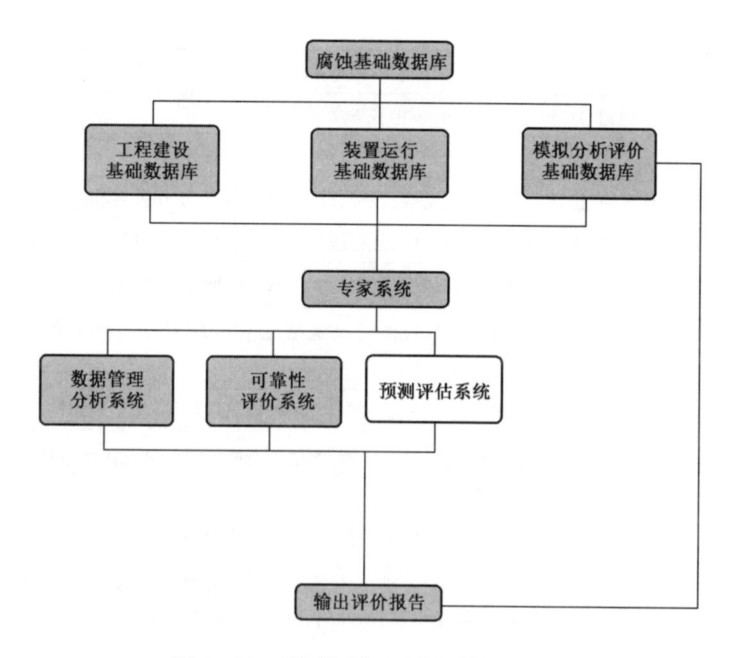

图4－20　腐蚀评价和预测系统流程图

1. 气田基础数据采集

高含硫气田通过SCADA系统实现了现场数据的统一管理。SCADA(Supervisory Control And Data Acquisition)系统,即数据采集与监视控制系统。SCADA系统是以计算机为基础的DCS与电力自动化监控系统广泛应用于电力、冶金、石油、化工、燃气、铁路等领域的数据采集与监视控制以及过程控制等诸多领域。通常SCADA系统分为两个层面,即客户/服务器体系结构。服务器与硬件设备通信,进行数据处理和运算。而客户用于人机交互,如用文字、动画显示现场的状态,并可以对现场的开关、阀门进行操作。硬件设备(如PLC)一般既可以通过点到点方式连接,也可以以总线方式连接到服务器上。点到点连接一般通过串口(RS232),总线方式可以是RS485,以太网等连接方式。高含硫气田站场和采输管线主要基础信息采集见表4－3,气田水系统主要基础信息采集见表4－4,净化厂主要单元的基础信息采集见表4－5至表4－9。

表4－3　站场和采输管线数据收集内容

地区特征	地形地貌、地区等级
天然气相关参数	相对密度、临界温度、临界压力、硫化氢、二氧化碳、甲烷、C_{2+}含量、温度、压力、产量、水含量、气油比、水气比
产出水组成	Cl^-、SO_4^{2-}、HCO_3^-、$Mg^{2+}+Ca^{2+}$、Na^++K^+、总矿化度、含氧量
采气管线	型号、规格、材质、抗硫耐蚀性能评定数据、壁厚、外防腐层结构、保温层结构、电火花检漏结果、实际走向和高差、长度、设计压力、关键节点位置、工作压力、屈服强度、抗拉强度、延伸率、冲击试验、管道航拍图
适应性评价数据	缺陷尺寸、缺陷位置、剩余强度、剩余寿命、风险评价

续表

<table>
<tr><th>地区特征</th><th colspan="2">地形地貌、地区等级</th></tr>
<tr><td>防腐层腐蚀检测数据</td><td colspan="2">PCM 电流、DCVG 电位、Pearson 电位差等检测数据</td></tr>
<tr><td>焊口</td><td colspan="2">焊接工艺、焊口质量数据、焊缝超声波、射线检查、焊条型号</td></tr>
<tr><td>冷弯头和热煨弯头</td><td colspan="2">公称直径、设计压力、材质、规格、型号、设计温度、角度、工作温度和压力</td></tr>
<tr><td>阀门</td><td colspan="2">阀门型号、规格、材质、公称直径、公称压力、工作压力、工作温度、密封形式、阀门位置</td></tr>
<tr><td>法兰用紧固件</td><td colspan="2">材料牌号、名称、规格、抗拉强度、屈服强度、冲击功、伸长率、保证应力、硬度、使用温度范围</td></tr>
<tr><td>仪表</td><td colspan="2">工艺仪表图、仪表种类、型号、规格、公称通径、公称压力、量程、工作温度、工作压力、测量精度及误差、安装位置</td></tr>
<tr><td>分离器</td><td colspan="2">温度、压力、型号、规格、成分、原始测厚数据、外防腐层结构、保温层结构、电火花检漏结果</td></tr>
<tr><td>土壤腐蚀环境基础数据</td><td colspan="2">土壤温度、水分、电阻率、含盐量、pH 值、溶解氧、细菌指标、氧化还原电位、电流密度、自然电位、平均腐蚀速率，土壤质地</td></tr>
<tr><td>杂散电流</td><td colspan="2">杂散电流源、电流密度、电流类型、电位变化，临近土壤电阻率</td></tr>
<tr><td rowspan="5">缓蚀剂相关参数</td><td>缓蚀剂性能指标</td><td>溶解性、乳化性、凝点、闪点、毒性、生物降解性、起泡性、油水分散性、热稳定性、结垢倾向、密度、黏度、配伍性能</td></tr>
<tr><td>缓蚀剂清管</td><td>管径、管长、管线内表面面积、缓蚀剂用量、缓蚀剂体积、清管器发送装置加长量、清管器发送装置设计规格</td></tr>
<tr><td>缓蚀剂预膜</td><td>预膜加量以及加注速率</td></tr>
<tr><td>缓蚀剂加注</td><td>缓蚀剂品种、缓蚀剂加注位置及装置、加量</td></tr>
<tr><td>缓蚀剂应用性能</td><td>缓蚀率、残余浓度</td></tr>
<tr><td>阴极保护相关基础数据</td><td colspan="2">牺牲阳极和金体结构、材质、自然电源保护范围、最大外径、长度、最高工作温度、有效发生电量、消耗率、电流效率、开路点位、使用寿命、安装间隔、腐蚀监测点、监测桩</td></tr>
<tr><td>工程报告</td><td colspan="2">腐蚀监测点、监测设备型号和规格、竣工图、完工检测、操作和维护规程、材料证书、检测纪录、设施图/测绘图、测量报告/图纸</td></tr>
</table>

表 4－4　气田水回注系统的数据收集

地区特征	地形地貌、地区等级
天然气相关参数	温度、压力、产量、水含量、气油比、水气比
产出水组成	Cl^-、SO_4^{2-}、HCO_3^-、$Mg^{2+}+Ca^{2+}$、Na^++K^+、总矿化度、含氧量
污水管线	型号、规格、材质、抗硫耐蚀性能评定数据、壁厚、外防腐层结构、保温层结构、电火花检漏结果、实际走向和高差、长度、设计压力、关键节点位置、工作压力、屈服强度、抗拉强度、延伸率、冲击试验、管道航拍图
适应性评价数据	缺陷尺寸、缺陷位置、剩余强度、剩余寿命、风险评价
防腐层腐蚀检测数据	PCM 电流、DCVG 电位、Pearson 电位差等检测数据
焊口	焊接工艺、焊口质量数据、焊缝超声波、射线检查、焊条型号
冷弯头和热煨弯头	公称直径、设计及工作温度和压力、材质、规格、型号、角度
阀门	阀门型号、规格、材质、公称直径、公称压力、工作压力、工作温度、密封形式、阀门位置
法兰用紧固件	材料牌号、名称、规格、抗拉强度、屈服强度、冲击功、伸长率、保证应力、硬度、使用温度范围

续表

地区特征	地形地貌、地区等级
仪表	工艺仪表图、仪表种类、型号、规格、公称通径、公称压力、量程、工作温度、工作压力、测量精度及误差、安装位置
闪蒸罐、调节罐、过滤器、净水罐	温度、压力、型号、规格、成分、原始测厚数据、外防腐层结构、保温层结构、电火花检漏结果、热负荷、炉膛体积热强度、对流表面热强度、热效率、循环水流速
土壤腐蚀环境基础数据	土壤温度、水分、电阻率、含盐量、pH值、溶解氧、细菌指标、氧化还原电位、电流密度、自然电位、平均腐蚀速率，土壤质地
杂散电流	杂散电流源、电流密度、电流形式、电位变化，临近土壤电阻率
工程报告	腐蚀监测点、监测设备型号和规格、竣工图、完工检测、操作和维护规程、材料证书、检测纪录、设施图/测绘图、测量报告/图纸

表4－5　脱硫装置的数据收集内容

天然气相关参数	相对密度、临界温度、临界压力、硫化氢、二氧化碳、甲烷、C_{2+}含量、温度、压力、产量、水含量、气油比、水气比
产出水组成	Cl^-、$SO_4{}^{2-}$、$HCO_3{}^-$、$Mg^{2+}+Ca^{2+}$、Na^++K^+、总矿化度、含氧量
管线	型号、规格、材质、抗硫耐蚀性能评定数据、壁厚、外防腐层结构、保温层结构、电火花检漏结果、实际走向和高差、长度、设计压力、关键节点位置、工作压力、屈服强度、抗拉强度、延伸率、冲击试验、管道航拍图
适应性评价数据	缺陷尺寸、缺陷位置、剩余强度、剩余寿命、风险评价
防腐层腐蚀检测数据	PCM电流、DCVG电位、Pearson电位差等检测数据
焊口	焊接工艺、焊口质量数据、焊缝超声波、射线检查、焊条型号
冷弯头和热煨弯头	公称直径、设计压力、材质、规格、型号、设计温度、角度、工作温度和压力
阀门	阀门型号、规格、材质、公称直径、公称压力、工作压力、工作温度、密封形式、阀门位置
法兰用紧固件	材料牌号、名称、规格、抗拉强度、屈服强度、冲击功、伸长率、保证应力、硬度、使用温度范围
仪表	工艺仪表图、仪表种类、型号、规格、公称通径、公称压力、量程、工作温度、工作压力、测量精度及误差、安装位置
脱硫装置	设备型号、工作温度、闪蒸压力、设计规模、壳体压力、材质、壁厚、温度、压力、处理量，气水比、脱硫剂种类、脱硫剂分解产物、脱硫剂循环量、脱硫催化剂种类和型号、脱硫催化剂分解产物及循环量
工程报告	竣工图、完工检测、操作和维护规程、材料证书、检测纪录、设施图/测绘图、测量报告/图纸

表4－6　硫黄回收装置的数据收集内容

气体参数	相对密度、临界温度、临界压力、气体组成
水组成	Cl^-、$SO_4{}^{2-}$、$HCO_3{}^-$、$Mg^{2+}+Ca^{2+}$、Na^++K^+、总矿化度、水型、含氧量
管线	型号、规格、材质、抗硫耐蚀性能评定数据、壁厚、外防腐层结构、保温层结构、电火花检漏结果、实际走向和高差、长度、设计压力、关键节点位置、工作压力、屈服强度、抗拉强度、延伸率、冲击试验、管道航拍图

续表

气体参数	相对密度、临界温度、临界压力、气体组成
适应性评价数据	缺陷尺寸、缺陷位置、剩余强度、剩余寿命、风险评价
防腐层腐蚀检测数据	PCM 电流、DCVG 电位、Pearson 电位差等检测数据
焊口	焊接工艺、焊口质量检测数据、焊缝超声波、射线检查、焊条型号
冷弯头和热煨弯头	公称直径、设计压力、材质、规格、型号、设计温度、角度、工作温度和压力
阀门	阀门型号、规格、材质、公称直径、公称压力、工作压力、工作温度、密封形式、阀门位置
法兰用紧固件	材料牌号、名称、规格、抗拉强度、屈服强度、冲击功、伸长率、保证应力、硬度、使用温度范围
仪表	工艺仪表图、仪表种类、型号、规格、公称通径、公称压力、量程、工作温度、工作压力、测量精度及误差、安装位置
硫黄回收设备	温度、压力、处理量、甘醇用量、处理量、吸收塔设计型号、工作温度计压力、设计压力、材质、壁厚、硫收率、产硫量
工程报告	竣工图、完工检测、操作和维护规程、材料证书、检测纪录、设施图/测绘图、测量报告/图纸

表 4-7　尾气处理装置的数据收集内容

气体参数	相对密度、临界温度、临界压力、气体组成
水组成	Cl^-、SO_4^{2-}、HCO_3^-、$Mg^{2+}+Ca^{2+}$、Na^++K^+、总矿化度、水型、含氧量
采气管线	型号、规格、材质、抗硫耐蚀性能评定数据、壁厚、外防腐层结构、保温层结构、电火花检漏结果、实际走向和高差、长度、设计压力、关键节点位置、工作压力、屈服强度、抗拉强度、延伸率、冲击试验、管道航拍图
适应性评价数据	缺陷尺寸、缺陷位置、剩余强度、剩余寿命、风险评价
防腐层腐蚀检测数据	PCM 电流、DCVG 电位、Pearson 电位差等检测数据
焊口	焊接工艺、焊口质量检测数据、焊缝超声波、射线检查、焊条型号
冷弯头和热煨弯头	公称直径、设计压力、材质、规格、型号、设计温度、角度、工作温度和压力
阀门	阀门型号、规格、材质、公称直径、公称压力、工作压力、工作温度、密封形式、阀门位置
法兰用紧固件	材料牌号、名称、规格、抗拉强度、屈服强度、冲击功、伸长率、保证应力、硬度、使用温度范围
仪表	工艺仪表图、仪表种类、型号、规格、公称通径、公称压力、量程、工作温度、工作压力、测量精度及误差、安装位置
尾气处理设备	温度、压力、处理量、三甘醇用量、处理量、吸收塔设计型号、工作温度计压力、设计压力、材质、壁厚
工程报告	竣工图、完工检测、操作和维护规程、材料证书、检测纪录、设施图/测绘图、测量报告/图纸

表 4-8　酸水汽提装置的数据收集内容

气体参数	相对密度、临界温度、临界压力、气体组成
水组成	Cl^-、SO_4^{2-}、HCO_3^-、$Mg^{2+}+Ca^{2+}$、Na^++K^+、总矿化度、水型、含氧量
管线、酸水汽提设备	温度、压力、处理量、型号、规格、成分、抗硫耐蚀性能评定数据、测厚原始数据、外防腐层结构、保温层结构、电火花检漏结果、管道航拍图
适应性评价数据	缺陷尺寸、缺陷位置、剩余强度、剩余寿命、风险评价

续表

气体参数	相对密度、临界温度、临界压力、气体组成
防腐层腐蚀检测数据	PCM 电流、DCVG 电位、Pearson 电位差等检测数据
焊口	焊接工艺、焊口质量检测数据、焊缝超声波、射线检查、焊条型号
冷弯头和热煨弯头	公称直径、设计压力、材质、规格、型号、设计温度、角度、工作温度和压力
阀门	阀门型号、规格、材质、公称直径、公称压力、工作压力、工作温度、密封形式、阀门位置
法兰用紧固件	材料牌号、名称、规格、抗拉强度、屈服强度、冲击功、伸长率、保证应力、硬度、使用温度范围
仪表	工艺仪表图、仪表种类、型号、规格、公称通径、公称压力、量程、工作温度、工作压力、测量精度及误差、安装位置
工程报告	竣工图、完工检测、操作和维护规程、材料证书、检测纪录、设施图/测绘图、测量报告/图纸

表 4－9　循环水系统的数据收集内容

水组成	Cl^-、SO_4^{2-}、HCO_3^-、$Mg^{2+}+Ca^{2+}$、Na^++K^+、总矿化度、水型、含氧量
管线	型号、规格、材质、抗硫耐蚀性能评定数据、壁厚、外防腐层结构、保温层结构、电火花检漏结果、实际走向和高差、长度、设计压力、关键节点位置、工作压力、屈服强度、抗拉强度、延伸率、冲击试验、管道航拍图
适应性评价数据	缺陷尺寸、缺陷位置、剩余强度、剩余寿命、风险评价
防腐层腐蚀检测数据	PCM 电流、DCVG 电位、Pearson 电位差等检测数据
焊口	焊接工艺、焊口质量检测数据、焊缝超声波、射线检查、焊条型号
冷弯头和热煨弯头	公称直径、设计压力、材质、规格、型号、设计温度、角度、工作温度和压力
阀门	阀门型号、规格、材质、公称直径、公称压力、工作压力、工作温度、密封形式、阀门位置
法兰用紧固件	材料牌号、名称、规格、抗拉强度、屈服强度、冲击功、伸长率、保证应力、硬度、使用温度范围
仪表	工艺仪表图、仪表种类、型号、规格、公称通径、公称压力、量程、工作温度、工作压力、测量精度及误差、安装位置
循环水系统	温度、压力、处理量、杀菌剂、阻垢剂、缓蚀剂浓度及循环水流量、循环水成分、流速及温度
工程报告	竣工图、完工检测、操作和维护规程、材料证书、检测纪录、设施图/测绘图、测量报告/图纸

2. 腐蚀监测和检测数据采集

现场条件下应用的腐蚀监测和检测方法主要有：失重腐蚀挂片、ER、LPR、FSM、氢通量探针、缓蚀剂残余浓度分析、超声波测厚仪检测、智能清管检测等。装置运行后需要收集的基础数据见表 4－10。其中，在线监测数据可以通过无线传输技术实时传送到腐蚀数据库。油气田生产过程中，气井的分布普遍比较广。在线监测技术要实现数据的即时采集和掌握，可以通过有线和无线数据传输形式。有线数据传输指通过信号线将多台腐蚀监测装置的数据传输到中央控制大厅或有人值守的井站。无线传输技术则是通过无线信号形式传输到终端用户。远程腐蚀监测与控制系统主要包括三个部分：监控中心，无线传输网络和腐蚀测量与分析单元。其中监控中心主要由服务器、监控软件和中央数据库组成；无线传输网络主要包括 GPRS 或 GSM SMS（短消息模式）Modem；现场测量单元包括单片机系统、数模模数转换、嵌入式分析软件和测试探头。

表 4－10　装置运行后需要收集的基础数据表

现场条件下，不同管段气质、水质、集输管线及设备等基础数据定期监测	(1)不同管段气、水、温度、压力、流量、流速、H_2S、CO_2分压和 pH 值的定期检测数据。 (2)输送管材料、容器钢、阀门钢和仪表钢试验数据：材料牌号、腐蚀条件、腐蚀速率、表面腐蚀状态、试验周期。腐蚀监测点的位置、温度、压力、流量、腐蚀监测设备和方法腐蚀数据
现场条件下，不同试验罐(立式和卧式)金属材料耐电化学腐蚀性能评价试验	总压、H_2S 及 CO_2 的分压、温度、天然气产量、挂片位置、试验周期、腐蚀介质成分、腐蚀速率、表面形貌特征、试验结论
金属材料抗硫化氢应力腐蚀性能试验	三点弯曲试验：材料牌号、屈服强度、最大 Sc 值、试验周期、结果管线钢抗硫化物应力腐蚀性能评价试验：材料牌号、屈服强度、应力比、试验周期、结果
金属材料抗氢致开裂评价试验	材料牌号、试验周期、结果
非金属材料(工程橡胶和塑料)耐腐蚀性能评价试验	实验条件、牌号、质量变化百分率、试验前邵氏 A 硬度、试验后邵氏 A 硬度、邵氏 A 硬度的变化率、拉伸强度变化率、断裂伸长率变化率、外观变化
集气干线清管器设计	管径、管长、管线内表面面积、缓蚀剂用量、缓蚀剂体积、清管器发送装置加长量、清管器发送装置设计规格、缓蚀剂浓度分布

3. 模拟分析和评价数据

模拟分析和评价数据主要为实验室开展的评价和模拟实验数据。见表 4－11。

表 4－11　模拟分析和评价基础数据表

利用失重法、电化学极化曲线、电化学噪声等研究地面集输管线用材料的腐蚀行为	温度、压力、p_{H_2S}、p_{CO_2}、流量、流速、试验周期、挂片位置、腐蚀介质、极化电阻、腐蚀速率、电流噪声、电位噪声、噪声电阻、腐蚀形貌及成分分析
元素硫对材质腐蚀的影响及地面集输管线抗硫耐蚀性能评价	材质、温度、相态、元素硫、腐蚀速率、试片表面状况
地面集输管线材料电偶腐蚀行为研究	材质、温度、腐蚀介质、耦合电流、试片腐蚀状况、电极自腐蚀电位、腐蚀速率
H_2S 和 CO_2 共存的高温条件(80℃左右)下，钢材的应力腐蚀破裂及渗氢实验	U 形环试样尺寸、腐蚀电流密度、腐蚀形貌、pH 值、氢通量、温度、压力、H_2S 和 CO_2 分压、总压、裂纹长度及深度指标
高温、高压条件下材料的耐蚀性能评价	腐蚀设备型号、材料型号、温度、总压、H_2S 和 CO_2 分压、试验周期、腐蚀介质、液相和气相腐蚀速率、腐蚀表面成分及形貌分析、评价结果
高酸性气田缓蚀剂性能评价	(1)静态常压及高压试验：缓蚀剂名称、H_2S 和 CO_2 含量、腐蚀介质含盐量、试样材质、介质流速、试验周期、缓蚀剂浓度、缓蚀剂溶解性、实验温度及压力、腐蚀速率、缓蚀率、试片表面状况。 (2)缓蚀剂膜持久性评价：腐蚀介质、缓蚀剂预膜浓度、温度、试验材质、评价结果。 (3)缓蚀剂其他性能：热稳定性评价、溶解性和分散性、起泡性能评价。 (4)缓蚀剂预膜试验：试验材质、预膜试验时间、输气量、压力、温度、预膜溶液组成、腐蚀速率、试片表面状况描述
耐蚀合金钢焊接接头抗硫性能试验	试验材料、检测方法及标准、试验参数、介质、试验结果

二、腐蚀数据库与评价系统

1. 腐蚀数据库

现场监测和检测数据库主要收集装置/管道运行过程中监测和检测到的工艺参数、腐蚀数据，如 ER、LPR、FSM、挂片、超声波测厚、智能清管等，有的需要进行转化才能得到管线/装置的腐蚀速率。该数据库的建设贯穿于气田的整个开发过程，需要不断的维护和补充，数据库的数据将为腐蚀评估预测、防腐措施的完善提高提供及时的数据支持。主要包括缓蚀剂防腐方案设计，室内模拟环境条件腐蚀评价数据和腐蚀预测软件预测得到的腐蚀数据。该数据库的建设将记录气田开发过程中腐蚀防护技术的发展历程，通过自我评估和学习完善，逐渐提高腐蚀预测的准确性。

装置监测和检测数据库通过中间数据库和气田的生产信息数据库建立联系，通过读取基础信息，利用可靠性模型，对腐蚀管线进行可靠性分析。

2. 缺陷安全评价

根据 GB/T 19624—2004《对含缺陷压力管道的安全评定》规定，缺陷安全评定步骤如图 4 - 21 所示。

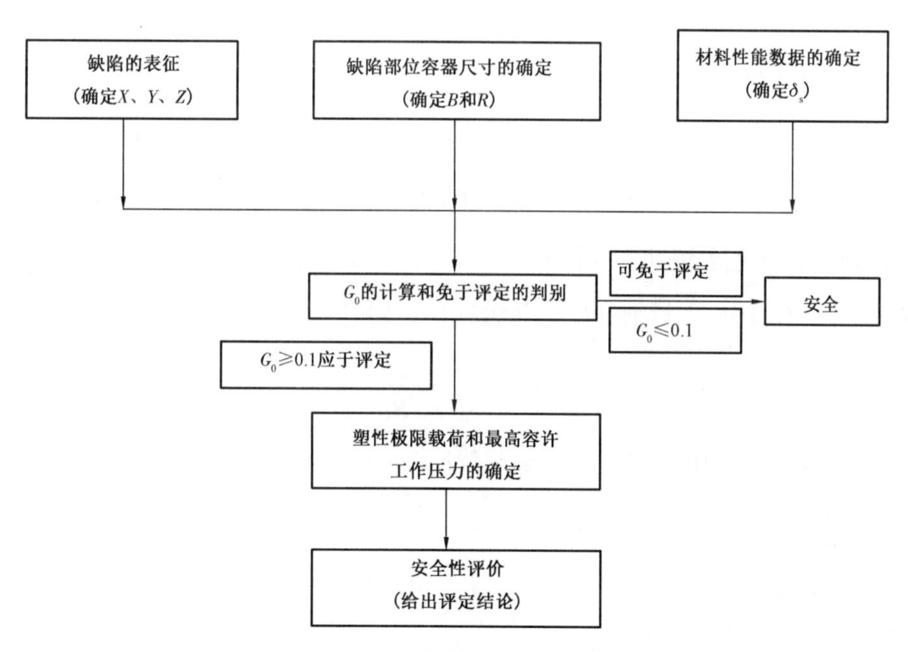

图 4 - 21　体积型缺陷安全评定程序图

1）单个体积型缺陷的表征

根据规定，表面不规则凹坑缺陷按外接矩形将其规则化为长轴长度、短轴长度及深度分别为：$2X$、$2Y$ 及 Z 的半椭球型凹坑。其中，长轴 $2X$ 为凹坑边缘任意两点之间的最大垂直距离，短轴 $2Y$ 为平行于长轴且与凹坑外边缘相切的两条直线间的距离，深度 Z 取凹坑的最大深度。如图 4 - 22 所示。

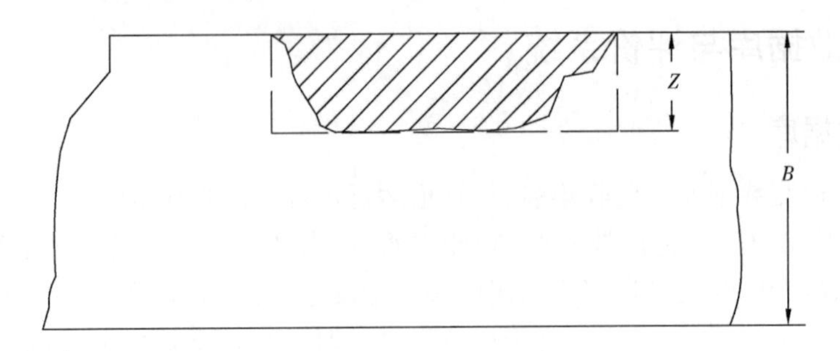

图4－22　单个体积型缺陷表征示意图

2）多个体积型缺陷的表征

当存在两个以上的凹坑时，应分别按单个凹坑进行规则化并确定各自的凹坑长轴。若规则化后相邻两个凹坑边缘最小距离 k 大于较小凹坑的长轴 $2X_2$，则可将两个凹坑视为相互独立的单个凹坑分别进行评定。否则，应将两个凹坑合并为一个半椭球凹坑来进行评定，该凹坑的长轴长度为两个凹坑外侧比边缘之间的最大距离，短轴长度为平行于长轴且与两个凹坑外缘相切的任意两条直线之间的最大距离，该凹坑的深度为两个凹坑的深度的较大值。如图4－23所示。

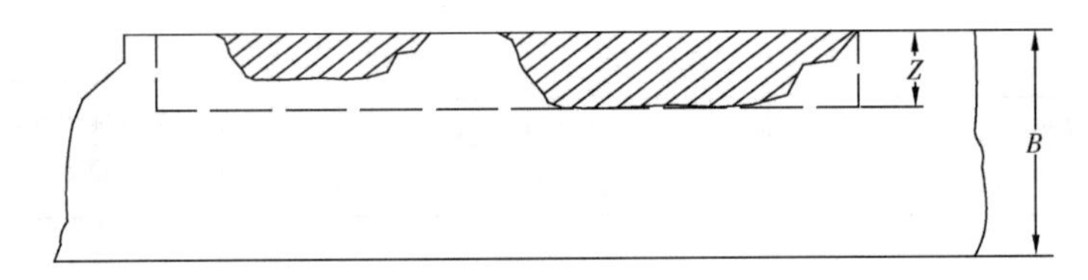

图4－23　多个凹坑缺陷表征示意图

3）G_0的计算和免于评定的判别

容器表面凹坑缺陷的无量纲参数 G_0按公式（4－5）计算：

$$G_0 = \frac{Z}{B}\frac{X}{\sqrt{RB}} \tag{4-5}$$

式中　G_0——容器表面凹坑缺陷的无量纲参数；

R——容器的半径，m；

X——缺陷的长度，m；

B——容器的壁厚，m；

Z——缺陷的深度，m。

若 $G_0 \leqslant 0.1$，则该凹坑缺陷可免于评定，认为是安全的或可以接受的；否则按照规定继续向下进行评定。

4）塑性极限载荷和最高容许工作压力的确定

（1）无凹坑缺陷壳体塑性极限载荷 p_{L0}的计算。

对球形容器：

$$p_{L0} = 2\overline{\sigma}'\ln\left(\frac{R + B/2}{R - B/2}\right) \tag{4-6}$$

式中　p_{L0}——无凹坑缺陷壳体塑性极限载荷，MPa；

R——球形容器的半径，m；

B——球形容器的壁厚，m；

$\overline{\sigma}'$——材料的流变应力，MPa。

对圆筒形容器：

$$p_{L0} = \frac{2}{\sqrt{3}}\overline{\sigma}'\ln\left(\frac{R + B/2}{R - B/2}\right) \tag{4-7}$$

式中　p_{L0}——无凹坑缺陷壳体塑性极限载荷，MPa；

R——球形容器的半径，m；

B——球形容器的壁厚，m；

$\overline{\sigma}'$——材料的流变应力，MPa。

（2）带凹坑缺陷容器极限载荷 p_L 的计算。

对球形容器：

$$p_L = (1 - 0.6G_0)p_{L0} \tag{4-8}$$

式中　p_L——带凹坑缺陷壳体塑性极限载荷，MPa；

G_0——带凹坑缺陷的无量纲参数；

p_{L0}——无凹坑缺陷壳体塑性极限载荷，MPa。

对圆筒形容器：

$$p_L = (1 - 0.3\sqrt{G_0})p_{L0} \tag{4-9}$$

式中　p_L——带凹坑缺陷壳体塑性极限载荷，MPa；

G_0——带凹坑缺陷的无量纲参数；

p_{L0}——无凹坑缺陷壳体塑性极限载荷，MPa。

（3）带凹坑缺陷容器最高容许工作压力 p_{max} 按下列公式确定。

$$p_{max} = \frac{p_L}{1.8} \tag{4-10}$$

式中　p_{max}——带凹坑缺陷容器最高容许工作压力，MPa；

p_L——带凹坑缺陷壳体塑性极限载荷，MPa。

5）安全性判定

若 p 不大于 p_{max} 且实测凹坑尺寸满足该标准限定条件的要求，则认为该凹坑缺陷是安全的或可以接受的；否则是不能保证安全或不可接受的。

对于平面型缺陷按照失效评定图进行安全评定，如图 4－24 所示。

3. 可靠性评价

在设备与管道的可靠性分析中，工作参数主要分为两大类：一类是施加在管道上的直接作用或引起管道外加变形或约束变形的间接作用，由这些作用引起的管道内力、变形等统称为“广义应力”，如应力，弯矩和变形等；另一类则是管道承受“广义应力”的能力，统称为“广义强度”，如屈服极限、断裂韧性等。因此，当外力作用在管道上引起的“应力”达到、等于或大于管道所能承受的“强度”时，就达到了管道结构可靠性的极限状态，会导致管道失效。一般情况

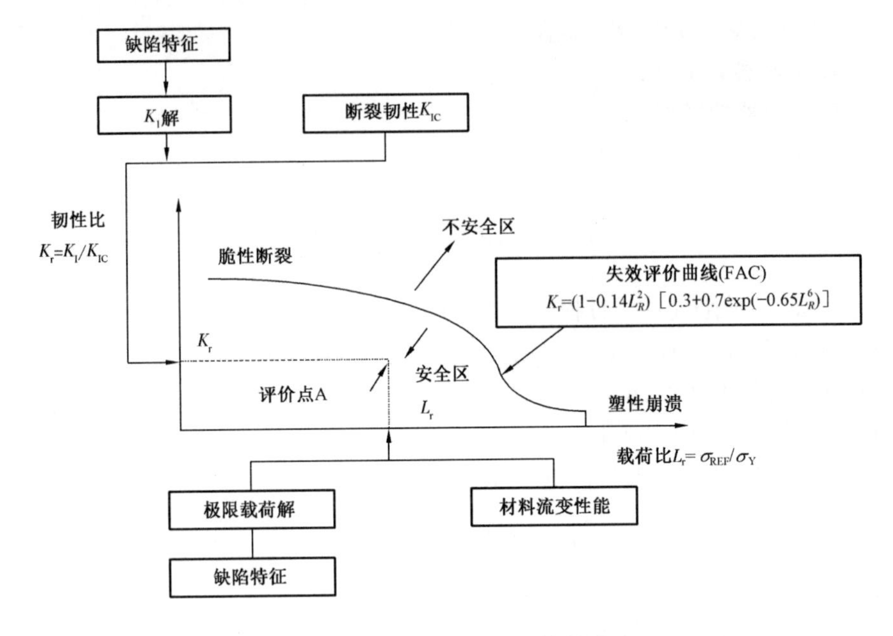

图 4－24　平面型缺陷安全评定

下,管道所受到的外力,主要是管道内流动介质的压力 p。

设含 n 个基本变量($X = \{x_1,x_2,x_3\cdots x_n\}$)的结构功能函数为

$$z = g(x_1,x_2,x_3\cdots x_n) \tag{4-11}$$

式中　z——结构可靠性判据;

$g(\ )$——结构功能函数。

上述功能函数把结构分为 3 种状态,如下:

$$\begin{cases} z > 0,\text{结构可靠} \\ z = 0,\text{结构处于极限状态} \\ z < 0,\text{结构失效} \end{cases}$$

如果知道结构基本设计变量 X 的联合概率密度函数 $f(X)$,则失效概率 P_f 可通过如下积分运算得到:

$$P_f = \int_{g(X)<0} f(X)\mathrm{d}X \tag{4-12}$$

式中　P_f——失效概率;

$g(\ )$——结构功能函数;

$f(\ )$——联合概率密度函数。

决定腐蚀管段可靠性的因素主要是管子腐蚀深度、管道钢材的特性、管道内压和管道的壁厚等。

ASME B31. 1—2014《动力管道》所推荐的腐蚀管道的基本极限状态方程是

$$z = p_C - p = \frac{2t\sigma_f}{d}\left(1 - \frac{h}{t}\right)\bigg/\left(1 - \frac{h}{tM}\right) - p = 0 \tag{4-13}$$

式中　p_C——腐蚀管道的极限压力,MPa;

p——腐蚀管道的运行压力,MPa;

t——管道壁,mm;

σ_f——流变应力,MPa;

d——管道直径,mm;

h——腐蚀缺陷深,mm;

l——缺陷长度,mm。

$$M=\begin{cases}\sqrt{1+0.6275\dfrac{l^2}{\mathrm{d}t}-0.003375\dfrac{l^4}{\mathrm{d}^2t^2}} & \dfrac{l^2}{\mathrm{d}t}\leqslant 50\\ 0.032\dfrac{l^2}{\mathrm{d}t}+3.293 & \dfrac{l^2}{\mathrm{d}t}\leqslant 50\end{cases}\tag{4-14}$$

式中　t——管道壁厚,mm;

d——管道直径,mm;

l——缺陷长度,mm。

通过找出各个变量的分布函数后,上述模型可以采用蒙特卡罗方法求解出管道的失效概率。

DNV(挪威船级社)推荐的计算腐蚀管道失效概率为

$$\mu_g=\sigma_f(1-\frac{\Delta t}{t_0})-(\frac{pd}{2t_0})\tag{4-15}$$

式中　μ_g——腐蚀管道失效概率;

σ_f——流变应力,MPa;

t_0——管道原始壁厚,mm;

Δt——壁厚损失,其值为 $C_R(T-T_0)$,C_R 为腐蚀速率,mm;

d——管道直径,mm;

p——操作压力,MPa;

$$\sigma_g=\sqrt{(\sigma_P\frac{\partial g}{\partial p})^2+(\sigma_{\sigma_f}\frac{\partial g}{\partial\sigma_f})^2+(\sigma_{\Delta t}\frac{\partial g}{\partial\Delta t})^2}\tag{4-16}$$

式中　σ_g——标准差;

t——管道壁厚,mm;

σ_P——压力的均方差,值为 $0.05P$;

σ_{σ_f}——流变应力的均方差,值为 $0.2\sigma_f$;

$\sigma_{\Delta t}$——壁厚损失的均方差,值为 $0.1\Delta t$;

$\dfrac{\partial g}{\partial p}$——对压力偏导数,值为 $-\dfrac{d}{2t_0}$;

$\dfrac{\partial g}{\partial\sigma_f}$——对流变应力偏导数,$1-\dfrac{\Delta t}{t_0}$;

$\dfrac{\partial g}{\partial\Delta t}$——对壁厚损失偏导数,值为 $-\dfrac{\sigma_f}{t_0}$;

$$\beta = \frac{\mu_g}{\sigma_g} \tag{4-17}$$

式中 β——可靠性指数；

μ_g——腐蚀管道失效概率；

σ_g——标准差。

$$P_f = \phi(-\beta) \tag{4-18}$$

式中 P_f——失效概率,可由标准正态分布函数获得；

$\phi()$——焊接接头系数,无量纲。

4. 数据库和评价系统开发

1)总体开发设计

(1)系统开发。

本管理系统采用纯 C/S 结构体系,由数据库服务器、客户端软件共同组成运行平台,数据库服务器采用 Oracle10g,客户端应用程序采用 Microsoft. Net Framework 3. 5 的 C#编写,创建腐蚀监测数据的管理、查询、分析系统。

(2)数据库的选择。

目前广泛使用的大型数据库有:Sybase,Oracle,Infomix,SQL Server。任何一种网络数据库在技术上均有其长处,在选择数据库时,应兼顾系统特点和已有系统的互联互通,同时考虑数据量的大小,以及和已选择的数据库服务器及其操作系统的集成性。

(3)开发工具的选择。

选择开发环境的首要因素当然是对所选用的开发平台、数据库平台的支持。具有开放性的支持和良好的集成环境的开发工具是开发出高质量客户应用软件的有力保证。选择编程环境或工具应考虑的其他重要因素包括:通用性,易于学习的程度,厂家的发展前景及产品策略,第三方厂家的技术支持、培训,中文版的出版物和技术杂志的介绍,具有可以交流经验的程序员数量等等。

2)系统的功能分析和开发流程

由于开发的管理系统涉及面比较广,采用先进的技术方法,对系统开发人员、用户都有比较高的要求。因此找出需要解决的技术问题,做好日程安排,突出重点,才能保证系统开发工作正常、稳定、按时、按质的进行。

基础数据库系统主要完成确定腐蚀相关的各种数据类型及采集方案。以组成一个集各方面数据为一体的数据库。它是整个管理系统的数据基础,包括:

(1)数据收集。

基础数据收集主要获取关于腐蚀监测与评价的各种数据。

(2)数据预处理。

对收集到的数据进行规范性检查、数据变换、数据筛选。

(3)数据库的建立。

本系统的数据结构如图 4－25 所示。

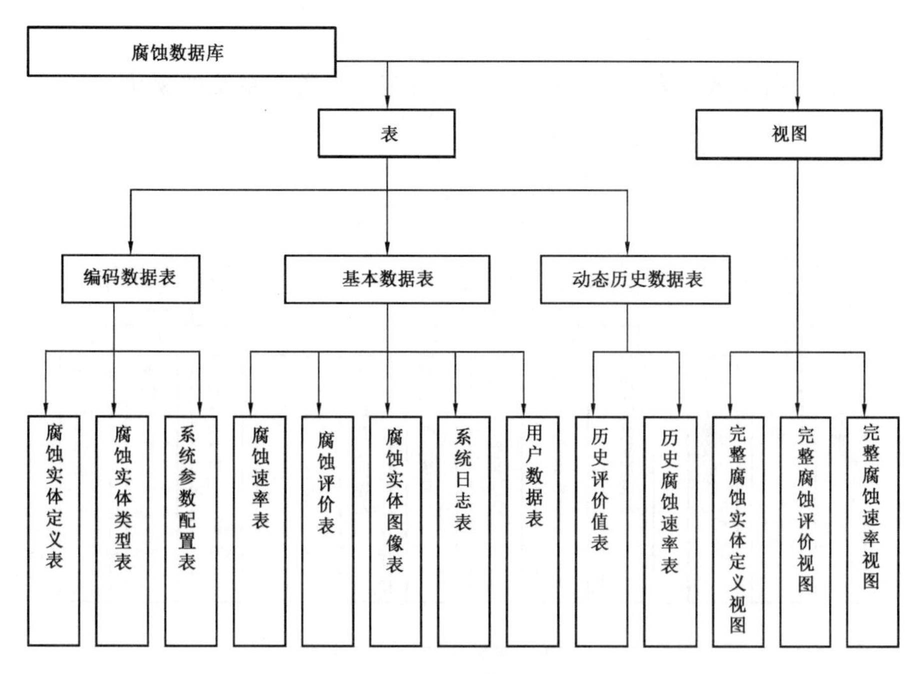

图 4－25 数据结构图

3)详细设计

为了保证腐蚀监测更加有效,根据用户及现场需求,本软件应达到以下目标:管理采用 Oracle 数据库建立的基础数据库和腐蚀检测专用数据数据库;利用获取的数据对腐蚀实体进行可靠性评价;选择合适可靠性评价模型,数据展示界面友好。

(1)用户管理。

用于录入操作本系统的用户的基本数据,并对用户的使用权限进行分级。本系统采用帐号密码登陆方式,每个用户都有一个独立的帐号和密码,每个帐号的使用级别由系统管理员自由设定,对应不同的级别,所拥有的权限不同。对于数据管理员,在使用系统时,拥有改变数据的权限。对于普通用户,在使用系统时,只能查询相关的数据而不能改变数据。为了便于系统操作跟踪,系统会记录各种历史活动,系统管理员有查看日志的权限。

(2)密码修改。

用于用户维护自己的密码。

(3)数据库参数配置。

设置系统的数据库连接参数。

(4)站场、回路、设备、腐蚀速率基本数据录入。

用于录入站场、回路、设备、腐蚀速率基本数据。

(5)设备基础数据导入。

在中间数据库中填写设备基础数据,本系统需要从中间库中导出数据到腐蚀数据库中。

(6)可靠性评价。

实现回路及设备的可靠性分析,为气田腐蚀管理提供决策依据。

(7)失效压力分析。

对压力设备进行失效压力分离,并对危险设备实现报警。系统的模块设计线路图如图4－26所示。

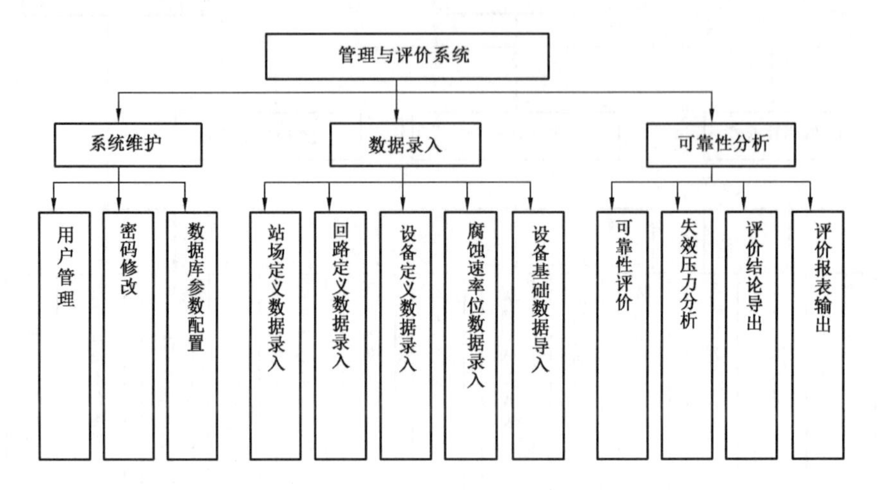

图4－26　系统模块设计路线图

(8)评价结论导出。

本模块实现将评价结论导出到中间数据库中,以实现外部系统的间接访问。

(9)评价及腐蚀速率报表输出。

用户的功能需求与本系统设计的模块的对应关系见表4－12。

表4－12　对应关系表

序号	功能需求	模块名称
1	安全性	用户管理,密码修改,日志文件
2	腐蚀实体定义数据	设备基本数据录入,回路基本数据录入设备基本数据录入,腐蚀速率数据录入
3	腐蚀评价数据	可靠性评价,评价数据导出、评价数据报表输出
4	设备基础数据	设备列表导出,设备基础参数导入
5	数据库备份与恢复	数据库备份,数据库恢复
6	评价报告	评价报告显示,保存评价报告

数据结构与程序的关系列表见表4－13。

表4－13　数据结构与程序对应关系表

序号	数据对象名称	处理模块名称
1	腐蚀实体定义表	腐蚀实体数据录入,评价数据显示,实施可靠性评价,进行失效压力分析,评价数据输出
2	腐蚀实体类型表	评价数据输出,评价数据显示
3	系统参数配置表	数据库连接配置
4	腐蚀速率表	实施可靠性评价
5	腐蚀评价值表	实施可靠性评价,进行失效压力分析,评价数据输出

续表

序号	数据对象名称	处理模块名称
6	腐蚀实体图像表	腐蚀实体数据显示，腐蚀实体定义
7	系统日志表	日志查看，添加日志
8	用户数据表	添加、修改、锁定用户，密码修改
9	历史评价值表	历史数据输出，历史数据显示
10	历史腐蚀速率表	历史腐蚀数据输出，历史腐蚀速率数据显示
11	各视图	各数据显示及输出

三、腐蚀预测系统

在高含硫气田生产过程中，对于无法实现直接腐蚀监测或检测的位置，利用腐蚀预测系统给出一个相对准确的预测值，同样可以指导现场安全评价和腐蚀控制方案的调整。

1. 腐蚀预测方法

1）人工神经网络

人工神经网络（ANNs）是一些计算系统，其结构和操作受到大脑中生物神经元的启发。ANNs 是由一系列简单的单元相互密集连接构成的，其中每一个单元有一定数量的实值输入，并产生单一的实数值输出。ANNs 可以是一种数学计算模型，用于非线性函数逼近、数据分类、聚类以及非参数回归，或是生物神经元模型行为的仿真。ANNs 用途很多：从给定例子中学习、再生规则或操作；分析、泛化实例并做出预测；记忆给定数据的特征，对新旧数据进行匹配或关联。神经网络分析作为一个非常有用的工具，可以分析、预测系统行为，这些行为任何解析方程都无法描述。ANNs 的一个明显的特征是能够从经验和例子中学习，然后适应变化的环境。因此，通过对现场测量数据（保护油气水化学成分，金属材料类型、流速、温度）与现场检测的腐蚀速率的关系采用神经网络方法对不同设备的腐蚀速率、最大点蚀深度等进行分析、解释和预测。通过大量的学习和训练，这些预测结果最终可以为管理者提供油气田整体的腐蚀概貌图。

2）腐蚀速率和剩余寿命预测方法

油气田生产系统所处环境参数之间的关系较为复杂，而环境参数与金属腐蚀速率之间的关系就更为复杂。怎样从这些大量的、复杂的数据中挖掘出隐含的、具有潜在应用价值的信息就需要用到专门处理方法和预测技术。

在役集输管道腐蚀剩余寿命预测研究，实际上是结合气田现场腐蚀数据，利用计算机建立一些模型来预测管道腐蚀的发展趋势，它是管道适用性评价的重要组成部分，对管道检测、维修、更换周期的确定有着直接的关系。

在现行适用性评价标准 BSI－PD6493《焊接缺陷验收标准若干方法指南》及 API 公布的标准 API581—2016《基于风险的检验》中包括有腐蚀预测的内容，当腐蚀预测具备可以定量计算的腐蚀程度模型时，就可以进行管道的腐蚀剩余寿命预测工作。概率统计方法、人工神经网络方法以及灰色预测理论是目前国内外常用的三种腐蚀预测模型。

3)BP(Back Propagation)神经网络概述

人工神经网络来源于仿生学,其定义是相对于生物学所说的生物神经网络系统而言的,其目的就是用简单的数学模型来对生物神经网络结构进行描述。与生物神经网络相仿,人工神经网络是由一定数量的简单处理单元(即神经元)互联所构成的非线性动力学系统。

4)极值统计方法

极值统计学是数学统计学的一个分支,主要是处理一定样本容量的最大值和最小值,可能的最大与最小值将组成它们各自的母体,因此这些值可用具有各自概率分布的随机变量来模拟。

令 X 为初始的随机变量,并有已知的初始分布函数 $F_X(x)$;这里我们主要探讨样本量 n 的随机变量 $(X_1,X_2,\cdots,X_n)$ 的最大值,即随机变量:$Y_n=\max(X_1,X_2,\cdots,X_n)$。为了数学上的简化及与随机抽样理论一致,假设 $X_1,X_2,\cdots,X_n$ 均为相互统计独立并与初始随机变量 X 有相同的分布函数。据此,Y_n 的分布函数为

$$F_{Y_n}(y)=P(Y_n\leqslant y)=P(X_1\leqslant y,X_2\leqslant y,\cdots,X_n\leqslant y)=[Fx(y)]^n \quad (4-19)$$

式中 $F_{Y_n}(y)$——随机变量的分布函数;

$P()$——统计概率。

当 n 变得很大 $n\to\infty$ 时,$F_{Y_n}(y)$ 是否具有极限的或渐近的形式,这一问题曾经是早期的统计学者所探讨的课题,并已成为人所共知的统计极值的渐近理论,它使得极值统计学的用途大为增强。

5)灰色预测理论

灰色系统预测理论也是腐蚀预测的较好方法,它是针对既无经验、数据又少的不确定性问题,按照某种要求对有限的、表面无规律的数据进行“生成”处理,再在生成的数据基础上建立预测模型。根据灰色预测方法,可以评价各种腐蚀因素对于管道的腐蚀程度,筛选出主要的腐蚀影响因素,配合神经网络方法使用能够达到较好的预测效果。

2. 腐蚀预测模型的建立

1)BP神经网络的原理和学习算法

BP神经网络模型的基本功能与线性回归类似,是完成 n 维空间向量对 m 维空间的近似映照,这种映照是通过各个神经元之间的连接权值和阈值来实现的。网络进行训练学习,其目的就是得到神经元之间的连接权 W、V 和阈值 θ、γ,使输出值与实际观测值的误差平方和最小。BP网络的学习过程分两个阶段,即信息的前向传播和误差的反向传播修正权阈值的过程。外部输入的信号经输入层、隐层的神经元逐层处理,向前传播到输出层,输出结果。误差的反向学习过程则是指如果输出层的输出值和样本值有误差,则该误差沿原来的连接通道反向传播,通过修改各层神经元的连接权值和阈值,使得误差变小,经反复迭代,当误差小于容许值时,网络的训练过程即可结束。

(1)网络模型的原理。

BP 网络是一种单向传播的多层前向网络，BP 网络是一种具有三层或三层以上的神经网络，其结构如图 4-27 所示：

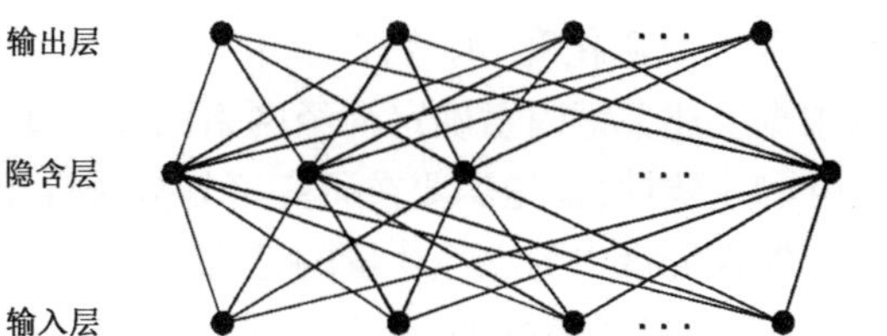

图 4-27　三层 BP 网络结构图

包括输入层、中间层(隐层)和输出层。上下层之间实现全连接。而每层神经元之间无连接。当对学习样本提供给网络后，神经元的激活值从输入层经过中间层向输出层传播，在输出层经过中间层逐层修正各个连接权值，最后回到输入层，这种算法称为“误差逆传播算法”，即 BP 算法。随着这种误差逆的传播修正不断进行，网络对输入模式响应的正确率也不断上升。

(2)BP 网络的学习过程。

BP 网络的整个学习过程流程图如图 4-28 所示。

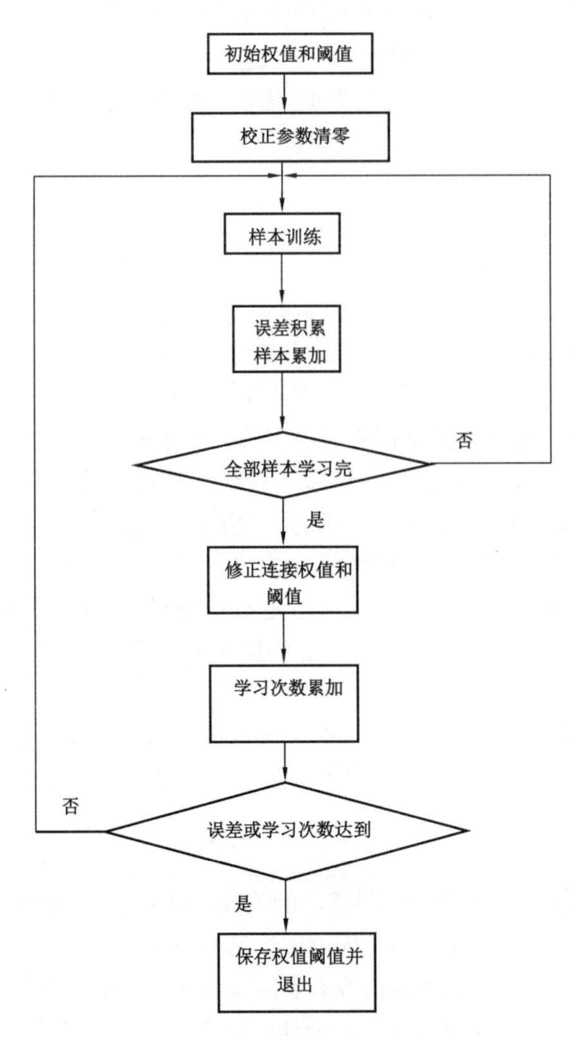

图 4-28　标准 BP 算法学习过程流程图

2)BP 神经网络的设计

(1)基础选型系统的原理。

本系统根据所需要解决问题的特点，采用的是由输入层、隐含层、输出层 3 层组成的 BP 算法。系统首先要确定网络的输入与输出因素(节点)，其次就是建立典型的工程样本库，通过系统自学习，收敛于某一允许目标误差(如 0.001)，系统就获得足够准确的求解问题的知识。

① 网络的结构设计。

网络结构的确定就是确定输入层、隐含层、输出层各层的节点数。对于前向 BP 网络来说，网络的结构包括输入输出层单元数、隐含层数、隐含层单元数和隐含层、输出层神经元特性函数。输入输出层单元数由具体问题所决定，隐含层数(至少有一个隐含层)和隐含层单元数由用户确定。加入隐含单元相当于增强网络的表达能力和使优化问题的可调参数增加，因此，过小的隐含层将减少检索信息的精确度、降低网络的表达能力，但隐含层过大，则会使网络进入记忆输入模式而不是归纳输入的模式，从而降低网络处理非线性样本信息的能力。

② 关键因素选取。

H_2S、Cl^-、SO_4^{2-}、HCO_3^-、Mg^{2+}、Ca^{2+}、

Na^+、K^+、总矿化度、水型、含氧量等详细水质化学和温度、压力、流速、和流态等物理成分。可以根据上述关键因素确定神经网络的输入变量个数，对变量进行取值时，考虑到采样条件的随机性和一致性，首先需要在研究区划分统计单元，然后在各个单元中对不同的变量进行取值。对于输入变量中的定性变量的处理方法是采用数量化理论中的二态变量取值法，即用“0”和“1”来表示某种属性的“无”和“有”。

③ 输入因素与输出因素的量化处理。

在 BP 网络中，传递函数一般为(0,1)的 S 函数(式 4－20)，即

$$F(x) = 1/(1 + e^{-x}) \tag{4-20}$$

式中 $F(x)$——$F(x)$组合；

e——自然常数。

输出层的函数一般为线性激活函数。因为 S 型函数具有非线性放大系数功能，它可以把输入从负无穷大到正无穷大的信号变换成 0 到 1 之间输出，采用线性激活函数，则可以使网络输出任何值。所以只有当希望对网络的输出进行限制，如限制在 0 和 1 之间，那么输出层应当包含 S 型激活函数。建议将输入值比例化到 0～1 之间，有三个优点：输出数据和目标数据易于比较；均方根误差的合适计算；来自输出神经元的正确答案的新近计算。

(2)模型的建立。

① BP 网络层数和隐含层神经元个数的确定。

BP 网络最佳配置的原则是简洁实用，即在能够满足求解要求的前提下尽量减少网络的规模，这样能减少学习的时间，降低系统的复杂性。在 BP 人工神经网络拓扑结构中，输入节点与输出节点是由问题的本身决定的，关键在于隐层的层数与隐节点的数目。理论上已经证明 3 层 BP 网络可以实现任意的非线性关系的映射[11]，4 层网络比 3 层网络收敛速度快，但更容易进入局部极小点，并且过多的网络层数和神经元个数需要相应的更多的训练样本，否则会使网络的泛化能力减弱，网络的预测能力下降。对于隐层的层数，许多学者作了理论上的研究。Lippmann 和 Cyberko 曾指出[12]，有两个隐层就可以解决任何形式的分类问题；后来 Robert、Hecht、Nielson 等人研究，进一步指出：只有一个隐层的神经网络，只要隐节点足够多，就可以以任意精度逼近一个非线性函数。对一般问题来说，3 层至 4 层网络是最佳选择。所以本网络模型暂定采用 3 层网络结构，选取 15 个因素作为输入层神经元，并将输入进行归一化处理。

② 输入层和输出层节点数的确定。

BP 网络输入层节点的数目取决于数据源的维数，即上面提及的关键因素的选取。输出层节点数取决于对研究对象的分类，到底腐蚀速率是作为不同速率等级进行区分还是要得到连续型腐蚀速率数据，有待考虑。

③ 网络隐层的设计。

BP 神经网络隐含层层数和各层节点数的确定是 BP 神经网络算法的关键。对于隐含层层数的选择是一个十分复杂的问题。它与问题的要求、输入和输出单元的多少都有直接关系。隐含层层数太少，网络不能训练出来，或网络不“强壮”，不能识别以前没有看到的样本，容错性差；隐含层层数太多又使学习时间过长，误差也不一定最小，因此存在一个最佳的隐含层层数。神经网络需要高效的设计方法，研究中发现，增加层数可以进一步降低误差，提高精度，但同时也使网络

复杂化，从而增加了网络权值的训练时间。而误差精度的提高实际上也可以通过增加隐含层中的神经元数目来获得，其训练效果也比增加层数更容易观察和调整。所以一般情况下，应优先考虑增加隐含层中的神经元数。在理论上究竟取多少个隐含节点才合适并没有一个明确的规定。在具体设计中，比较实际的做法是通过对不同神经元数进行训练对比，然后适当地加上一点余量，即在能够解决问题的前提下，再加上 1 到 2 个神经元以加快误差下降的速度。

有一个用于确定隐含层个数与隐含层神经元个数的算法，这个算法的实用性比较好。算法如下[13]：

A. 令 $s=1$，s 为隐含层神经元的个数；

B. 用样本训练网络；

C. 当发现网络收敛时，训练结束。此时 s 就是所需要的隐含层神经元的个数。否则，$s=s+1$；

D. 判断 $s<s_{max}$ 是否成立，若成立则转 B；否则，增加一个隐含层，将新的隐含层神经元个数初始化为 1 并转 B。其中

$$s_{max} = \mathrm{Int}(0.43mn + 0.12n^2 + 0.54m + 0.77n + 0.35 + 0.51) \qquad (4-21)$$

式中　s_{max}——隐含层神经元的最大个数；

Int( )——取整函数；

m——输入层神经元的个数；

n——输出层神经元的个数。

(3) 神经网络的训练。

最初 BP 训练算法，在实际应用时存在许多问题，如网络的麻痹现象、局部最小问题和阶距大小不当问题。后来提出了许多改进的训练算法[14]，如附加冲量法、Levenberg - Marquardt 算法、改进误差函数法、自适应参数变化法和双极性 S 型压缩函数法等。BP 算法是在有导师指导下，建立在梯度下降基础上的反向传播算法。Matlab 神经网络工具箱针对神经网络系统的分析与设计，提供了大量可供直接调用的工具函数。把 n 个数值顺序送入输入层，通过前向过程得到一输出结果，将结果与目标模型进行比较，如果存在误差立即进入反向传播过程，修正网络中的各个权值以减小误差，正向输出计算与反向传播过程权值修改交替进行。为了更有效地训练网络，在训练前对训练集进行处理。为了提高系统的可靠性，需要大量的例子来进行学习训练，因此学习应该是动态和长期的过程。

① 训练参数、训练样本的确定。

预测系统程序由三部分组成：初始化、训练和仿真。先由函数为参数随机赋初值，之后进行网络的训练，即权值和误差的调整过程，规定训练次数和期望误差，当次数超过规定次数或误差达到要求，即停止训练，最后对样本进行仿真，将训练结果储存，用于对样本以外的数据进行预测。

为了能够清楚的表达网络的迭代学习过程，训练过程应给出误差曲线，当发现学习过程发散或陷入假饱和状态时，通过键盘终止程序执行。不同的初始权值以及不同的隐层结点数目，有着不同的迭代过程和误差。

该网络采用误差反向传播算法，指导思想[15]是对网络权值 $w(i,j)$ 和阈值 $b(i,j)$ 的修正，使其误差函数沿负梯度方向下降。

由于系统是非线性的，初始值对于学习是否达到局部最小和是否收敛的关系很大，一个重

要的要求是希望初始权在输入累加时使每个神经元的状态值接近于零,这样可保证一开始时不落到那些平坦区上,权值一般取随机数,而且权值要求比较小(要求各权重≤0.3),这样可以保证每个神经元一开始都在它们转换(传递)函数变化最大的地方进行。

对于输入样本同样希望能够进行归一,使那些比较大的输入仍落在神经元转换函数梯度大的那些地方。所以在预测系统中,使各输入参数进行无量纲化,使其最终值落于[0,1]内。

权值和阈值的初始化,即给一个(0,1)区间内的随机值初始化权值和阈值。在 Matlab 工具箱中可采用函数 Initnw. m 初始化隐含层权值 $W1$ 和 $B1$。

采用三种学习规则对 BP 神经网络进行训练,依次为利用 Levenberg 优化规则的 BP 算法 Trainlm、标准 BP 算法 Trainbp、改进 BP 算法 Trainbpx。然后,对它们的学习效率进行比较,从中选择最有效的学习算法。对隐含层选取不同节点数进行多次训练,分别计算相对误差值和绘制误差曲线,确定学习效果最好的模型。采用训练好的 BP 网络,输入要预测的样本参数,就可以获得相应的预测结果。网络的训练及结果在设定网络的最大运行次数后,运用网络训练子系统进行训练,得到相应的误差精度。

② 训练的基本步骤。

在设计 BP 网络时,只要已知输入变量、各层神经元个数和作用函数,就可以利用函数 Initff( )对 BP 网络进行初始化。函数 Trainbp( )、Trainbpx( )、Trainlm( )均可对 BP 网络进行训练,其用法是类似的,但采用的学习规则有所不同。函数 Trainbp( )采用标准 BP 算法,函数 Trainbpx( )采用动量 - 自适应学习率调整算法进行神经网络学习训练,可使网络收敛快,误差小。而函数 Trainlm( )采用了更有效的优化算法 Levenberg—Marquardt 法进行了改进,使学习时间更短、精度更高,只是学习时需要较大的内存空间。采用各种算法训练时的误差曲线分别如图 4 - 29、图 4 - 30、图 4 - 31 所示。根据学习所得到的最优权值和阈值,利用函数 Sim( )输出结果来检验或作出预测。

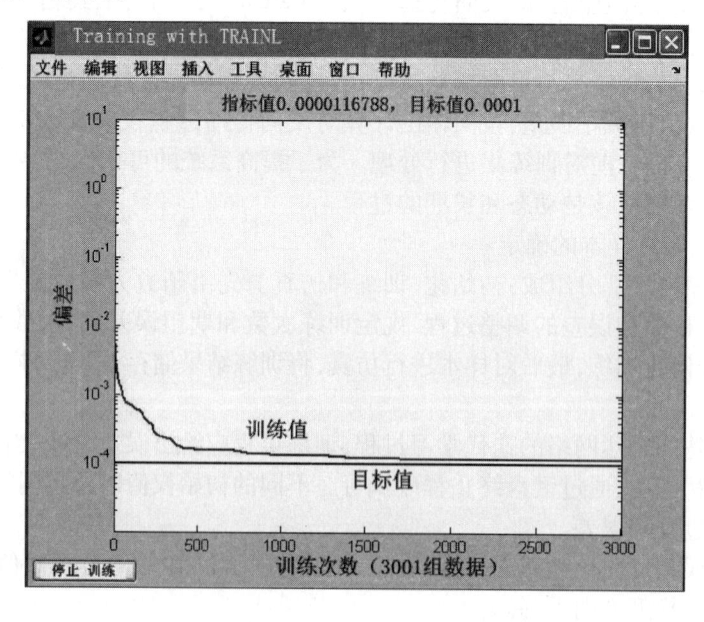

图 4 - 29 Trainlm 训练法

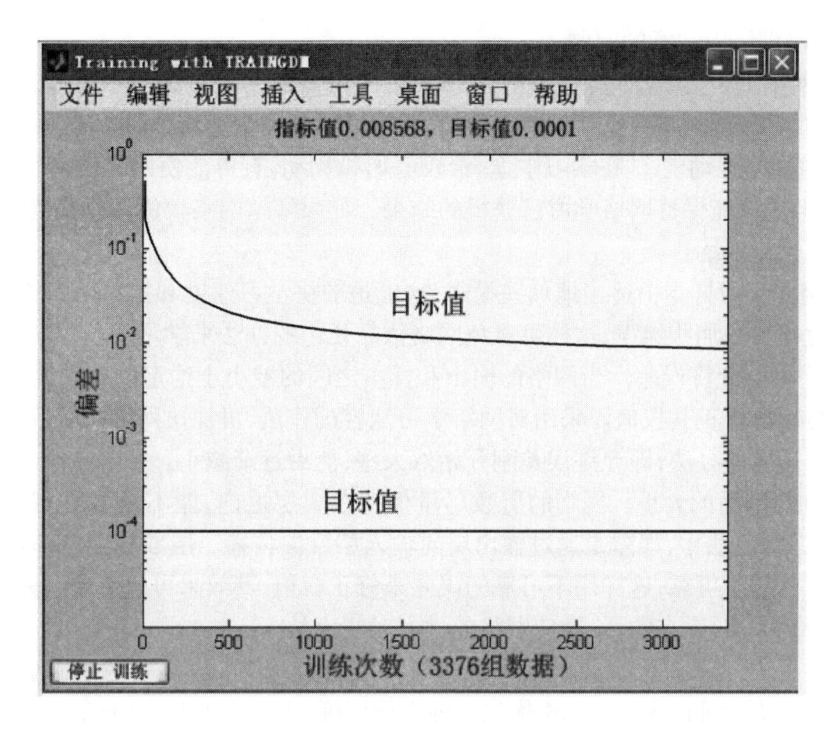

图 4－30 Traingdm 训练法

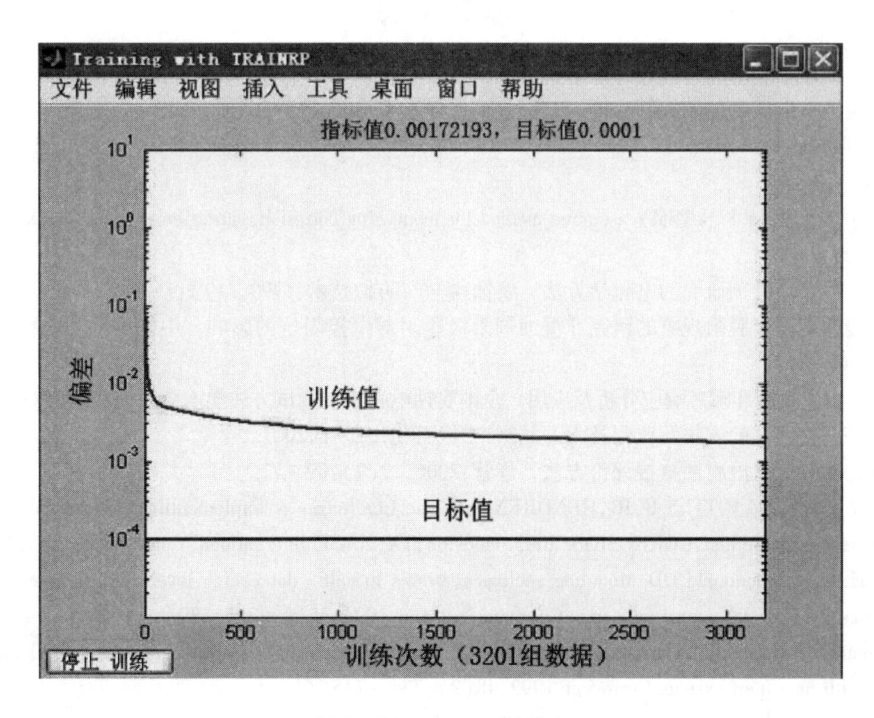

图 4－31 Trainrp 训练法

从上面的误差图可以看出，用 L－M 优化算法的训练效果最好，L－M 算法不但逼近效果好，而且收敛快，所用时间最少。

③ BP 网络训练中注意的问题。

a. 重新给网络的权值初始化。有时由于网络的权值的初始值选的不合适,BP 算法将无法获得满意的结果,此时不妨重新设置新的权值初始值,让网络重新学习。

b. 给权值加些扰动[16]。在学习中途,给权值加些扰动,有可能使网络脱离目前的局部极小点的陷阱,但仍然能保持网络学习已获得的结果。如果知道网络权值的分布范围,可以加上10% 的扰动再进行训练。

c. 在网络的学习样本中适当地加些噪声,这也是加快学习速度和提高网络抗噪声的有效方法。在学习样本中加些噪声,这样可避免网络依靠死记的办法来学习。

d. 学习中可有允许误差。当网络的输出和样本之间的差小于给定的允许误差范围时,则对此样本网络不再修正其权值。采用对网络学习宽容的作法,可加快网络的学习速度。另外,也可以采取自适应的办法,即允许误差刚开始取大些,然后逐渐减小。

e. 合适选择网络的大小。网络的层数尽量保持在 3 层之内,能不用多层,就不要给网络加层。因为在 BP 算法中,误差是通过输出层向输入层反向传播。层数越多,反向传播误差在靠近输入层时就越不可靠,这样用不可靠的误差来修正权值,其效果可以想象。另外中间层的结点数也不要选太多,太多的话,会使网络的学习时间太长。

f. 学习过程中,可以选用不同的学习规则进行交互训练[17],以提高网络的学习速度和结果可靠性。在本文中可以先用 L - M 优化规则进行训练,再用改进 B - P 算法进行训练。

参 考 文 献

[1] 华畅著. 石油系统防腐工程设计与防腐施工新工艺新技术实用手册. 北京:当代中国出版社,2006.

[2] 陆原. 缓蚀剂电偶腐蚀的抑制作用. 北京化工大学学报,2006,33(5):50 - 52.

[3] Per Olav Gartland. Choosing the Right Positions for FSM Corrosion Monitoring on Oil and Gas Pipelines. Corrosion, 1998,6(1):3 - 9.

[4] Strommen. R D,Wold. K R. FSM—a unique method for monitoring corrosion,pitting,erosion and cracking. Corrosion, 1992,20(2):7 - 9.

[5] 曹楚南. 关于缓蚀剂研究的电化学方法. 腐蚀科学与防护技术,1990,2(1):1 - 9.

[6] 王佳. 缓蚀剂阳极脱附现象的研究Ⅱ缓蚀剂阳极脱附对电极阻抗的影响. 中国腐蚀与防护学报,1995, 15(4):247 - 252.

[7] 赵永滔. 恒电量脉冲瞬态响应分析及应用. 全国腐蚀电化学及测试方法学术会议论文集,2006,303 - 312.

[8] 李久青著. 腐蚀试验方法及监测技术. 北京:中国石化出版社,2007.

[9] 赵学芬. 输气管道内腐蚀直接评价方法. 焊管,2006,29(2):69 - 72.

[10] MCKAY J S,BIAG IOTTI S F,JR,HENDREN E S. The Challenges of Implementing the Internal Corrosion Direct Assessment Method. CORROSION/2003. Houston,TX:NACE International Conference,2003:45 - 51.

[11] Ben - Hain M,Macdonald DD. Modeling geological brines in salt - dome high level nuclear waste isolation repositories by artificial neural networks. Corrosion Science,1994,36(2):385 - 393.

[12] Silverman DC,Rosen EM. Corrosion prediction from polarization scans using an artificial neural network integrated with an expert system. Corrosion,1992,48(9):734 - 745.

[13] Silverman DC. Artificial neural network predictions of degradation of non - metallic lining materials from laboratory tests. Corrosion,1994,50(6):411 - 418.

[14] Ramamurthy AC,Lorenzen WI,Urquidi - Macdonald M. Stone impact damage to automobile paint finishes a statistical and neural net analysis of electrochemical impedance data. Electrochim Acta,1993,38(14):2083 - 2091.

[15] Trasatti SP, Mazza F. Crevice corrosion: a neural network approach. British Corrosion Journal, 1996, 31(2): 105 – 112.

[16] Nesic S, Vrhovac M. Neural network model for CO_2 corrosion of carbon steel. The Journal of Corrosion Science and Engineering, 1999, 1(4): 1 – 13.

[17] Cottis RA, Helliwell I, Turega M. Neural networks for corrosion data reduction. Materials & design, 1999, 20(4): 169 – 178.

第五章　井下腐蚀控制技术

对高含硫气田,气井中的腐蚀更为危险,一旦因腐蚀造成井喷或泄漏,会导致有毒气体的逸散,造成不同程度的公众安全问题及环境伤害。因此在气井设计工作中做好防腐设计,材料选择、缓蚀剂防腐、井下硫溶剂及解堵等井下腐蚀控制技术显得尤为重要,对于高含硫田的安全开发具有重要的理论与实际意义。

第一节　高含硫气田井下生产系统概况

完井工程在高含硫气田开发过程中是一个十分重要的环节。目前,国内外采用的完井方法很多,最常用的气井完井方法有裸眼完井、衬管完井、套管射孔完井和尾管射孔完井等4种方法。除了合理选择完井方法和保护气层外,选择和应用合适的油管柱和井下工具是气井完井的又一重要工作。一般来说,完井油管柱质量的好坏主要取决于井下工具的质量。因为井下工具所处的工作环境比较恶劣,如井底温度高、压力大、含有各种腐蚀介质以及通径较小,活动频繁等。特别是高含硫气井,酸性气体对钢材造成氢脆和电化学腐蚀。因此,对酸性气井,通常采用永久性封隔器完井管柱可以防止套管内壁和油管外壁接触酸性气体,从而起到防止腐蚀的作用。

一、完井方式选择[1]

1. 裸眼完井

裸眼完井是指气井产层井段不下任何管柱,使产层处于充分裸露的完井方法。这种完井方法的优点是完井投产后不易漏掉产层、气井完善系数高、完井周期短、费用少。但是这种完井方法适应程度低、易于产生井下坍塌和堵塞、甚至埋掉或部分埋掉产层、增产措施效率低、酸液分配不均等。气井中后期排水采气因修井工作的困难而难于进行,甚至在气井生产过程中会导致井下出砂等许多困扰,加大气井腐蚀。

2. 衬管完井

衬管完井与裸眼完井所不同的是在裸眼井段下入了一段衬管。衬管下过产层,并在生产套管中超覆一部分长度。针对各产层井段,在衬管相应部位采用长割或钻孔,使气层的气体从孔眼或缝中流入井底。这种完井方法较裸眼完井进了一步,具有裸眼完井的优点,还能防止生产过程中井下出砂。衬管完井时,衬管在井内应用衬管悬挂在生产套管内壁,使衬管在井内成吊伸状态,避免衬管受到曲挠。

3. 套管射孔完井

套管射孔完井是国内外最为广泛采用的一种完井方法,其特点是在钻达预计产层深度后,

下入生产套管，注水泥固井，然后再下入射孔枪对准产层射穿套管，水泥环完井。这种完井方法使裸眼和衬管完井方法的缺陷都得到克服，并适应于有边底水气层以及需要分层开采的多产层气层，是一种较为理想的完井方法。

套管射孔完井的关键是固井质量必须得到保证，产层评价的测井技术必须过关，射孔深度必须可靠，射孔的炮弹能达到规定的穿透能力。由于钻井工程、固井技术、测井及解释技术、射孔技术等各方面的进展，使套管射孔完井方法在我国气田得到了普遍的推广应用。高含硫气田常用的套管射孔完井方式包括光油管完井和封隔器完井如图5－1所示。

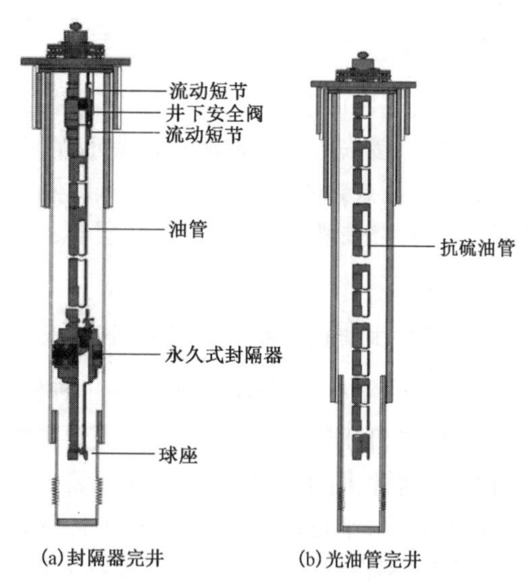

图5－1　封隔器完井示意图和光油管完井示意图

4. 尾管射孔完井

从产层部位的套管结构及打开的方法来讲，尾管射孔完井与套管射孔完井的方法完全相同，不同之处是管子顶部只延伸到生产套管内部一部分，谓之超覆长度，最终井径或管子尺寸比生产套管小一级。除了必须解决套管射孔完井的关键技术外，还应考虑到尾管井段外环形空间的间隙，在固井时是否会形成水泥浆的窜槽，解决途径是尾管采用无接箍平扣直接连接和井下扩眼技术。尾管射孔完井采用悬挂器把尾管悬挂在生产套管内壁，使尾管在井下处于吊伸状态，以防止尾管曲桡而靠近井壁，受到损坏，这对固井质量也起到保护作用。

二、完井油管柱的选择

不同的完井工艺需要不同的完井管柱。气井常用的完井油管柱分四大类：替喷投产油管柱，压裂酸化投产的油管柱，分层酸化合层开采油管柱和生产封隔器永久完井的油管柱。完井油管柱的选用原则是：(1)完井油管柱既要满足完井作业要求，又要满足气井开采的需要；(2)完井油管柱要尽量简单适用，可下可不下的井下工具，尽量不下；(3)完井油管柱应满足节点分析要求，减少局部过载压力损失；(4)油管柱应考虑H_2S、CO_2和地层水的影响；(5)完井油管柱应考虑套管质量，特别是深井和超深井。因为深井和超深井的钻井和完井作业，套管偏磨很厉害，大大降低了套管的抗压强度，此时为保护套管，最好采用永久性封隔器完井生产管柱。

1. 替喷投产油管柱

替喷投产油管柱结构比较简单，也是气井完井中大量使用的一种油管柱。油管管径和壁厚的选择，主要取决于气井今后生产的气量，以及能否满足完井作业的要求。油管材质的选择，除了考虑抗H_2S、CO_2腐蚀，还要考虑油管的抗拉、抗挤和抗内压强度的要求。

2. 压裂酸化投产的油管柱

压裂酸化是碳酸盐岩气井投产和增产的重要措施。这种油管柱主要由井下工具、筛管、油管鞋以及油管组成。井下工具一般有三种:一是封隔器,二是水力锚,三是封隔器的启动接头。这种油管柱既能射孔,又能压裂酸化,还能进行生产测井,但不适用于含硫气井。另外换油管柱与井下工具,必须压井才能进行,对地层会造成一定程度伤害。

3. 分层酸化合层开采油管柱

多产层气田可进行分层开采。其管柱是由油管和井下工具组成。井下工具包括封隔器、水力锚、转层接头等。这种油管柱要求提前射孔,产层上部一般下水力压缩式封隔器,产层下部一般下卡瓦式封隔器或液压卡瓦式封隔器。操作步骤是:首先投球,启动封隔器和水力锚,对下层进行注酸;然后投球,打开转层器,堵住下层,对上层进行注酸;最后,开井放喷排液,上下层同时投产。

4. 生产封隔器永久完井的油管柱

生产封隔器永久完井的油管柱是一种保护套管免遭 H_2S、CO_2腐蚀和不承受高压的一种油管柱,分永久式和可取式两种。生产封隔器主要由油管传输射孔枪、丢手接头、油管坐放接头、生产封隔器、伸缩管、循环阀、防水合物生成装置以及特殊扣油管组成。作业程序是:下入射孔枪和封隔器的插管座,坐封,丢手,起油管,下插管,引爆射孔枪,丢掉射孔枪。这种油管柱的优点是:(1)生产封隔器以上套管,由于不接触天然气,可防止承受高压,特别是超高压气井的意义较大。生产封隔器以上的套管不用下承受高强度厚壁套管,从而节约大量完井费用;(2)生产封隔器以上套管不接触含 H_2S、CO_2的气体,从而可防止被 H_2S 和 CO_2腐蚀;(3)下入油管堵塞器于坐放接头上,打开循环阀可以压井,起下油管或更换油管,从而防止压井液对产层的损害;(4)个别油管破损或丝扣刺漏的井,采用生产封隔器完井管柱,它既是油管又是套管,可以将死井修复成活井。

三、井下工具的选择

高含硫气田开发过程中,常用的井下工具包括尾管悬挂器、分级注水泥器、套管扶正器等,各工具的选择原则如下:

1. 尾管悬挂器的选择

悬挂器工作要可靠,优先采用技术成熟的产品。坐挂和丢手均要可靠,悬挂器材质不仅要防止氢脆、硫化物应力腐蚀,还要防止湿气环境下的电化学腐蚀;材质强度不低于套管强度;悬挂器使用温度不低于环境温度;密封能力不低于气井油层套管试压标准,能够旋转,以便提高顶替效率。

2. 分级注水泥器的选择

分级注水泥器打开和关闭要可靠,材质要求与尾管悬挂器相同,使用温度不低于环境温度,密封能力不低于气井技术套管试压标准。

3. 套管扶正器的选择

1)表层、技术套管扶正器

表层套管、技术套管、生产尾管回接套管重合段采用常规弹性扶正器,技术套管裸眼段下入聚酯螺旋减阻刚性扶正器。

2)生产套管扶正器

国内的直井和定向井下套管大多采用弹性扶正器,但高含硫气田由于套管段长,套管重,优选高质量的聚酯螺旋减阻刚性扶正器。

第二节 井下腐蚀控制技术

高含硫气田井下腐蚀控制技术主要包括井下材料的选择、缓蚀剂防腐技术、内涂层油管防腐技术等。腐蚀控制效果通过井下挂片、电阻探针等进行评价。国内外多年来在高含硫天然气开发井筒腐蚀控制方面积累了相当丰富的经验,主要包括以下几个方面:

(1)选材:选择耐SSC的材料,并能抗高温下H_2S、CO_2及氯化物对井下金属设备的电化学腐蚀的耐蚀合金(如镍基合金)。

(2)完井工艺:应用防砂和防积液工艺降低油管内壁腐蚀,采用永久性封隔器+环空保护液实现环空保护。

(3)选用抗SSC的普通材料,并加抗高温下H_2S、CO_2及氯化物对井下油、套管的电化学腐蚀的缓蚀剂。

(4)硫溶剂及井下解堵。

(5)井下腐蚀监测和检测。

一、完井阶段的腐蚀控制技术

完井工程对于高含硫气田开发来说是一个十分重要的环节,它有别于常规油气田的完井工程,其腐蚀控制技术显得特别重要,其腐蚀控制措施主要包括材料的选择、生产管柱的设计以及环空腐蚀控制。

1. 材料的选择

1)选材原则

在轻度腐蚀环境和中度腐蚀环境选择低合金钢,通过连续注入缓蚀剂来控制腐蚀的工艺在技术上已比较成熟、经济上也比较合理。在重度腐蚀环境中,最经济有效的防腐方法是选择耐蚀合金(CRA)。

不同油气井所含腐蚀介质的种类、浓度、温度、压力各不相同,油气井深也不相同,因此,应根据油气井的实际情况选择最经济合理的材料。当CO_2含量较低,H_2S腐蚀占主导地位时,根据H_2S分压的大小来选择碳钢、低合金钢和耐蚀性合金钢;当CO_2分压较高,而H_2S分压较低时,宜采用9Cr、13Cr马氏体不锈钢;当CO_2分压很高,或温度超过150℃,宜采用超级13Cr或双相不锈钢;当CO_2和H_2S浓度都很高时,则需采用Ni基耐蚀合金。由于超级13Cr、双相不锈钢、Ni基耐蚀合金都还包括很多钢种,不同钢种的耐腐性能也有很大差异,因此还需要根据油气井的实际情况确定具体的钢种[2]。

为了延长开采周期,国外完井通常采用双抗(抗H_2S、抗CO_2)油管作为完井管柱。日本住友金属工业公司、NKK 钢管公司、法国的瓦鲁海克公司、瑞典山特维克公司生产的耐蚀合金油管具备抗 H_2S 和 CO_2 的腐蚀要求。国外高含硫环境油套管主要材料为低合金钢和镍基合金，镍基合金见表 3－2，低合金钢见表 5－1。

表 5－1　国外高含硫环境油套管的生产厂家和主要产品

国家	公司	低合金钢	
		一般抗 S 管	高抗 S 管
日本	住友金属(SM)	SM80S－125S	SM80SS－110SS
	JFE	JFE－80S－110S	JFE－80SS－110SS
阿根廷	TENARIS	TN55－75CS TN80S－125S	TB800－110SS
德国	V&M	VM80S－125S	VM80SS－110SS

中国国家标准 GB/T 19830—2011《石油天然气工业　油气井套管或油管用钢管》规定了石油行业中套管和油管的各项技术要求。世界上许多钢材制造商开发出了大量的、有特殊应用目的石油专用及具专利等级的钢材。这些钢材并没有列入 API 5CT—2012《油套管标准规范》规范。这些钢材中典型的等级，如高抗挤毁强度的 S－95、HC－95 和 V－150，但这类钢材对 SSC 的抗力很差。有许多其他等级的钢材对 SSC 有较强的抗力，一些特种钢材厂为不同的用途，提供不同机械性能等级的钢材。

2）石油管的制造

按照 API 5CT—2012《油套管标准规范》规范制造的套管和油管一般是指采用电阻焊工艺制造的非无缝钢管。电阻焊工艺是目前石油管材生产制造的主要工艺方式，采用电阻焊工艺制造的钢管，因其焊接的热影响硬度会大大提高，为此需在其施焊后立即进行正火处理，使在焊接线上的焊缝性质恢复到基础金属的性质。焊缝的退火在操作中是最常用的工艺。生产厂商在电阻焊接后，除对焊接进行热处理外，还要对管材进行全部正火或调质处理，使用不同的热处理工艺，同等级钢材对 SSC 的抗力会有很大的不同。

3）接头的制造

套管和油管的管串最大应力通常出现在接头处，原因在于接头通过螺纹连接后，在螺纹接触面容易形成较大的应力，其数值可能远远超出材料的屈服强度导致 SSC 敏感性提高。因此，在保证管串强度和密封性的条件下，尽量降低轴向拉应力，提高接头处的可靠性。接头的有限元分析是研究在不同工作载荷下接头特性的有用方式，而且使用此方法可以确定接头的尺寸和钢的等级，不必每个接头进行测试而付出高昂的费用。尽管对接头的评价和超连接应力的关注增加了，但是在 H_2S 条件下，全尺寸接头的测试分析实验却很少进行评价。将接头的内外表面暴露于加压的酸性环境下，并没有发现因存在 H_2S，且金属材料延展性过载而导致金属材料失效。高强度管子，常常由于 SSC 而导致接头的失效。同时，还观察到等级为 J55，L80 套管在接头表面上由于大钳刻痕导致的失效。

4）耐蚀合金的应用

不含其他杂质的含硫气井很少见到，当其他杂质与 H_2S 组合在一起时，能引起严重的腐蚀。腐蚀介质(H_2S、CO_2、硫、氯化物、水等)及高温的作用,即使是采用了涂层和化学防腐剂,也有可能已超过了碳钢和低合金钢的抗腐蚀能力。只有足够量的铬、镍和钼的合金才能抵抗高温(191℃)下氯化物引起的点蚀,SSC和SCC,及其引起的腐蚀,耐蚀合金大致分为三个基本类型:不锈钢(如奥氏体、马氏体钢、复合式不锈钢),镍基合金、钛合金。铝基合金也是耐蚀合金,它有专门的用途,对于高含硫气井,主要选用镍基合金。

一般来说,合金(镍、铬和锰)含量越高,耐蚀合金抗环境开裂(EC)的能力越强。大多数合金钢合金在低温表现出色的抗蚀能力,而在高温下效果却不能令人满意。这种在抗腐蚀性方面的反常现象表明在所期望的服役环境下,进行实际的合金抗蚀性测试是非常重要的,而不是简单地使用外推的数据。耐蚀性和费用的优化一般需要在期望的环境下进行实验室测试。

少量元素硫的引入对许多耐蚀合金的抗环境开裂能力有重要影响,在许多含硫气井中,诸如N08825的钢使用郊果很理想,但当有元素硫存在时,测试结果表明材料不适用于含硫气井。由于采用耐蚀合金价格昂贵,因此,使用涂层管和构件的需求正在增加,具有内涂层的耐腐蚀合金的管子能提供良好的抗腐蚀性,而且费用要比整体耐蚀合金低。

镍基合金中C、S、P作为主要的杂质元素,其含量的高低与试验合金的局部腐蚀性能和EC性能存在直接的关系;C和Cr具有较高的亲和力,能够形成沿晶界分布的$M_{23}C_6$等碳化物,产生晶界"贫铬"现象,进而产生晶间腐蚀;S在合金中以低熔点夹杂物的形式出现,使合金产生高温热脆,同时存在于合金表面的夹杂物可能成为点蚀源;P的夹杂能够使合金产生冷脆[3]。考虑到国产合金尚处于研发和试制阶段,在工艺和技术上可能存在一定的问题,故特别进行了C、S、P含量分析[4]。镍基合金在高酸性气田的腐蚀环境中发生EC和局部腐蚀都需要一定的孕育期,与环境温度、压力、酸气组成、侵蚀性离子种类和浓度、介质的pH值及流速流态有关,也与合金表面钝化膜的厚度、成分和组织结构有关,这些因素都可以归纳为环境因素和材料因素。

5)井下非金属材料

高温含硫气井完井的井下工具中,有许多元件采用了合成橡胶材料。随着温度的升高,H_2S/CO_2严重限制了合成橡胶在含硫气井中的使用,碳氟化合物的使用范围宽,功能好。NACE已经建立了用标准化的合成橡胶在含硫条件下测试其性能和密封性能的一个方法。

2. 生产管柱的设计

高含硫气田的生产管柱需要满足长期安全生产的需要,适合深井、高温、高含H_2S等复杂腐蚀环境,根据单井配产、产出流体和功能需求的不同,可设计不同的生产管柱并采取配套的腐蚀控制方法。

(1)普通SS光油管完井管柱,环空连续或间歇加注缓蚀剂来保护油套环空及油管内壁适合于产气量和产水量相对较小的气井,如龙岗27井。

(2)耐蚀合金油管+永久封隔器完井管柱,环空中加注环空保护液保护油套环空,油管不再加入缓蚀剂。此种完井管柱是高含硫气井完井最常用的,龙岗气田大部分气井均使用这种完井管柱。

(3)耐蚀合金油管+封隔器+井下药剂加注阀完井管柱,环空中加注环空保护液保护油套环空,同时通过井下化学剂加注阀加入缓蚀剂或硫溶剂等其他化学剂满足油管防腐和清除井下硫沉积堵塞等需要。

3. 环空保护液体技术

高含硫气田的完井工艺主要采用永久式封隔器、套管(尾管)射孔完井方式,以保护油套环空免受腐蚀介质影响,环空保护液加注示意图如图5-2所示。环空保护液主要有两类:一是油基环空保护液,如含缓蚀剂的柴油溶液。法国Lacq(拉克)气田、中东Thamama气田石灰岩气层在使用封隔器完井的井中,在环空中加注含缓蚀剂的柴油来保护油套环空。但柴油的易燃易爆特性决定其在运输和现场加注过程中存在较大的安全风险,因此应用受到一定的限制。二是水基环空保护液,即以水为主要介质,在其中加入适量的缓蚀剂以及杀菌剂、除氧剂等化学剂。这是高含硫气井完井常用的一类环空保护液,国内龙岗、普光等高含硫气田完井时均加注这类环空保护液来保护油套环空。国内常用的环空保护液产品有HK9501油井环空保护液、HK-1注水井环空保护液、KRH-2注水井环空保护液、THB型注水井环空保护液、HT-16油水井环空保护液、PH5-002环空保护液、CT系列高含硫气井环空保护液等。

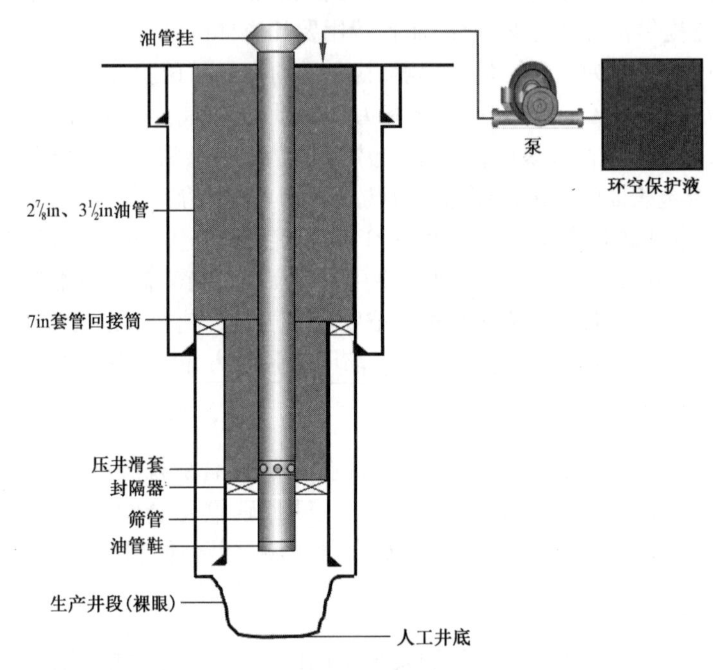

图5-2 井下环空保护液的加注工艺示意图

二、生产过程中的腐蚀控制技术

1. 井下缓蚀剂防腐工艺技术

美国、加拿大等国家在井下管柱防腐措施中90%以上是加注缓蚀剂,其次是选用耐蚀合金材料。中国近些年开发的高含硫气田更多使用的是耐蚀合金油管,少量使用普通抗硫油管配合加注缓蚀剂。井下的缓蚀剂的加注方法主要有间歇注入法和连续注入法等。美国多采用连续注入法,法国、加拿大、德国等多采用间隙注入法。国外实验证明连续注入法的防腐效果更好。德国采用连续加注缓蚀剂的油管使用寿命延长10~20倍;在美国,点蚀速度超过250mils/a(1mil≈0.0254mm)和油管寿命不到1年的油气井中,连续加注工艺的防腐效果[防

腐效果 =（未加注缓蚀剂时的腐蚀速率 - 加注缓蚀剂后的腐蚀速率）/未加注缓蚀剂时的腐蚀速率]达 90% 以上。在加拿大，对于 H_2S、CO_2 含量较高、腐蚀较严重的气井，采用同心双油管完井工艺，一根采气一根专门加注缓蚀剂；或在油套管环空间另外下入一根连续细管（又称毛细管）穿过封隔器专门加注缓蚀剂；但对于 H_2S 含量低于 20%（摩尔分数）的气井一般不采用此法。通常对于井深 3000 ~ 4000m 的气井，直接采用从油管加注缓蚀剂的方法进行防腐。

1）常用缓蚀剂类型

最常用的缓蚀剂是胺类、吡啶及咪唑啉类。大多数缓蚀剂加量都很少。缓蚀剂的种类与每个气田的具体情况有密切关系，各气田的气体组分、温度压力等不一样，所选用的缓蚀剂也不同。中国石油西南油气田分公司针对特殊酸性腐蚀环境，开发了多种适应于不同腐蚀环境的缓蚀剂系列产品，包括油溶性、水溶性、油溶水分散、水溶油分散和固体等多种类型，见表 5 - 2。

表 5 - 2　缓蚀剂类型及应用

缓蚀剂类型及代号	主要用途
油溶性缓蚀剂 CT2 - 1	适用于油气井及集输管线 H_2S、CO_2、Cl^- 腐蚀
水溶性缓蚀剂 CT2 - 4	适用于油气井及集输管线 H_2S、CO_2、Cl^- 腐蚀
气液两相缓蚀剂 CT2 - 15	油溶水分散型，适用于油气井及集输管线内 H_2S、CO_2、Cl^- 腐蚀
水溶性棒状缓蚀剂 CT2 - 14	适用于大产水量井中 H_2S、CO_2、Cl^- 腐蚀
长效膜缓蚀剂 CT2 - 19	高含硫气井集输管线防腐
缓蚀剂 CT2 - 19C	适用于环空保护液配制及产水量井中 H_2S、CO_2、Cl^- 腐蚀

2）缓蚀剂加注方法

国外常采用的井下缓蚀剂方法主要有：挤注地层法、油管替注法、间歇加注法和连续注入法等，这几种加注法的优缺点见表 5 - 3。

表 5 - 3　井下缓蚀剂加注法的对比

加注方法	优点	缺点	实例
开式环空（无封隔器）加注法	不需附助设备	套管承受高压	
同心管、平行管、"Y"形块加注法	套管不承受高压	费用高、施工难度大、工艺复杂	Lacq 气田、Foothills 气田、Bear-berry 气田
环空阀加注法	注入阀靠油管的压差来启动，用泵施加压力打开注入阀	注入孔易被堵塞	中东：Thamama 气田 加拿大：Harmattan 气田
毛细管加注法	套管不承受高压，有利于保护油套管，不易被堵塞	施工难度大，需换特殊井口，修井复杂	加拿大： H_2S 含量 > 20% 的气井被采用

对于光油管完井的气井采用向套管连续注入缓蚀剂，缓蚀剂由井下被产出气携带至地面系统，实现对套管内壁和油管的腐蚀控制，加注工艺示意图如图 5 - 3 所示。

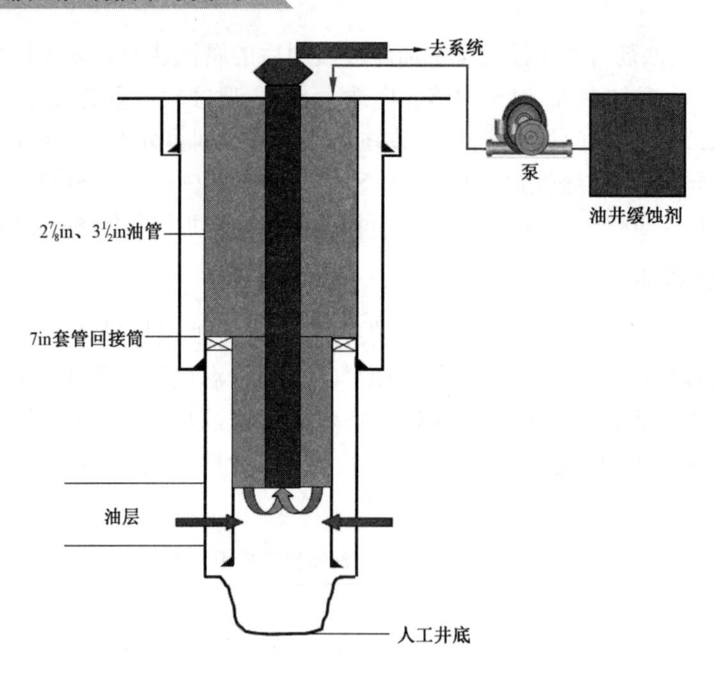

图5－3　光油管完井井下缓蚀剂加注

除上述几种缓蚀剂加注工艺外，对于特殊的缓蚀剂（如棒状缓蚀剂）需要采用特殊的加注方法。棒状缓蚀剂加注方法是在井口“和尚头”（位于采气树7#阀上面）处，接一个与油管直径大小相当的加注筒，加注时先将井口7#阀关闭，把缓蚀剂放入加注筒中，关闭加注筒阀，然后再开启7#阀，棒状缓蚀剂即依靠重力加注到井下。图5－4为棒状缓蚀剂加住工艺示意图。

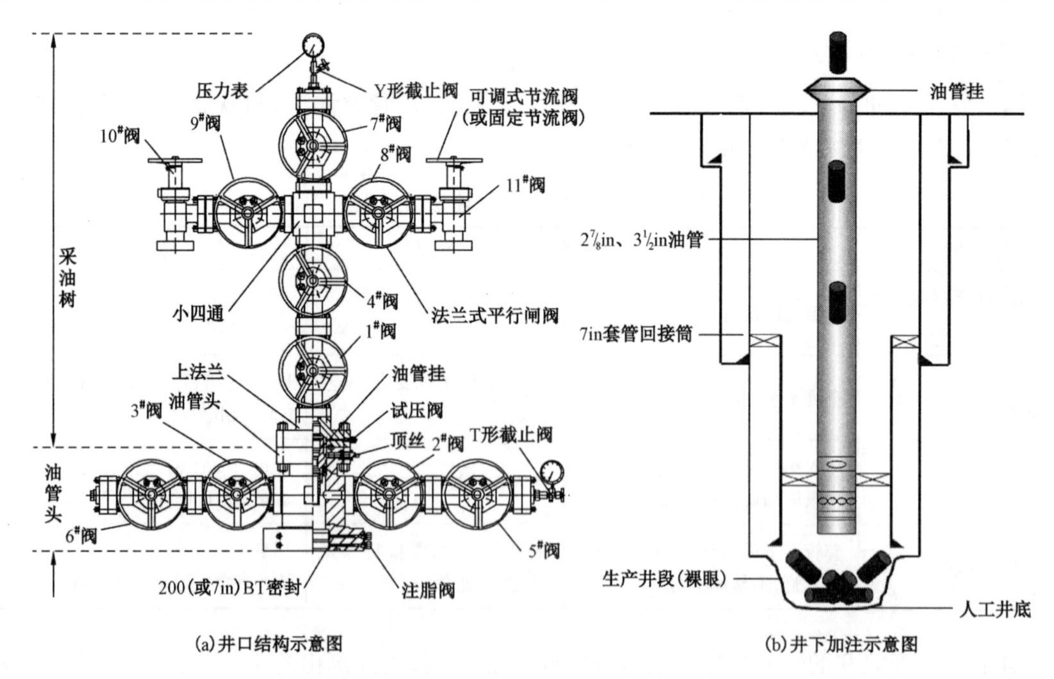

图5－4　棒状缓蚀剂加注示意图

目前国内含 H_2S 气井无井下加注通道的普遍采用间歇加注缓蚀剂来防腐，并且加注方法多采用环空加注或油管加注法。从油管加注缓蚀剂，则要定期开、关井，会影响到生产的正常进行。有井下加注通道（井下加注阀）的采用连续加注缓蚀剂来防腐，主要从环空加注缓蚀剂，再通过井下加注阀到油管，随着天然气从井下返排，来达到对油套管的保护。

3）加注工艺

井下缓蚀剂加注量计算公式：井下缓蚀剂加注量 = 油管内壁需要缓蚀剂加注量 + 油管外壁需要缓蚀剂加注量 + 套管内壁需要缓蚀剂加注量，需要缓蚀剂加注量计算以在保护面上形成 3mils 的膜厚计算。

（1）油管内壁缓蚀剂加注量计算

油管内表面积：

$$S_1 = \pi \times (D - 2d) \times h \tag{5-1}$$

式中　D——油管外径，cm；

S_1——油管内表面积，cm^2；

d——壁厚，cm；

h——油管长度，m。

油管内壁缓蚀剂体积：

$$V_1 = S_1 \times 3\text{mils} \times \rho \tag{5-2}$$

式中　S_1——油管内表面积，cm^2；

V_1——油管内缓蚀剂体积，m^3；

ρ——缓蚀剂密度，kg/m^3。

油管外表面积：

$$S_2 = \pi \times D \times h \tag{5-3}$$

式中　D——油管外径，cm；

S_2——油管外表面积，cm^2；

h——油管长度，m。

油管内壁需要缓蚀剂体积：

$$V_2 = S_2 \times 3\text{mils} \times \rho \tag{5-4}$$

式中　S_2——油管外表面积，cm^2；

ρ——缓蚀剂密度，kg/m^3。

（2）套管内壁需要缓蚀剂加注量计算

套管内表面积：

$$S_3 = \pi \times (L - 2n) \times H \tag{5-5}$$

式中　L——套管外径，cm；

S_3——套管内表面积，cm^2；

n——壁厚,cm；

H——套管长度,m。

套管内壁缓蚀剂体积：

$$V_3 = S_3 \times 3\text{mils} \times \rho \tag{5-6}$$

式中 S_3——套管内表面积,cm^2；

V_3——套管内缓蚀剂体积,m^3；

ρ——缓蚀剂密度,kg/m^3。

采用井下加注缓蚀剂时,根据经验需要有30%～40%的缓蚀剂富裕量。

高含硫气藏井下腐蚀控制实施方案主要包括以下情况：

(1)采用普通抗硫油管+封隔器,完井前向环空中加注环空保护液保护套管内壁。若单井封隔器失效,或油管与套管连通,采用定期(2个月)通过套管向井下加注油溶水分散型缓蚀剂,通过油管逐级返排过程来实现对油套管的腐蚀控制,同时实现对站内采气管线的保护。

(2)井下采用普通抗硫油管,光油管完井的单井,则需采取定期(2个月)从套管向井下加注油溶水分散型缓蚀剂的方式进行井下防腐。

4)防腐效果的评价

(1)井口和井下腐蚀挂片。

井下和井口腐蚀挂片可直观反映一段时间内井下和井口环境下的均匀腐蚀和局部腐蚀状况,同时对于缓蚀剂的防护效果给出直接的判断。图5-5为井口挂片位置示意图。通过西南油气田分公司研发的活动式井下油管腐蚀监测装置实现了井下腐蚀监测,该装置由悬挂器和卡定器两部分组成,装置结构如图5-6所示。

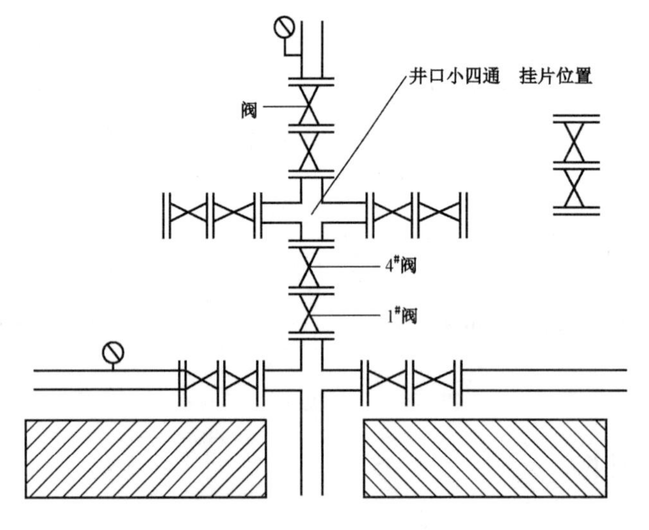

图5-5 井口腐蚀挂片位置

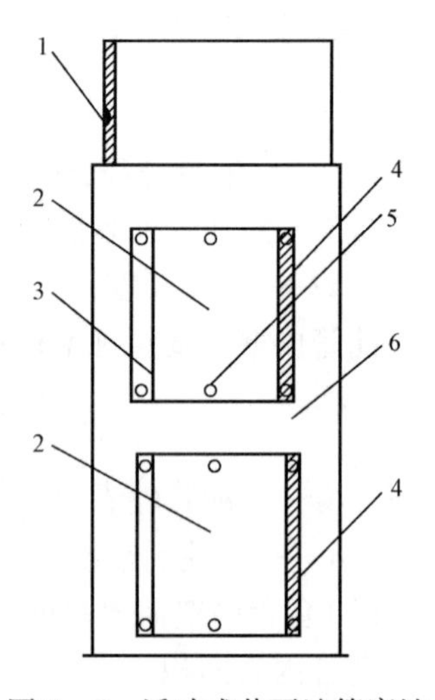

图5-6 活动式井下油管腐蚀监测装置示意图

1—接头;2—试片窗;3—绝缘体;4—试片固定盖;5—螺栓;6—隔离层

(2)电阻探针。

对高含硫井下进行实时监测技术主要有RCS公司的井下腐蚀监测系统(DCMS™),DCMS™工具可用在各种钢丝绳上,在监测开始时插入井口,监测结束时取回。只要选择合适的钢丝绳工具,可使DCMS™工具在安装在任意深度,在一个深井中可同时使用多个DCMS™工具,这样便可获得同一操作环境下不同深度的腐蚀数据。

(3)壁厚检测。

主要是在修井时使用多臂井径仪和电磁探伤方法进行井筒全检测。

(4)其他分析方法。

当系统得到有效保护所需的最小缓蚀剂浓度确定以后,通过化学分析方法测定腐蚀介质中气相和液相缓蚀剂的有效浓度是否在保护浓度以上,从而判断系统是否会得到良好保护。它能提供什么时候应该加缓蚀剂,加多少缓蚀剂等信息,对经济使用缓蚀剂有很好的指导作用,是国内外常用的方法。此外,通过目视检测和微观分析可以对更换油、套管的腐蚀状况给出评价。表5-4为井下腐蚀效果评价方法及数据采集方法。

表5-4　采样分析周期

监测内容	取样位置	数据采集频次	备注
缓蚀剂残余浓度分析	分离器排污口	2个月一次(现场试验)(预膜前7天内,取样不少于3个;后7天,取样不少于7个)	缓蚀剂预膜后进行,同一口井采气管线腐蚀监测内容与井下腐蚀监测内容保持一致
目视检测	二次完井更换下的油管	二次完井期间	拍照和显微观察

2. 井下解堵技术

在大多数高含硫气田开发中都遭遇到硫堵塞问题。造成硫堵主要是酸气中的元素硫随温度、压力的下降析出而沉积在井眼周围的地层缝隙和井下生产油管壁上所致。酸气中的元素硫含量的高低受储多因素的影响,如元素硫在酸气中的溶解性、地层中的元素硫含量、地层温度和地层压力等。硫堵不但会引起井下金属设备严重腐蚀,而且还会导致井生产能力下降,甚至完全堵塞井孔直至关井。硫沉积引起的腐蚀、堵塞造成的经济损失极大。

气体中元素硫含量超过0.05%(质量分数)时,就可能产生硫沉积,而硫沉积量的多少与压力、温度及气体中H_2S的含量密切相关。当气体从地层进入井筒到达井口时,由于流体阻力和温度下降,使气体压力迅速下降,导致硫析出。井底温度、压力与井口温度、压力的差越大,硫越容易析出。

井下除硫主要采用药剂除硫,硫溶剂主要分两大类:物理溶剂和化学溶剂。物理溶剂溶硫能力不如化学溶剂。不管是物理溶剂还是化学溶剂,都必须具备如下性能:(1)不与井下流体产生反应;(2)对硫具有足够的溶解性;(3)与硫反应是可逆的;(4)在井底条件下具有良好的稳定性;(5)易从水中分出来;(6)具有再生能力;(7)分离吸附简单等。

1)硫溶剂

脂肪族烃溶剂溶硫效果较差,芳香烃除硫效果较好,所以应用也较多。目前采用的硫溶剂主要有、甲苯、庚烷、二芳基二硫化物、二烷基二硫化物和二甲基二硫化物(DMDS)等,常用硫溶剂的硫溶性能见表5-5。

表5-5 硫溶剂性能比较

类别	溶剂名称	25℃时溶剂中硫增加量%(质量分数)	备注
物理溶剂	正庚烷(C_7)	0.2	硫溶性低
	甲苯(C_7)	2	硫溶性低
	二硫化碳	30	有毒
胺基溶剂	D Tron's	10	挥发性组分
强碱性溶剂	66%(质量分数)NaOH 水溶液	25	腐蚀性液体
硫化铵	20%(质量分数)$(NH_4)_2S$ 水溶液	50	对酸不稳定
二硫基溶剂	混合硫溶剂	40~60	混合体
	二甲基二硫化物	100	较贵
	二芳基二硫化物	25	低挥发性

在表5-5中,二甲基二硫化物的溶硫能力最强,但是必须加入催化剂,使二硫化物中的S-S键断裂,形成活性物质(RS^-),并断开S_8环使硫溶解。1988年美国Pennwalt公司开发了专用于二甲基二硫化物的催化剂聚亚烷基羟基胺。二硫基溶剂溶硫性能最佳,但是价格较高。硫化铵,二硫化碳较之其他溶剂,溶硫性较高,价格较底。胺基溶剂是以前应用较多的化学溶剂。它们与酸气中的H_2S反应生成HS^-离子,然后与元素硫作用使之溶解。

德国发明了焦油的蒸馏组分(烷基萘)作硫溶剂,同时配用载体油。专利中采用的载体油是沸点非常高的锭子油。烷基萘和锭子油都具有很高的沸点,在井底条件下具有良好的热稳定性和对硫有高的溶解性。烷基萘可以以各种比例与锭子油混合,通常30%(体积分数)烷基萘,70%(体积分数)锭子油。处理方法可以采用连续循环到井下,也可采用间歇处理,然后随流体反回地面,在井场分离再循环。富含硫的溶剂送到中心再生厂进行再生。这种混合处理剂在德国北部酸性气田和美国酸性气田的硫沉积井中应用效果较好。

2)硫溶剂加注方法

硫溶剂的加注方法:有环空连续注入法、环空间歇注入法和油管直接间歇注入法。通常与缓蚀剂一起采用环空间歇注入法和油管直接间歇注入法。环空注入通道如图5-7所示。

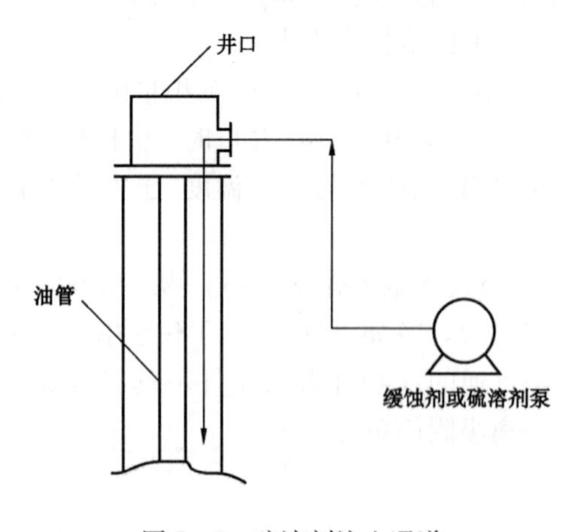

图5-7 硫溶剂注入通道

3)硫溶剂再生

由于各油气田情况不尽相同,采用的再生方式和方法也不一样。有的气田的硫溶剂要循环到一定时间,才用汽车送到中心处理厂进行再生处理。随后再用汽车送回现场。硫溶剂随循环时间的延长,其中硫含量越来越高,随之溶硫效果下降,这时需要对溶剂进行再生后才能恢复其良好的溶硫性。有的气田在井场就地分离再生，同时循环到井下。

3. 环空异常的腐蚀控制技术

在高含硫气田开发过程中，环空容易出现异常带压现象，环空异常带压可能导致环空保护液的漏失和腐蚀性气体窜漏到环空内，引起套管和油管的腐蚀。引起环空异常带压的原因主要有以下三种：(1)井下温度的变化，(2)井下封隔器失效，天然气窜漏到环空，(3)井下油套管穿孔。在确定引起环空异常带压的原因，判断环空连通与否，主要应用环空示踪剂来确定环空是否连通，再确定环空异常的解决措施，针对环空异常情况采取的措施如图5－8所示。环空示踪剂的概念与依据源于油田化学示踪剂技术，即选定易识别的示踪剂加入需示踪物质或流体中，通过监测示踪剂性质与浓度的变化来研究所示踪物质或流体的存在、运动状态和变化规律。

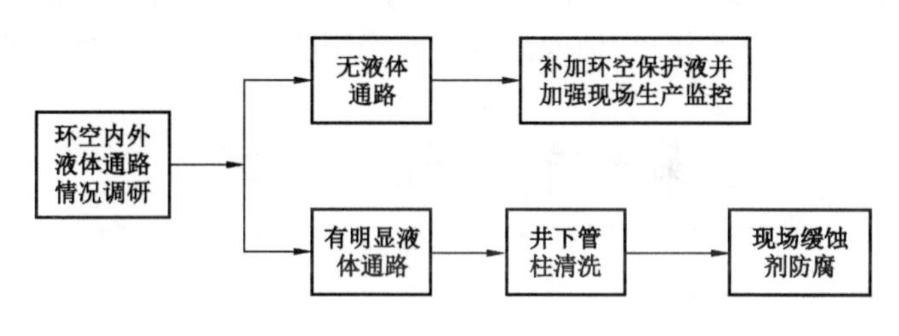

图5－8　环空异常控制措施

参考文献

[1] 杨川东．采气工程．北京：石油工业出版社，1993.

[2] Graig. B. D. Sour－gas Design Considerations. SPE Monograph volume 15：221－232.

[3] 赵雪会．镍基合金在含 H_2S/CO_2 环境下的电化学腐蚀行为研究．腐蚀科学与防护技术，2009，6(21)：525－529.

[4] 戈磊．高温高压 H_2S/CO_2 环境中镍基合金825的腐蚀行为．腐蚀与防护，2009，10(30)：708－710.

第六章 地面集输系统腐蚀控制技术

地面集输系统是指包括从采气井口至净化厂之间的集气站场和集输管线。高含硫气田地面集输系统的腐蚀控制包括内腐蚀控制和外腐蚀控制。与常规油气田不同,高含硫气田地面集输系统内腐蚀环境更为苛刻,腐蚀控制对确保系统安全运行尤为重要。集输系统内腐蚀控制的基本原则是:因地制宜,一般实行联合保护。所谓因地制宜是指在调查现场管道、设施内介质腐蚀性等各方面参数的基础上,提出相应、有效、经济的保护方法。高含硫气田集输系统的内腐蚀控制包括工艺流程设计、管线和设备选材、缓蚀剂应用等技术。高含硫气田地面集输管线外腐蚀控制与常规油气田地面集输管线的外腐蚀控制方法相同,根据 GB/T 21447—2008《钢质管道外腐蚀控制规范》的要求,地面集输管线采用防腐层加阴极保护的联合保护方式。

第一节 概 述

一、集气方式及管网分布

根据气田井位分布、产量、环境、工艺及腐蚀状况,高含硫气田的集气方式有单井集气和集气站多井集气,集输管网通常采用树枝状、放射状和环状三种结构。

对于井位分散,井距较大,单井产量高和狭长地形气田,较多采用树枝状管网结构,其结构的特点是集气管线相对较短,便于气井就近接入集气系统,以便气田滚动开发和分期建设。虽然工艺流程较简单,但是集气站相对较多且分散,适宜于单井集气。

放射状集气流程主要用于相对集中的若干口气井的井组集气,每组井中选一口设置集气站,其余各单井到集气站的采气管线呈放射状,其特点是集气站比较集中,数量少,便于集中控制和管理,但是集输管线相对较长,通常与多井集气工艺流程相结合,适用于气田较集中、井距小、大面积成片气田的开发。

环状集气管网流程是将集气干线设计成环装,沿干线设置各单井或集气站。环口处设置集气总站,将天然气输送到处理厂或输气干线,威远气田即采用这种流程,其特点是管网可靠性高,便于统一调配气源,但管网投资高。

一般来说,大型气田都不局限于一种集气流程,是树枝状、放射状和环状中的两种或三种流程的组合。威远气田就有东西南北四条集气干线和一个环形管网。

集气管网的压力等级分高压、中压和低压三种,压力在 10MPa 以上的为高压集气,如卧龙河气田和中坝气田的采气管线均按 16MPa 设计;压力 1.6 ~ 10MPa 范围内为中压集气,1.6MPa 以下的是低压集气。

二、集输工艺流程

高含硫气田集输系统主要包括采气系统和集气支、干线系统。采气系统主要指从井口到

井站分离器部分，工艺流程主要包括节流降压、水气分离、计量、缓蚀剂加注、管输、脱水、腐蚀监测等各工艺环节；集气支、干线系统主要指从井站分离器到净化厂部分，工艺流程主要包括加热、水气分离、计量、缓蚀剂加注、管输、清管、脱水、腐蚀监测等各工艺环节。

三、集输工艺技术和设备

因高含硫气田生产的天然气高含 H_2S、CO_2 和气田水等腐蚀介质及有毒物质，集输工艺上主要考虑的是井口装置的腐蚀防护、水合物的防治和清除元素硫。同时也要考虑气体的流量、压力、温度；远距离开关装置的设置；气体凝析液、水产出量的测定及调配输送。必要时井口设置流量控制阀或节流阀降压，随着气体压力降低，温度也随之下降，可在流量控制阀前后设置加热器，使集气管线至处理厂管线中气体达到预定温度以防止形成水合物堵塞管线。经加热、降压和再次加热后的气体输入计量仪表进行计量。

如生产的天然气中含少量水和凝析液可不设置分离器，气井井场流程如图 6-1 所示，在不设置分离器情况下可采用孔板流量计进行计量；如含大量水、烃类凝析液，气井井场流程如图 6-2 所示，应采用气、水、油三相分离器，分离器应接近井口安装，图 6-3 是典型的三相分离器，对分离的各流体进行分别计量。

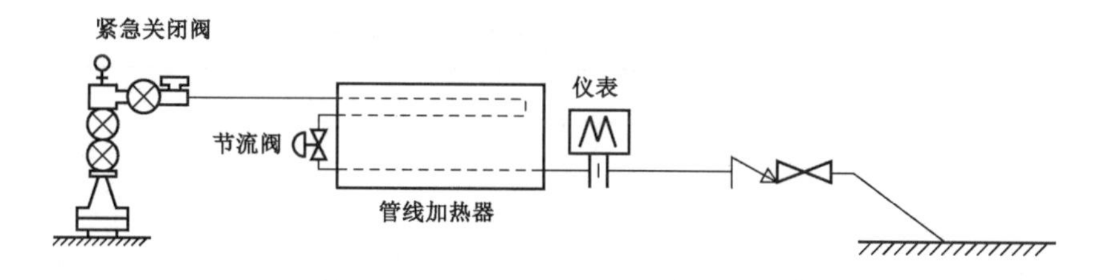

图 6-1　干气气井典型井场设备和流程

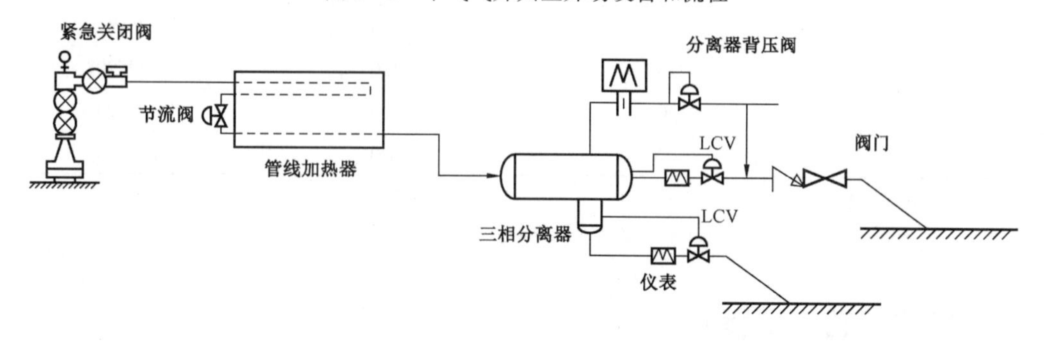

图 6-2　湿气气井典型井场设备和流程

四、管道的钢级、分类及壁厚

按强度确定管道等级，如 42 级管道屈服强度为 42000psi，按 SI 制相当于 290 级，规定屈服强度为 290MPa，管道应严格按一定标准制造。在北美，油气管道通用标准采用 API 5L—2012《管线钢管规范》，对各种钢级的管道，从 X42 级至 X80 级，作为酸气输送管线一般不采用超过 X56 级钢管，API 5L—2012《管线钢管规范》标准给出管道外径、壁厚和最小屈服强度规定。钢管应满足所含元素成分要求，在加拿大，CSA Z 245. 1—2014《管线钢管标准》规定管道各种元

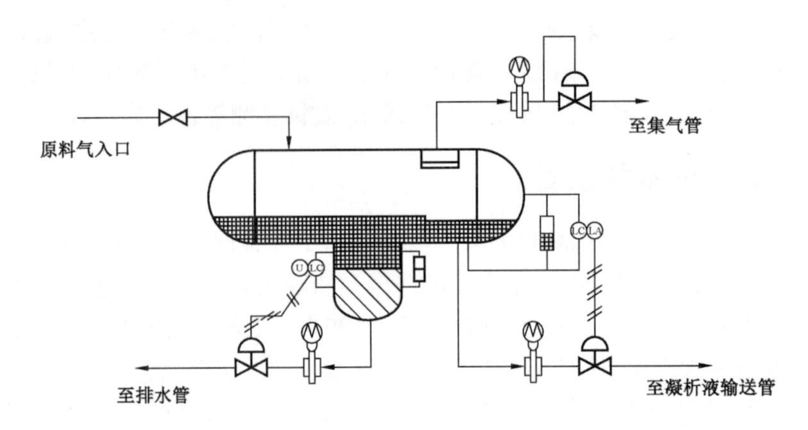

图 6-3　高含硫气田集输系统典型井场分离器

素最大含量限制，其中碳含量不超过 0.35%，硫含量不超过 0.01%，磷含量不超过 0.015%，碳当量不超过 0.43%。

阀门和法兰，按特殊标准的最大压力制造，表 6-1 是“ANSI”和“PN”等级规定比较，提供正常操作温度下的最大压力规定。

表 6-1　标准压力等级规定及常温操作温度

ANSI 等级规定		PN 压力等级规定	
* ANSI 等级	压力 psi	* * ISO PN 等级	压力 kPa
ANSI150	275	PN20	1900
ANSI300	720	PN50	4960
ANSI400	960	PN68	6620
ANSI600	1440	PN100	9930
ANSI900	2160	PN150	14890
ANSI1500	3600	PN250	24820
ANSI2500	6000	PN420	41370

* ANSI 美国国家标准协会。

* * PN 是指压力标准及标准压力管道 PN 系，为 ISO 标准中一部分。

五、集输工艺主要参数

1. 设计操作压力

工艺设计应根据单井的连接位置、装置位置、井口流速、装置入口规定压力、井流物成分、环境条件和控制、地形及变化，从而确定集气管网、管径和类型及最大设计压力。如井口压力高于 10000kPa，系统最大设计压力通常为系统中阀门和所采用装置能承受的最大压力，在加拿大西部，压力等级通常为 PN100。管道等级和壁厚应满足有关标准的要求，如井口压力较低，可低于最大设计压力，如 PN68 或低于 PN68，这样将降低管材费用，气体分离后应压缩，以满足气体输送的要求。

2. 最优管道直径的选定

对一给定管线，直径的选择取决于可承受的压力损失、气体流速及面积气体流速，以保证管道低位的积液控制在一个合理范围。集气系统操作压力控制在6500～9500kPa范围，设计压降通常为50～100kPa/km，设计面积流速为3～8m/s，这些控制参数可根据环境、条件而改变。

面积气体流速由以下公式计算

$$U = 5.182QTZ/(pd^2) \tag{6-1}$$

式中　U——管道中气体流速，m/s；

Q——气体流量，m^3/d；

T——气体温度，K；

Z——压缩因子，按 P 和 T 的平均数；

p——管线中压力，kPa；

d——管道内直径，mm。

压降可根据整个管线可接受的压降和经管线输送后的输出压差（Potential Variation）来计算。

加拿大Alberta（艾尔伯塔）酸气管线最大应力等级为埋地管线规定最小屈服强度（SMYS）的60%，为非埋地管线规定最小屈服强度（SMYS）的50%，由此确定所选直径和等级管道的壁厚。通常来讲，一般不选用和安装直径小于88.9mm的集气管线。在整个集输管网压力允许的前提下，选择经济、合理的管径，控制管内气体流速在3～8m/s范围内，以保证携液能力，减少积液，同时达到缓蚀剂应用效果。

六、水合物处理方法和工艺

1. 气体加热

使整个集输过程中气体温度高于水合物形成温度，气体中无凝析水析出，管道下部无积液产生，既减轻腐蚀，同时井场无需设置分离器及所带来的水处理问题，把污水集中到净化厂进行集中处理。

(1)管线加热器加热。

管线加热器，如水套炉，对气体间接加热，主要用于气候较寒冷的地区。对于较长输气管线，按一定距离设置加热器，间距通常为5～8km，并可根据输送工艺参数和环境等因数的设定进行修正。

(2)伴热管加热。

一般采用低压环形管线，与输气管道同沟敷设，用泵进行热水循环，伴热输气管道工艺流程示意图如图6－4所示。

2. 采用化学添加剂防止水合物形成

加注甲醇（ME）或乙二醇（EG）到酸气管线中可控制水合物的形成，但是该方法成本较高，仅在防冻剂能够回收的条件下采用或在管线刚投运时，作为一种临时措施。甲醇是一种常

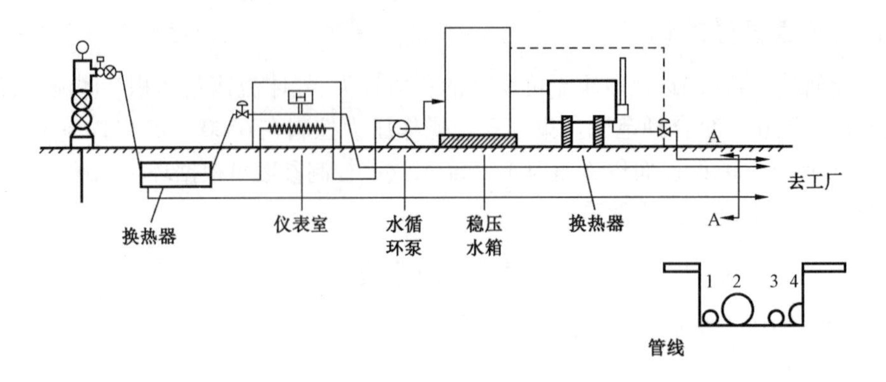

图6-4 伴热输气管道工艺流程示意图

1—热水管;2—酸气管;3—燃料气管;4—回水管

用的水合物抑制剂,在确保管线安全的操作条件下,甲醇添加量按 Mielson - Bucklin 公式计算。

3. 气相脱水

采用天然气脱水工艺可将酸气进行超长距离输送,如加拿大 Grizzly Valley 酸气集气系统。脱水方法包括使用固体脱水剂或干燥剂脱水,如硅胶或分子筛,或采用液体干燥法进行脱水,如使用三甘醇(TEG)。三甘醇循环量通常按进入脱水装置的天然气中 25 ~ 30L/kg 水进行计算,影响脱水深度的因素为:三甘醇纯度,循环量、吸收压力和温度、吸收塔接触的塔盘数量等,此外 H_2S 和 CO_2 对脱水也有影响。

4. 清管工艺和设备

清管的目的一是减少凝析液在管道中的积聚,减小管道压降,降低腐蚀;二是辅助进行缓蚀剂批处理。清管设备主要由设置于管道前端的清管球发射装置和管道末端的终端回收设备构成,包括全开式阀门(Opening valves)、用于发射和回收的装置。同时设置的放空管线以及吹扫用的净化气管线。

第二节　地面系统材料的选用

材料选择是酸性气田安全、高效开发的一个关键因素。合理选材是有效抑制酸性气田金属腐蚀的手段之一,同时也是一项细致而又复杂的技术,既要考虑工艺条件及其生产中可能发生的各种因素,又要考虑材料的机械性能、耐蚀性能、焊接性能及其经济性,制定合理的选材策略,进而确保管线和设备在设计寿命内保持其完整性。国外有研究机构推荐,在可能接触湿 H_2S 介质的条件下管道壁厚取决于管道类别 H_2S 分压。在不能通过计算或试验确定总腐蚀速率的情况下,允许根据过去设计的、管道使用条件参数相近的其他工程来近似地确定腐蚀裕量。在所有情况下腐蚀裕量都不应该小于 2mm。普光气田主体湿酸气集输管道采用 3.2mm 的腐蚀裕量。

一、集气管道用材料

选用合适的金属材料是国内外集输系统腐蚀控制的重要方法。高含硫气田环境下的采气管线和集气管线,采用无焊缝、质量可靠的无缝钢管,应符合 ISO15156—2015《石油天然气工业　油气开采中用于含硫化氢环境的材料》、SY/T 0599《天然气地面设施抗硫化物应力开裂金属材料要求》、GB/T 9711.3—2005《石油天然气工业输送钢管交货技术条件》、SY/T 0599—2006《天然气地面设施抗硫化物应力开裂和抗应力腐蚀开裂的金属材料要求》和 Q/SY XN 2015—2006《高酸性气田地面集输管道设备材质技术要求》的规定,以保证管线抗腐蚀的性能。国内高含硫环境中钢管材料主要有:L245NCS、L290NCS、L360NCS、L360QCS、L360MCS 等。如龙岗气田对湿气环境下的采气管线选择 L360NCS,集气管线选择 L360QCS;普光气田在设计中选择 CSA Z 245.1—2014《管线钢管标准》,其化学成分为见表 6-2(相当于 L360CS)作为集输管道材料。

表 6-2　CSA-Z245.1 材料的化学成分　　单位:%

元素	最大值	标准值	元素	最大值	标准值
碳	0.18	0.09	钒	0.117	0.01
锰	0.80	1.27	铌	0.11	0.10
硅	0.40	0.03	钛	0.02	0.01
磷	0.03	0.010	铝	0.06	0.021
铜	0.35	0.22	铬	0.25	0.02
硫	0.03	0.030	钼	0.60	0.16
镍	0.35	0.10			

注:碳当量不得超过 0.45%。

二、地面设备和管道用材料

用于集气系统地面设备和管道的低合金材料钼、铬钢,化学成分参见表 6-3。抗硫化物应力开裂材料一般不采用焊接和冷加工,如进行焊接和冷加工,必须进行热处理,以消除内应力。

表 6-3　低合金材料钼、铬钢的化学成分　　单位:%

元素	含量	元素	含量
碳	0.21	钼	0.22
硅	0.29	钛	0.05
锰	0.75	硼	0.0027
磷	0.02	铝	0.032
硫	0.015	氧	0.0016
铬	1.14	氮	0.0072

三、地面集输系统装置

为适应特定的气田环境和条件,对一些运行条件特别苛刻的集气系统,除采用缓蚀处理外,还修订了相关的管道规范。如世界上最大的含硫气田——阿斯特拉罕。它采用无缝钢管,材质为镇静钢和调质钢,修订了 API 5L—2012《管线钢管规范》规范。修改的主要内容包括:(1)降低硫含量,并将硫磷含量降到最低,同时进行腐蚀性能实验,其中最严格的实验是在钢材最小额定屈服强度的 80% 条件下,通过 720h 硫化物应力开裂试验;(2)严格控制冶金过程。研究表明,通过控制冶金的添加量,可获最佳的抗腐蚀性。添加的金属材料,有钼或铬,并在最小额定屈服强度的 90% ~100% 范围内,通过 720h 的硫化物应力开裂试验;(3)对采用材料进行正常的破坏和非破坏试验、显微硬度实验、显微结构检查,制定相应的焊接方法和规定等。集输系统地面设备、管道采用的上述材料标准和化学成分是对材料的最低要求。目前,实际生产中,对材料化学成分的控制,硫、磷等元素含量的规定,高于或大大高于上述所列材料的标准和要求。

四、气田水处理系统

气田水处理系统按 SY/T 6881—2012《高含硫气田水处理及回注工程设计规范》要求,主要采用非金属管,非金属管有钢骨架塑料复合管、玻璃钢管。但当气田水温度较高或大、中型穿跨越等特殊地段或特殊要求时要选用金属管,金属管主要有无缝钢管和双金属复合管。所用机泵、阀门、仪表等过流部件应选用耐腐蚀材料或表面经过耐腐蚀材料处理。

五、施工工艺要求

含硫集气管线焊接工艺有更为严格的要求,控制焊接质量是各国高含硫气田开发的成功经验之一。

(1)按一定标准控制焊接程序,焊工资质,焊接部位等,如加拿大执行标准为 CSAZ 662—2015《油气管道系统》。

(2)确定适合的工艺方法,如加拿大推荐使用 ERW 电阻直缝焊,Grizzly Valley 集气管道采用双面埋弧焊,螺旋焊缝管所有焊管由同一厂商提供。

(3)对焊接工艺有严格要求。

① 对焊金属材料必须相近,焊条材料强度可略高于母材强度。

② 焊接前对管道进行预热,环境温度低于 0℃ 或雨、霜、雪情况下预热温度不低于 120℃,其他情况可预热至 50℃,如 East - Crossfield 集气管线预热温度达 177℃。

③ 对材料及硬度实行控制,对每种外径、壁厚、钢级组合,其抗拉试验结果必须符合管材制造标准允许最小值,严格控制硬度值,屈服强度变化范围不应超过 20MPa,屈服强度比不超过 0.93。Crizzly Valley 管道材料最大洛氏硬度为 20HRC,East Crossfield 管线选用 API 5L—2012《管线钢管规范》材料、焊接硬度和邻接基材硬度限制在洛氏 B95 或洛氏 C19 范围。

④ 对接近部位进行热处理、现场一般采用电加热带、加热至 600℃ 左右,保温一定时间缓慢冷却,至常温、以消除内应力,如拉克气田焊管在 650℃ 温度下退火 20min 然后缓慢冷却至常温。

⑤ 焊接检测,采用 X 射线作焊缝 100% 的检测,检查有无未熔接、焊透、裂纹、气孔等情况。

⑥ 可采用多层焊接,管径较大,如大于 0.762m,管道至少应焊三层,避免根部缺陷。

第三节　地面集输系统的缓蚀剂防腐技术

缓蚀剂具有成本低，操作简单、作用面大、见效快、适合长期保护等特点，对于高含硫气田，缓蚀剂的有效应用是保证气田开发安全生产的关键。使用有效的缓蚀剂通常只需要每升添加几个至几十毫克，就可以使腐蚀速率大幅度降低。但是目前国内外对于高含硫气田用缓蚀剂的评价没有统一的标准。由于缓蚀剂的使用效果受介质组分、温度、H_2S 和 CO_2 分压、气体流速及材质影响很大，可能出现在一个气田使用效果很好而在另一个气田却不起作用的现象。同时由于缓蚀剂对解决均匀的电化学腐蚀效果较好，但是对于局部腐蚀的效果不确定，因此在使用前，必须模拟气田的实际工况环境对缓蚀剂进行评价和筛选。

一、采气管线缓蚀剂防腐工艺技术

高含硫气田采气管线缓蚀剂防腐工艺技术包括井下定期加注油溶水分散型缓蚀剂防腐时，采气管线不再考虑加注缓蚀剂防腐；井下未定期加注缓蚀剂的情况下，需要在井口加注点连续加注缓蚀剂，加注类型和周期见表 6－4。

表 6－4　采气管线缓蚀剂加注类型和周期

类别	缓蚀剂类型	加注周期	保护位置
气液分输，能预膜的单井	水溶性缓蚀剂	每天	采气管线
气液分输，不能预膜的单井	油溶水分散型缓蚀剂	每天	采气管线
气液混输，不能预膜的单井	油溶水分散型缓蚀剂	每天	采气管线和集气管线
气液混输，能预膜的单井	水溶性缓蚀剂	每天	采气管线和集气管线

二、集气管线缓蚀剂防腐工艺技术

高含硫气田生产过程中的缓蚀剂防腐技术包括缓蚀剂的连续加注和预膜。预膜指的是定期利用高浓度的油溶性缓蚀剂均匀地涂抹在管道内壁，缓蚀剂通过吸附在金属表面成膜，从而起到现场腐蚀的抑制作用。高含硫气田一般采用清管器进行缓蚀剂预膜作业，根据清管器发球筒的规格进行预膜方案的设计。高含硫气田普遍产气田水，缓蚀剂连续加注通常选择水溶性较好的缓蚀剂，通过产气量结合腐蚀监测结果确定加注周期和加注量。

1）集气管线缓蚀剂预膜技术

（1）井口与分离器后均不能加注缓蚀剂并且集气管线不能进行缓蚀剂预膜，采用泵车进行油溶性缓蚀剂批量处理，加注方案见表 6－5。

表 6－5　集气管线缓蚀剂批处理加注方案

加注位置	缓蚀剂种类	加注周期	批量处理加注量
清管发球装置	油溶水分散型	2 个月	集气管线预膜计算量＋集气管线连续加注量×加注周期

（2）对于集气管线的预膜工艺，根据预膜缓蚀剂存储管段的容积（V）不同，计算缓蚀剂预膜量（Q），腐蚀控制方案分以下几种：

（1）$Q<V$，预膜方案见表6－6。

表6－6　集气管线预膜方案

预膜方式	缓蚀剂种类	周期	预膜量
清管后1遍预膜作业	油溶水分散型	2个月	预膜计算量

（2）$V<Q<2V$，预膜方案见表6－7。

表6－7　集气管线预膜方案

预膜方式	缓蚀剂种类	周期	预膜量
2遍预膜，清管与第一遍预膜合并开展	油溶水分散型	2个月	每遍预膜为计算量的1/2

（3）$2V<Q<4V$，预膜方案见表6－8。

表6－8　集气管线预膜方案

预膜方式	缓蚀剂种类	周期	预膜量
2遍预膜，清管与第一遍预膜合并开展	油溶水分散型	1个月	每遍预膜为计算量的1/4

2）集气管线缓蚀剂连续加注

（1）气液混输且能开展缓蚀剂预膜作业时，集气管线加注点不再加注缓蚀剂，仅在井口加注点加注，加注量为采气管线加注量和集气管线加注量的和，加注周期为每天，加注缓蚀剂类型为水溶性缓蚀剂。集气管线连续加注方案见表6－9。

表6－9　集气管线缓蚀剂连续加注方案

加注位置	缓蚀剂类型	加注周期	加注量
井口加注点加注	水溶性缓蚀剂	每天	采气管线加注量＋集气管线连续加注计算量

（2）气液混输且不能开展缓蚀剂预膜作业条件时，集气管线加注点不再加注缓蚀剂，仅在井口加注点加注，加注量等于采气管线加注量＋集气管线加注量＋预膜量/时间间隔，加注周期为每天加注，加注缓蚀剂类型为油溶水分散型缓蚀剂。集气管线连续加注方案见表6－10。

表6－10　集气管线缓蚀剂连续加注方案

加注位置	缓蚀剂类型	加注周期	加注量
井口加注点	油溶水分散型缓蚀剂	每天	采气管线加注量＋集气管线加注量＋预膜量/时间间隔

（3）气液分输且能开展缓蚀剂预膜作业条件时，从集气管线缓蚀剂加注点加注缓蚀剂，加注量为集气管线连续加注计算量，加注缓蚀剂类型为水溶性缓蚀剂。集气管线连续加注方案见表6－11。采用无人值守生产模式时，取消连续加注工艺，缩短预膜周期。

表 6-11　集气管线缓蚀剂连续加注方案

加注位置	缓蚀剂类型	加注周期	加注量
分离器后集气管线加注点	水溶性缓蚀剂	每天	集气管线连续加注计算量

(4)气液分输且不能开展集气管线缓蚀剂预膜作业条件时,但集气管线具备连续加注条件,通过在集气管线加注油溶水分散型缓蚀剂取代预膜工艺,集气管线连续加注方案见表6-12。

表 6-12　集气管线缓蚀剂连续加注方案

加注位置	缓蚀剂类型	加注周期	加注量
分离器后集气管线加注点	油溶水分散型	每天	集气管线加注量+预膜量/时间间隔

3)地面集输系统缓蚀剂效果评价

高含硫气田地面系统缓蚀剂效果评价方法主要包括现场电化学探针、腐蚀挂片、缓蚀剂残余浓度分析,腐蚀检测(超声波测厚、相控阵C扫描和智能清管、目视检测等)也可作为评价缓蚀剂防腐效果的辅助手段。单井站和集气站监测和检测位置和方法的选择见表6-13、表6-14。

表 6-13　单井站内腐蚀监测和检测点的位置及监测方法选择

序号	监测和检测点位置	腐蚀环境特征	监测方法
1	井口测温测压套	高温、高压、多相	超声波
2	井口一、二级节流阀气流直冲面	高温、高压、多相、气流直冲	超声波
3	井口缓蚀剂加注短节上加注点前	高温、高压、多相	超声波
4	井口缓蚀剂加注短节上加注点后	高温、高压、多相	超声波
5	井口一、二级节流间管线	气液混输	超声波
6	分离器后气液混合三通处	气液混输及冲刷界面	超声波
7	分离器后至出站管线	酸气、酸水	超声波
8	水套炉二级节流后至分离器直管段(竖管)	气液混输	超声波
9	出站管线直管段、弯头、三通	酸气、酸水及界面冲刷	超声波
10	清管发球装置进气管线(弯头和直管段)	酸气、酸水及冲刷界面	超声波
11	气田水储罐靠近封头焊缝位置	酸气、酸水及界面冲刷	超声波
12	井口二级节流后至分离器管线	气液混输	超声波/腐蚀挂片
13	分离器大筒体靠近封头焊缝位置	酸气、酸水及界面冲刷	超声波、模拟评价
14	分离器排污管	酸水	探针、腐蚀挂片
15	井口和出站管线缓蚀剂加注前	酸气	超声波、氢通量
16	井口和出站管线缓蚀剂加注后	有缓蚀剂保护	超声波、氢通量
17	放空管线	潮湿酸气	超声波
18	站内管道和设备内壁		目视检测
19	本井分离器排污口	酸水	水质分析、缓蚀剂残余浓度分析
20	腐蚀检测较严重部位		相控阵C扫描

表 6－14　集气站腐蚀监测和检测点的布置和方法选择

序号	名称	监测和检测方法
1	单井来气管线	探针/腐蚀挂片/氢通量探针
2	分离器设备	超声波
3	分离器排污管	探针/腐蚀挂片
4	汇管	超声波
5	放空管线	超声波
6	集气站出站管线	超声波
7	站内管道和设备内壁	目视检测
8	分离器排污口	铁离子分析、缓蚀剂残余浓度分析

三、气田水处理系统缓蚀剂防腐工艺技术

1. 垢物分析和清洗剂配方选择

气田水管道结垢复杂，主要的结垢形式有：(1)气田水中的碳酸盐、硫酸盐，因压力、温度和 pH 值等条件的变化，析出并沉积到管壁上形成垢；(2)气田水中可能含有的悬浮物和泥沙等会沉积到管壁上结垢；(3)气田水中可能含有的微生物，其代谢产物附着到管壁上结垢。因此在选用合适的清洗剂前需要对垢物进行分析，再根据分析结果确定相对应的清洗剂配方。

2. 预膜

针对金属管线，在化学清洗结束后，管道金属表面均处于活化状态，此时应及时投加大剂量的预膜剂，控制 pH 值在一定范围内、并与金属表面充分接触，达到管道表面钝化预膜的效果。

3. 正常加注缓蚀剂

气田水输送管道清洗预膜完成后，进行正常的缓蚀剂连续加注，缓蚀剂配方应具有缓蚀、阻垢、杀菌及抑制氧腐蚀的功能。

第四节　地面集输系统的外腐蚀控制技术

一、外防腐技术

高含硫气田内部集输工程的集气干线、采气管线都必须采用保温防腐，其防腐保温结构为：三层聚乙烯防腐层普通级防腐层＋硬质聚氨酯泡沫塑料保温层(30mm)＋聚乙烯外保护层。补口及弯头都采用聚乙烯热收缩带＋硬质聚氨酯泡沫塑料保温层(30mm)＋聚乙烯热收缩带的防腐保温结构。

燃料气管道外防腐层采用三层聚乙烯防腐层普通级防腐层。补口及弯头采用三层结构辐射交联聚乙烯热收缩带(套)防腐。

同时,定期对输送高温介质的线路管道防腐层进行测试,如发现防腐层出现失效的情况,及时进行修补或更换。

二、地面集输系统阴极保护技术

1. 阴极保护工艺技术

1)阴极保护范围

高含硫气田的采气管线、集气管线、燃料气管线、回注管线都采用阴极保护。

2)阴极保护方式

对管道施加阴极保护可用两种方式实现,即强制电流阴极保护法和牺牲阳极阴极保护法。牺牲阳极阴极保护法适合于短距离、小口径的管道,不需要外部电源,对邻近地下金属构筑物干扰范围小;但对埋设环境要求苛刻,使用寿命不稳定,维护工作量大。强制电流阴极保护法输出电流连续可调,维护管理简单方便,保护范围大,效果可靠,系统数据易监控传输,不受沿线土壤环境限制,系统寿命长;但需要外部电源。

3)阴极保护站设置

根据被保护管段的长度,设置阴极保护站。

4)阳极地床的选择

(1)辅助阳极地床是强制电流阴极保护站的主要组成部分之一,阴极保护设备对被保护管道的阴极极化电流由此进入土壤,经过土壤中水分及导电离子的传播达到管道表面,构成阴极保护的完整导电回路。

(2)阳极地床一般采用两种型式:浅埋式地床和深地床。浅埋地床应埋设在冻土层深度以下,深地床一般埋深在15m以下。浅埋阳极地床具有施工费用低,技术设备简单,维护管理方便等特点。深阳极地床用于对临近金属构筑物可能产生干扰和地表土壤电阻率高的地区。深阳极地床有以下优点:提供的电流分布比浅阳极地床均匀;对其他结构形成的阳极干扰比浅阳极地床低;比浅阳极地床受季节含水变化的影响小,并且不受冰冻的影响。

5)阴极保护设施

(1)电源。

强制电流阴极保护对交流电源的基本要求为:能满足长期不间断供电;应优先使用市电或使用各类站场稳定可靠的交流电源;当电源不可靠时,应有备用电源或不间断供电专用设备。

(2)阴极保护电源设备。

阴极保护直流电源设备主要包括整流器(T/R单元)或恒电位仪,一般情况下采用恒电位仪作为阴极保护电源设备。

(3)电位远传设备。

电位传送器,能够实现对阴极保护电位的监控,以利于及时准确发现故障,及时排查。

(4)绝缘接头及绝缘短节。

在实施阴极保护的管道进、出站场处,分别安装相应规格的绝缘接头。由于集气管道和采气管道输送的是湿天然气,为防止绝缘接头内积水,集气、采气管道上的绝缘接头应安装在地面以上。由于回注管线输送的介质导电,为实施有效阴极保护电绝缘,在回注管道两端需要安装相应规格的绝缘短节。

(5)阴极保护跨条电缆及均压线。

同沟敷设的采气管道和燃料气管道每隔5km采用均压线连接,保证两根管道各处的电压相等。

(6)阴极保护测试桩。

为定期检测管道阴极保护参数,应根据需要,沿管道设置各类测试桩:电位测试桩于每公里设置一支;电流测试桩于每5km设置一支。

6)干扰腐蚀的情况

干扰腐蚀有两种情况:(1)直流电干扰和交流电干扰;(2)对不同的干扰腐蚀情况应采取有针对性的排流保护措施。

2. 阴极保护安装要求

1)阴极保护对防腐层的要求

采用性能优异的防腐层结合电化学保护措施,是埋地金属管道防腐保护的完美结合体系;从某种意义上讲,在特定的阴极保护系统中,防腐层的好坏直接影响着阴极保护的效果,影响着阴极保护技术应用的经济合理性,因此,阴极保护设计最基本的实现条件之一,是管道有一个质量优异的防腐层。为确保管道的安全以及阴极保护的效果,防腐层的预制(包括补口、补伤)、检验、储存、运输、下沟及回填的各个加工和施工环节,都要严格执行有关规范的技术要求,严禁防腐层的人为或机械损伤,发现问题及时认真修复。

2)阴极保护对电隔离的要求

为了使有限的阴极保护电流充分发挥其应有的作用,确保阴极保护的良好效果,防止保护电流的意外流失,应将保护系统中的被保护管道与其系统以外的非保护结构实行严格的电隔离。

3)阴极保护对电源稳定性的要求

阴极保护设施是一项长期连续工作的系统,它的作用是使被保护管道维持长期、连续、稳定的阴极极化。因此,强制电流阴极保护的设备用电应当是不间断而且是安全可靠的,所以要求阴保设备供电电源必须是长期、稳定、可靠。

3. 阴极保护有效性评价

当管道和阴极保护站建成投运后,为消除管道外表面上的腐蚀活跃点,评价管道是否获得全面、合适的阴极保护,是否存在欠保护或过保护情况,应对全线进行密间隔(CIPS)测试,并调试最佳恒电位仪控制电位,使沿线各点的U_{OFF}电位均在$-0.85 \sim 1.15V$的范围内。

第七章　净化厂腐蚀控制技术

对于高含硫天然气净化厂，目前主要采用醇胺法脱硫工艺对原料天然气酸性组分进行脱除，同时配套设置有脱水、硫黄回收及尾气处理工艺。在整个工艺过程中，CO_2—H_2S—H_2O、R_1NR_2—H_2S—CO_2—H_2O、高温硫化、热稳定性盐、污染杂质等可能引起金属管线设备腐蚀，并导致失效。目前，净化厂主要采用的腐蚀控制技术为选用耐蚀材料、涂层防腐技术、工艺参数优化和循环水系统的药剂防腐。

第一节　净化厂主要腐蚀状况

高含硫天然气净化装置系统通常包括原料气预处理、脱硫脱碳、脱水、硫黄回收、尾气处理、酸水汽提等主体单元和辅助装置及公用系统（硫黄成型、消防、污水处理、循环水运行、火炬及放空系统、新鲜水处理、蒸汽及冷凝水系统、风系统、氮气系统和燃料气系统）。如果原料天然气中富含 C_{2+}，还应设轻烃回收装置。当然，为了使天然气净化装置正常运转，自动化控制、化验分析、供配电和维修等配套设施必须配套。净化厂主要流程简图如图7－1所示。

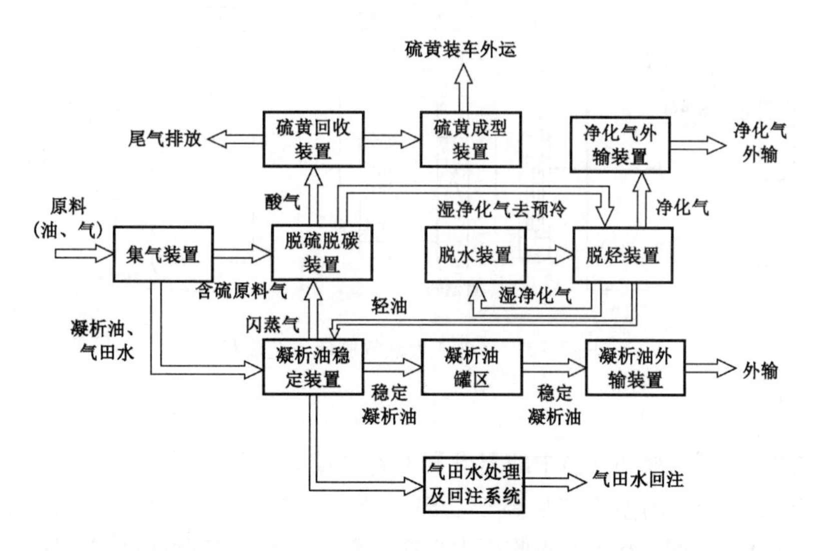

图7－1　天然气净化厂流程简图

一、原料气预处理单元

采用重力分离和过滤分离的方法去除原料天然气中夹带的化学药剂、重烃、游离水、固体杂质等物质，降低脱硫装置的腐蚀、溶液发泡、换热设备热阻增加等风险。集气单元流程如图7－2

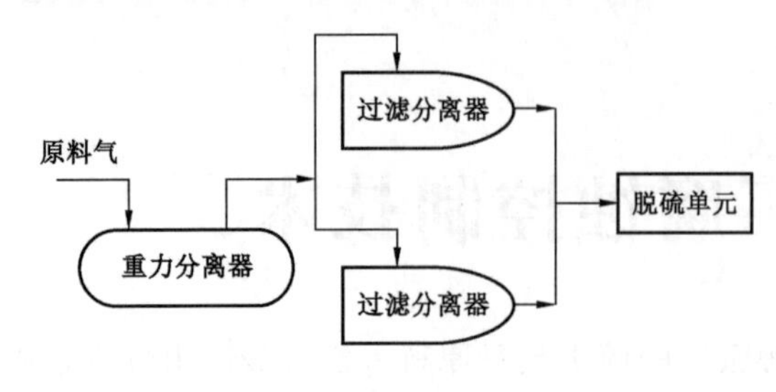

图 7-2 过滤分离单元流程简图

所示，主要设备是重力分离器和过滤分离器，该单元是气液固三相共存，是 H_2S、CO_2、H_2O 与污物共同作用产生腐蚀，再加上气井井站压裂酸化或修井过程中返排酸随着原料气管道汇集于分离器，腐蚀将会加速。此外，原料气过滤分离设备结构复杂，在设备底部积液与沉积物存在处易发生腐蚀，腐蚀的形态主要为裂纹、分层鼓泡，腐蚀产物呈现层层脱落的现象。

二、脱硫单元

通过气—液吸收、气—固吸附和化学转化等途径除去天然气中的含硫化合物和部分 CO_2，使其达到商品天然气管输标准。典型的高含硫天然气脱硫工艺流程如图 7-3 所示，主要设备包括吸收塔、再生塔、重沸器、贫富液换热器等。

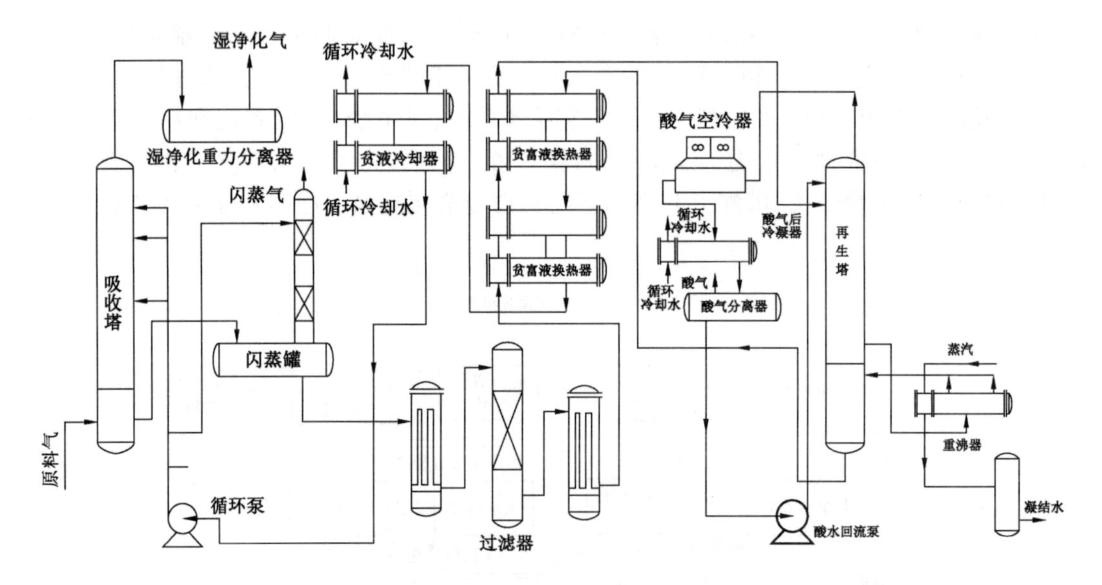

图 7-3 高含硫天然气脱硫工艺流程

1）吸收塔

在吸收塔中，下部溶液和气体中的 H_2S 和 CO_2 含量要高于上部。对于处理高含硫天然气的吸收塔来说，下部溶液的温度明显高于上部溶液的温度，因此吸收塔下部的腐蚀比上部严重，腐蚀主要由 H_2S 引起。H_2S 在吸收塔内直接与胺化合生成硫化胺盐 $(RNH_3)_2S$，不会产生硫化物应力腐蚀开裂。

2）再生塔

与再生塔接触的工作介质是酸性气、水蒸气及脱硫溶液。该腐蚀环境对金属产生腐蚀的体系有两个：一个是 CO_2—H_2S—H_2O 腐蚀体系，另外一个是 R_1NR_2—H_2S—CO_2—H_2O 腐蚀体系。

再生塔内的温度普遍高,不论是塔壁或是塔盘的腐蚀都比较严重。

再生塔上部温度在90℃左右,高温富液入塔后有大量酸气解析出来,易产生薄膜腐蚀,腐蚀严重。

再生塔中下部的温度一般在100℃以上,并且受到解析酸气和水蒸气的冲刷,因此,再生塔中下部的腐蚀也很严重,特别是靠近重沸器返回线入塔处的上部和入口对面。

再生塔下部的温度也很高,在120℃左右,相对于再生塔中上部来说,塔底流速低,基本上为液相,溶液中酸性物质含量低。由于醇胺脱硫溶液是一种弱碱,钢材暴露在热的醇胺溶液中受到一定应力作用时就可能发生碱脆。对于焊后未进行热处理消除应力或热处理不好的再生塔来说,不仅易发生硫化物应力腐蚀,也可能发生碱脆腐蚀。

3)重沸器、重沸器半贫液返回管线

与再生塔中下部腐蚀环境类似,主要是 R_1NR_2—H_2S—CO_2—H_2O 腐蚀体系,属于氢去极化的酸溶解性全面腐蚀,不易形成 FeS 保护膜,而是形成不稳定、晶格不完整、保护性差的 Fe_xS_y 为主。

重沸器内的温度高,一般都在120℃左右。脱硫溶剂经重沸器加热后解析出 H_2S 和 CO_2,在重沸器上半部靠近出口处 H_2S、CO_2 的浓度较大,因此这些部位腐蚀较为严重,腐蚀严重部位如图7-4所示a、b、c三个区域[1,2]。

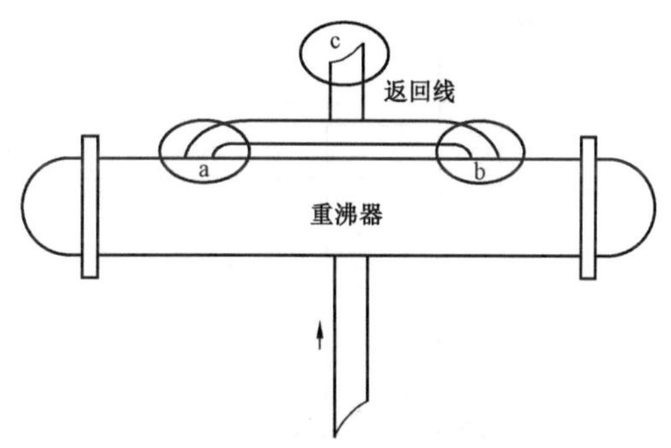

图7-4 重沸器腐蚀严重部位分布情况

a,b—重沸器顶部出口;c—半贫液返回线

由于受溶液沸腾的影响,易造成重沸器器壁和管束剥皮似的腐蚀。对于釜式重沸器,则易在重沸器内的液面处形成较深的坑状腐蚀。在热虹式重沸器管板外圈,由于溶体易处于滞留状态,容易产生沉积物而引起坑点腐蚀。

重沸器半贫液返回线溶液温度高,温度在120℃以上,管线内气液混输,即水蒸气、酸气和胺溶液,腐蚀环境复杂,与再生塔内腐蚀环境相似,属于 R_1NR_2—H_2S—CO_2—H_2O 体系,并且管线内溶液流速高,腐蚀严重。

4)贫富液换热器、换热器后富液管线

换热后富液的温度一般在90℃左右。由于富液中 H_2S 和 CO_2 以及温度均较高,电化学反应的速度较快,因此贫富液换热器的腐蚀较为严重。

换热器管程和壳程的操作介质中均含有 H_2S 和 CO_2,属于 R_1NR_2—H_2S—CO_2—H_2O 腐蚀体系。壳程贫液中酸气含量比管程富液中酸气含量低得多,因此管程腐蚀较严重。

同时,换热器壳程还存在垢下腐蚀。换热器壳程中含有的悬浮物质在壳程传热死区因流动缓慢会在传热管外表面形成不规则的沉积。CO_2 腐蚀形成疏松的腐蚀产物 $FeCO_3$ 也附着在管壁上,与管壁接触紧密;氧去极化腐蚀使碳钢中的铁形成铁锈附着在管壁上;此外,H_2S 腐蚀形成的腐蚀产物 FeS 也会附着在管壁上,由这些沉积物形成的垢层会造成垢下腐蚀。

高温富液管线的腐蚀特征与换热器内部管程相似,也属于 R_1NR_2—H_2S—CO_2—H_2O 腐蚀环境,但管线内富液流速比换热器内富液流速高,不易形成垢下腐蚀。溶液中 H_2S 和 CO_2 含量以及温度均比较高,液体流速也高,富液出口处易于闪蒸出酸气,腐蚀较严重。

5)再生塔塔顶酸气管线和高温线贫液管线

再生塔塔顶酸气管线内高含酸气 H_2S、CO_2、水蒸气及少量胺液,胺液对酸气管线腐蚀有一定的抑制作用;再生塔塔底高温贫液管线腐蚀环境与再生塔塔底相似,属于 R_1NR_2—H_2S—CO_2—H_2O 腐蚀体系。由于管线内溶液流速高,电化学腐蚀较再生塔塔底严重。影响脱硫装置的主要腐蚀因素有酸气负荷、腐蚀环境温度、热稳定性盐、溶液浓度、降解产物等。腐蚀破坏形态主要有全面腐蚀、局部腐蚀、应力腐蚀开裂(SCC)与氢致开裂(HIC)。

三、脱水单元

采用不同工艺脱除天然气中水分,使其达到商品天然气管输标准中水露点。其工艺相对脱硫工艺来说,要简单得多,主要有甘醇法、分子筛法和其他如压缩、冷却、氯化钙吸收及膜分离等方法。脱水单元的流程简图如图 7 -5 所示。

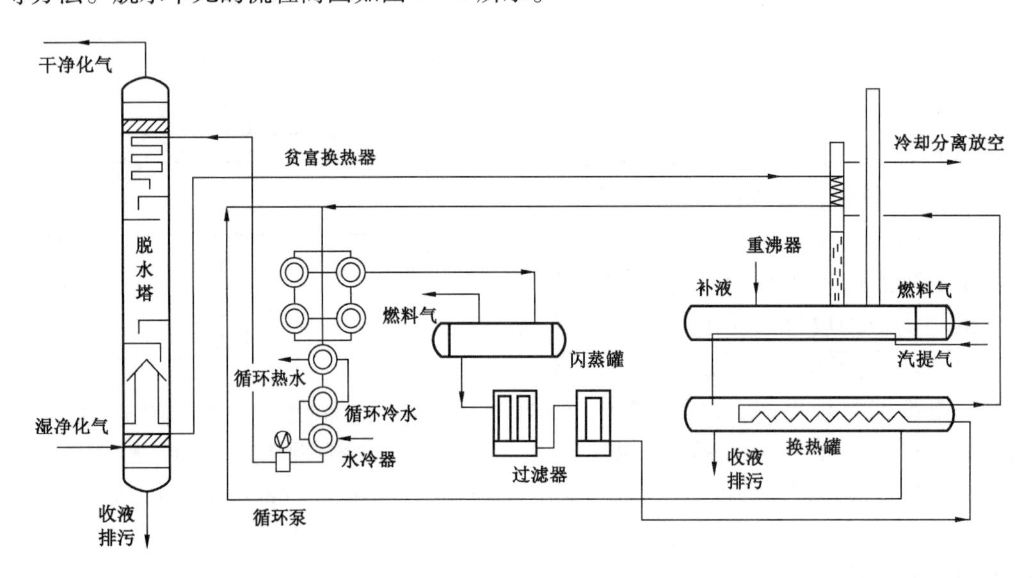

图 7 -5 脱水单元流程简图

该单元因水中矿化度相对较低,且基本不含主要腐蚀介质 H_2S 和 CO_2,腐蚀相对其他单元较小。但在实际生产过程中,因净化气中有机硫含量偏高,硫醇在高温分解为 H_2S,极易造成该单元的主要设备如再生气空压机、再生气分离器等腐蚀;另外在湿净化气聚结器底部、分子筛脱水塔底部与储管易积液引起腐蚀,粉尘过滤器底部主要容易结垢,如有腐蚀介质,极易产生垢下腐蚀。

四、硫黄回收单元

目前,普遍采用的硫黄回收及其尾气处理工艺流程组合有以下三种方案:常规克劳斯(受平衡转化率的限制,常规克劳斯硫黄回收率 97% 以下。二级常规克劳斯硫黄回收率 94% 左右,三级常规克劳斯硫黄回收率 96% 左右,四级常规克劳斯硫黄回收率 97% 左右。)、克劳斯延伸类工艺(能达到的硫黄回收率约 99.2%)、常规克劳斯 + 还原吸收类尾气处理(能达到的硫

黄回收率在99.8%以上)。从天然气中脱除的H_2S又是生产硫黄的重要原料。设置硫黄回收装置对脱硫、尾气处理和酸水汽提单元产生的酸气进行后续处理,既可使宝贵的硫资源得到综合利用,又可防止环境污染。

硫黄回收装置发生腐蚀有电化学腐蚀、化学腐蚀、和应力腐蚀三种。腐蚀介质是硫化氢、二氧化硫、硫蒸气、氧、水汽。在装置高温部位(废热锅炉、换热器、冷凝器)中上述介质与碳钢互相发生化学反应而引起化学腐蚀,如果有水进入时,将会发生强电化学腐蚀。回收装置停工打开设备时,高温二氧化硫、硫化氢、多硫化铁遇到空气和冷凝水时均会部分氧化生成强腐蚀性的亚硫酸和多焦硫酸,造成严重腐蚀,同时,溶于水的硫化氢还可能造成硫化物应力腐蚀破裂[3]。

五、尾气处理单元

目前,比较常用的尾气处理方法有液相直接氧化法(如Lo-Cat法、改良A.D.A法、Sulferox法等)和加氢还原吸收法(如SCOT法、HCR法、RAR法等)。

尾气处理单元主要装置设备包括加氢反应器、急冷塔、尾气吸收塔、尾气焚烧炉等,流程示意图如图7-6所示。

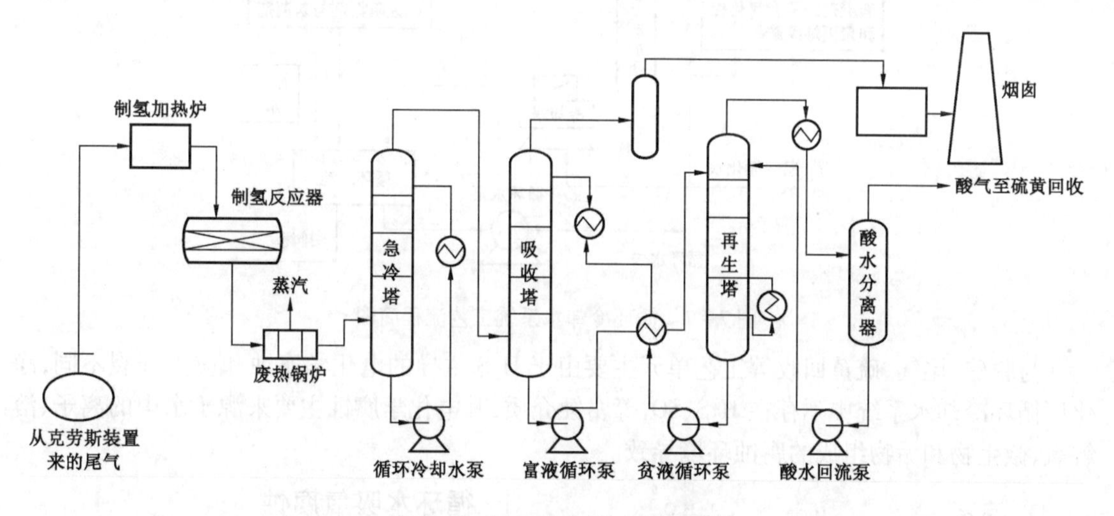

图7-6 尾气处理单元流程简图

尾气处理系统主要存在高温硫化腐蚀、低温电化学腐蚀、$H_2S—H_2O$腐蚀和应力腐蚀等,高温硫化腐蚀主要集中在焚烧炉,低温电化学腐蚀、$H_2S—H_2O$腐蚀主要集中在急冷塔系统[4]。

六、酸水汽提单元

酸水汽提单元主要是对来自尾气处理单元、硫黄回收单元以及脱硫吸收单元的酸性水进行低压高温汽提处理,汽提分离出酸性水中的H_2S和CO_2并送往尾气处理单元的急冷塔,汽提后的水用于对循环水系统进行补充。该单元工艺流程简单,设备较少,但是由于酸水汽提塔温度较高,也存在一定的腐蚀风险。发生的腐蚀类型:酸性水腐蚀、冲刷腐蚀以及应力腐蚀[5]。

七、循环冷却水处理系统

对新鲜水进行处理,使水质、水量、水压满足生产需要。新鲜水处理分为除盐水和循环水处理两部分,除盐水处理是对锅炉给水进行处理,循环水处理是为整个净化装置提供合格的冷却用水。

循环冷却水主要用于工艺装置中产品的冷凝和冷却,机泵、空压机等动力设备的冷却,以及某些设备的抽真空等,由于在循环水中存在大量的 Ca^{2+}、Mg^{2+}、HCO_3^-、微生物、悬浮物等杂质,将对各类冷却设备造成腐蚀,结垢,微生物黏泥等问题,故需对循环水进行处理。搞好循环冷却水处理,不仅可以节约用水,防止环境污染,对企业更直接的影响是可以节省大量钢材,还可以提高冷却效果,减少或杜绝物料的泄漏和损失,减少检修工作量,使设备达到长、稳、满、优运行。

净化厂循环水系统工艺流程均大同小异,如图 7-7 所示。循环水系统为敞开式循环冷却水系统,冷却水通过换热设备后,由于热交换,水温升高成为热水,热水经冷却塔分散与空气接触,由蒸发散热、接触散热和辐射散热共同作用降低水温,冷却后的水通过泵重新送往换热设备,循环使用。

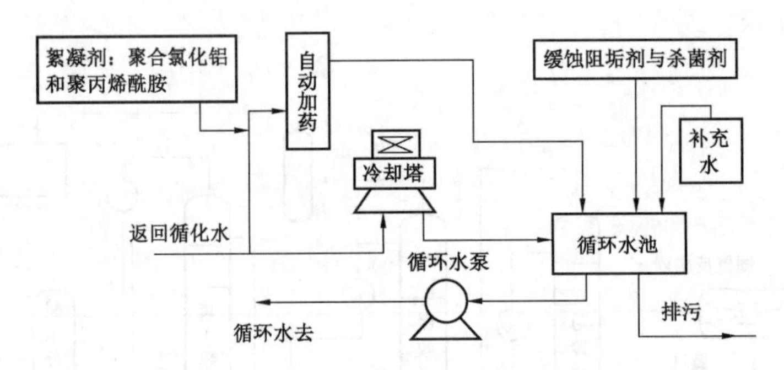

图 7-7 循环冷却水系统工艺流程简图

与脱硫、尾气、硫黄回收等工艺单元主要由于 H_2S 主导的电化学腐蚀和应力开裂不同,净化厂循环冷却水系统中不存在 H_2S、SO_2 等腐蚀介质,其电化学腐蚀主要来源于水中的离子、溶解氧、微生物和垢物组成的腐蚀环境导致。

1. 循环水吸氧腐蚀

天然气净化厂通常采用开式循环冷却水系统,氧气随着冷却塔内水与空气的热交换过程溶解到循环水中。溶解氧对阴极的去极化作用,使得材质发生腐蚀,其腐蚀过程如图 7-8 所示。

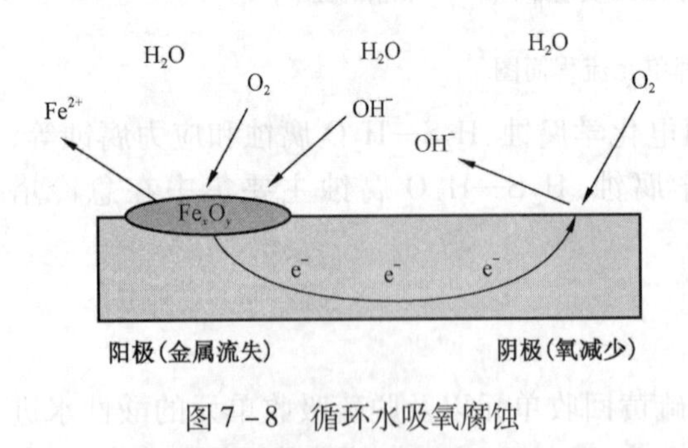

图 7-8 循环水吸氧腐蚀

阳极反应:$Fe \longrightarrow Fe^{2+} + 2e$

阴极反应:$2H_2O + O_2 + 4e \longrightarrow 4OH^-$

总反应:$Fe^{2+} + 2OH^- \longrightarrow Fe(OH)_2$

2. 微生物腐蚀

循环冷却水中主要含有细菌、真菌和藻类三类微生物。这些微生物通过自身的生命活动

影响和改变金属表面腐蚀的电化学过程,从而加剧金属腐蚀[6]。微生物生物膜对于腐蚀的影响极为关键,生物膜内部以及生物膜与金属表面与外部环境差异较大,微生物代谢所生成的产物在生物膜内部累积,通过阴极去极化、形成氧浓差电池等作用对材质造成腐蚀。由于微生物局部微观环境的特异性,其造成的腐蚀通常为局部腐蚀,且腐蚀一旦形成腐蚀速率极快,如硫酸盐还原菌引起的孔蚀穿透速度可达 1.25 ~5.0mm/a。因此,循环冷却水系统微生物腐蚀对材质危害极大。

第二节　净化厂工艺装置腐蚀控制技术

目前,国内高含硫气田净化厂应用缓蚀剂防腐技术还不完善,主要腐蚀控制技术包括防腐工艺设计、耐蚀材料选择、涂层防腐及腐蚀控制效果评价。

一、防腐工艺设计

1. 管线的防腐工艺设计

(1)对于高压集输管线和设备,当脱硫不能完全消除天然气对管线的腐蚀时,较合理的方法是碳钢 + 缓蚀剂的防腐工艺。

(2)管线低凹处集水部位应加排水阀,定期排水以减小腐蚀和对气流的阻力。

(3)对于某些管线来说,为了减少含硫天然气的硫化物应力腐蚀,可采用降压输气的方法。

(4)流速对管线的腐蚀影响很大。减小腐蚀的方法有:① 加大管径,减小流速;② 用曲率半径较大的弯头,避免流体急剧转向;③ 采用挡板,减小冲蚀;④ 进口管线不能直接朝向容器壁;⑤ 对于冲蚀敏感的部位,设计时应考虑便于更换。

(5)对重沸器壳程气相出口管线增加低压蒸汽伴热,将气相出口管线介质温度提高到其露点温度以上,防止其在管线内表面凝结成液滴,造成 $H_2S + H_2O$ 溶液腐蚀。

2. 脱硫装置的防腐工艺设计

1)换热器

对于传热金属表面,其腐蚀率要比相同温度下非传热表面高,发生沸腾的金属表面腐蚀率更高,主要原因是气泡的产生和释放破坏了腐蚀产物层,加速了金属表面的腐蚀。减轻净化厂换热设备腐蚀的方法有:

(1)在换热器中保持压力,防止酸气析出(避免传热面上发生沸腾),减少腐蚀。

(2)富液应走管程,并保持流速不超过 0.92m/s。

2)重沸器

重沸器是属于沸腾传热金属表面,当温度增加时腐蚀率增加相当快,因此,应尽量避免在高温下操作。减小重沸器腐蚀的方法有:

(1)再生塔内应尽量保持低压。

(2)严格控制重沸器的操作温度。

(3)重沸器管束内应采用低压饱和蒸汽加热。

(4)应保证重沸器内所有的管子被液体所覆盖。

(5)重沸器管束排列应有足够大的间隙,以保证酸气能够完全释放出来,减少贫液中残余酸气的含量。

3)再生塔

与重沸器相似,塔内应尽量保持低压,同时限制塔内气流速度,减小冲蚀。

(1)脱硫和硫黄回收装置中,凡操作温度在90℃以上的塔器管线应进行应力解除,防止碱性环境中的应力腐蚀。

(2)对脱硫溶剂应进行分流过滤,或定期过滤以减少磨蚀。

(3)胺的浓度应尽可能适宜。

(4)避免氧气进入脱硫装置。防止氧进入装置的措施包括暴露在空气中的脱硫剂,都应用惰性气体保护;贫液循环泵和溶剂补充泵的进口都必须保持正压,防止空气吸入;装置开工时必须清除系统中的空气;定期对溶剂进行复活处理。

(5)正确的开、停工可减缓腐蚀。

3. 甘醇脱水装置的防腐工艺设计

1)防止甘醇溶液污染,减轻设备腐蚀

(1)安装高效分离器分出原料气中液相和固相杂质。

(2)安装甘醇溶液过滤器,除去甘醇变质产物,减小溶液中悬浮固体的冲蚀。

(3)防止氧进入系统,减小由氧引起的腐蚀。

2)改进过程设计

(1)降低重沸器温度或热流体温度,避免加热管表面局部过热。

(2)降低进口原料气温度。

(3)控制流体流速,采用大半径弯头等。

4. 酸水汽提装置的防腐工艺设计

酸水汽提单元腐蚀受酸水中组分的影响很大,适当提高塔顶温度由90℃提高至120℃、凝气温度由120℃提高至135℃,可以有效降低系统中腐蚀组分的含量,从而达到减缓设备腐蚀的目的。

5. 硫黄回收及尾气处理防腐工艺设计

(1)加强硫冷凝器软化水质管理,严格控制有关指标,尤其是Cl^-含量,以符合工艺规定要求。

(2)硫回收装置停车后,由于过程气中的水蒸气、二氧化硫和硫化氢冷凝后形成H_2SO_3、H_2S水溶液,引起严重的电化学及硫化物应力腐蚀,因此,装置冷却后需用惰性气体置换保护。

(3)硫冷凝器内的腐蚀产物(硫化亚铁、泥状沉积物等)不宜用水清洗,应用惰性气体清理,并保持干燥。

(4)加强装置平稳操作,严格控制工艺指标,避免过程气温度大幅波动。

(5)在进行尾气灼烧的时候,应该尽量的减少在灼烧时产生的含氮物质的产生量,这样就可以防止在灼烧过程中产生过多的含氮物质和三氧化硫,从而避免了其在低温时容易形成强酸性物质,进而腐蚀了装置。

二、材料选择

1. 脱硫及脱水装置

脱硫装置中的前几级吸收塔、水解反应器及其入口分液罐、预热器和后冷器、原料气过滤分离器、脱硫分液罐、脱水装置中的脱水吸收塔等设备的操作压力高,且天然气中 H_2S、CO_2 含量高,分压高,在露点温度下,可生成 pH 值很低的强腐蚀性酸液介质,因此对设备选材提出了较高要求,高压设备主要选用容器钢板(SA516－70n)＋316L 复合板。

2. 胺液再生部分

贫/富液管线、再生塔、再生塔底重沸器以及温度较高的再生塔底重沸器及出入口管线、贫/富液换热器等主要腐蚀介质为 MDEA—CO_2—H_2S—H_2O,且温度较优高。对重沸器出、入口管线全部进行扩径并材质主要选用 N07718 型铬镍不锈钢,对重沸器壳体也主要选用 N07718 型铬镍不锈钢。

3. 冷凝和尾气处理部分

酸性腐蚀主要分布在尾气急冷塔及含硫污水管线。腐蚀最严重的是此系统中发生湍流和涡流的部位。将吸收塔和再生塔内的塔盘、调节堰板、连接件、卡子、支撑圈、溢流堰、受液盘材质主要选用 N07718 型铬镍不锈钢材质。对高温腐蚀,如高温掺合阀阀芯的高温腐蚀,将实心阀芯改造为空心阀芯,阀芯材质改用 CrMoV 高温钢,内部接入脱氧水循环冷却可确保运行效果良好。另外余热锅炉换热管材质宜选 N07718 型铬镍不锈钢,一级冷却器之前的管线材质宜选 Cr5Mo。

4. 塔器类

急冷塔壳体全部采用 20R＋304 复合钢板,其内件及填料均用不锈钢材料。酸水汽提塔壳体和塔底选用不锈钢复合板和不锈钢管束,其内构和填料件材质为 304。反应器、加氢进料燃烧炉、焚烧炉壳体材质主要选择碳钢,内部炉膛耐火材料采用浇注料结构。

三、外涂层防腐技术

外涂层是使用最普遍的防蚀方法,用无机和有机胶体混合物溶液或粉末,通过涂敷或其他方法覆盖在金属表面,经过固化在金属表面形成一层薄膜,使物体免受外界环境的腐蚀。一般的防腐涂层涂敷工艺过程如下:脱脂除锈—除尘或水洗—干燥—涂敷—固化—质量检查。如针对露点腐蚀采取如下措施:(1)过程气管线、尾气管线仍采用多条伴热线加热的方法并加强保温;(2)冷却器用钝化剂进行钝化,并在出口管板及管内表面 500mm 以内涂刷耐高温、耐腐蚀性能好的防腐材料 PVA－B;(3)对尾气管线上的膨胀节换成夹套膨胀节;(4)脱气管线换为夹套管线。

四、腐蚀控制效果评价

1. 腐蚀监测点和检测点的设置

净化厂腐蚀环境复杂，有高酸气负荷腐蚀环境、低酸气负荷腐蚀环境，高温腐蚀环境，低温腐蚀环境、液相腐蚀环境、气相腐蚀环境、气液混相腐蚀环境等。根据第四章腐蚀监测点和检测点设置的原则确定净化厂的腐蚀监测和检测点。

2. 腐蚀监测和检测方法的选择

在天然气净化厂中引起脱硫系统腐蚀的因素较多，单一的腐蚀监测和检测方法只能提供有限的信息，为了获得脱硫装置比较全面的腐蚀信息，应采用两种或两种以上的方法来辅助监测脱硫装置的腐蚀，这样可以得到互补的数据。

对腐蚀监测和检测技术的选择主要从各种腐蚀监测技术的技术特点、可靠性、所得信息类型、对环境的适应性、对生产工艺参数变化的响应速度以及经济性等多方面考虑。

第三节　净化厂循环水系统腐蚀控制技术

循环冷却水中溶解氧引起的电化学腐蚀、有害离子（如：Cl^-、SO_4^{2-}等）引起的腐蚀、微生物（厌氧菌、铁细菌）引起的腐蚀以及垢下腐蚀等会造成循环冷却水系统中大量金属设备的严重腐蚀，造成换热器腐蚀穿孔、溶液泄露污染等严重后果。循环水系统直接关系到脱硫、尾气处理等工艺系统的平稳运行。因此有效控制和缓解循环水系统材质的腐蚀，延长设备生产周期和运行寿命，对确保净化厂“安、稳、长、满、优”目标的实现具有重要意义。依据循环冷却水系统主要腐蚀机理，可通过优化循环水系统运行参数、采用化学处理的方式来有效控制循环水系统的电化学腐蚀和微生物腐蚀危害。

一、优化循环水系统运行参数控制腐蚀

1. 提高循环水 pH 值

循环水 pH 值在 4.3 以上时，碳钢的腐蚀主要由氧的去极化作用主导，腐蚀在 pH 值 4.3 ~ 9.0 范围内随着 pH 值的增加而逐渐减小。而当循环水 pH 值小于 4.3 时，碳钢表面开始发生析氢反应，腐蚀速率迅速增加[7]。当循环水 pH 值大于 9.0 时，阳极表面生成 $\gamma-Fe_2O_3$ 致密氧化性保护膜的倾向增大，腐蚀速率迅速下降。GB/T 50050—2007《工业循环冷却水处理设计规范》中，规定间冷开式冷却水系统的 pH 值指标不低于 6.8，通常建议将循环水 pH 值控制在 8.0 ~ 9.5 范围内运行。

系统补充水水质发生变化、投加氯系杀菌剂等情况可能造成循环冷却水 pH 偏低。这时可以通过补加碱液提高循环水 pH 来减缓腐蚀，某循环冷却水系统将循环水 pH 由 4.5 ~ 6.9 提高到 7.2 ~ 8.0 范围运行之后，腐蚀速率由原来的 0.255 ~ 0.288mm/a 降低到了 0.0158 ~ 0.0440mm/a[8]。

虽然提高循环水 pH 可有效地降低腐蚀，但是仅仅依靠提高 pH 通常是不足以将腐蚀控制

到 GB/T 50050—2007《工业循环冷却水处理设计规范》要求的循环水系统碳钢腐蚀速率 0.075mm/a 以下的。另一方面,pH 的升高,会使得 $CaCO_3$的结垢趋势加强,增加系统结垢的风险。因此,提高 pH 值措施应与循环水系统其他腐蚀控制措施如加注缓蚀剂等共同实施,以取得良好的效果。

2. 控制合理的流速

冷却水在管道中的流速过高或过低都不利于腐蚀的控制。如果流速过高,水流携带到金属换热器表面的溶解氧更多,会加速腐蚀。而如果流速过低,循环水中的腐蚀产物、黏泥、水垢等很容易在换热器内沉积下来,导致结垢和垢下腐蚀。GB/T 50050—2007《工业循环冷却水处理设计规范》中规定管程内的流速不宜小于 0.9m/s。实际设计过程中,通常采用 1.0 ~ 1.5m/s 作为设计流速。

因此当发现净化厂循环冷却水系统内腐蚀严重、泥沙等沉积物聚集时,可对该处流速进行核算,如果低于最低流速要求,可调整换热器类型或提高换热器内水流速度以减缓腐蚀。

二、循环冷却水系统缓蚀剂防腐技术

与井下和地面集输系统一样,在循环冷却水系统中应用缓蚀剂也是一种非常有效的金属腐蚀防护措施。循环水中只需加入很少量(每升加入几十毫克)的缓蚀剂,即可将循环水对金属材质的腐蚀速率控制到 0.075mm/a 以下。随着技术的不断进步,缓蚀剂在循环冷却水中的应用越来越广泛。

1. 循环冷却水系统的清洗预膜

清洗和预膜称为循环冷却水化学处理的预处理,是循环水系统缓蚀剂投加前的必要步骤。目的是使正常运行时投加的药剂发挥最佳的效果。清洗的目的是通过药剂的作用,使金属换热器表面保持清洁状态。预膜的目的是通过投加预膜剂,在金属换热器表面形成一层薄而致密的保护膜,起到保护设备,延缓腐蚀的作用。

若系统有壳程换热器或板式换热器则需要在清洗过程中将其从系统中隔离出来,避免在水冲洗和清洗过程中悬浮物及杂质沉积在设备的“死角”。

化学清洗时间的选择:(1)新装置投运前;(2)生产装置由于冷却水化学处理效果不能满足生产工艺要求,影响产量、质量时;(3)冷却水系统大修后;(4)冷却水系统发生突发故障后。

1)清洗前的准备工作

(1)人工完成清理循环水塔底、池壁、池底及系统管道(800mm 以上)的淤泥与杂物。

(2)确认清洗所需水(净化厂消防用水)、电(厂房东侧配电室)、循环水泵、废液处理等设备具备投运条件。

(3)将清洗设备运抵现场,做好配、接管的一切准备工作。

(4)完成清洗预膜药品以及分析需要药品的准备。

(5)如果装置的循环水管线不具备构成环网条件,在装置界区内供、回水管线配临时接管,并隔离特殊设备。

(6)实施清洗前由双方共同对清洗工艺流程进行检查、确认,以防清洗液跑、冒现象的发生。

(7)做好现场施工人员劳动防护工作,在清洗现场,设置应急防护用品及安全保护措施。

(8)通知调度,开始循环水系统冲洗。

2)水冲洗操作

(1)总管网的冲洗:

① 检查关闭各装置上水、回水总管阀门,保证循环水不进入各装置界区内,关闭排污阀。

② 关闭循环水上塔喷淋阀门、打开入塔底集水池旁路阀让循环水直接回到水池。

③ 关闭集水池排水阀,开补水阀对水池进行补水,吸水池液位达到90%,停止补水。

④ 联系调度、试车小组人员等,启动循环水泵,对系统循环水总管线冲洗。

⑤ 用喷淋旁路阀调整循环水流量和回水压力,观察冲洗是否有效,回水压力是否正常,当冲洗效果不佳,回水压力达不到0.25MPa时,可视情况按再启动1~2台循环水泵进行冲洗。

⑥ 两台或三台泵同时稳定运行8h后,开启塔底排污阀进行排水置换,同时加大补水流量,控制好吸水池液位,保持系统稳定运行;再过16h后,进行水泵切换运行,保持原有冲洗模式不变,保持管网冲洗流速不小于1.5m/s。

⑦ 系统进行大排大补,即把补水阀全开、排污阀全开,当吸水池液位不大于60%时关闭排水阀。达到最高液位90%时,全开泄水阀,加快系统冲洗置换进度,期间保证每台泵连续运行24h。

⑧ 每循环1h分析一次水的浊度,当循环水的浊度持续3h以上不再增长时停止补水及排水。

⑨ 打开管网排放阀和塔底集水池排放阀进行系统排水,当检查确认管网排放阀均不见水后,最后再次进行吸水池、格网前池和塔底集水池人工清理,用潜水泵抽出吸水池、格网前池和塔底集水池残存的污水,直至冲洗合格为止。

(2)装置区内的冲洗:

① 待循环水总管全部清洗结束后,由各装置上水、回水总阀控制,准备清洗各装置分支管线。

② 以装置为单位逐步清洗,配置临时管线,水不经各冷却设备,各冷却器上水与回水配临时直通副线。

③ 分段对循环水支管冲洗,可进行开口冲洗。

(3)清理工作。

循环水主管及各装置内循环水管线和水冷器均已冲洗完毕,拆除相关临时接管,恢复原状,管线与水冷器连接完好并形成回路,然后人工清理水池。

(4)检验标准。

冲洗出水浊度不再上升,且与原水所测指标接近,即可认为水冲洗合格,同时加入清水置换,开始进行化学清洗。

3)化学清洗过程

化学清洗的目的是采用化学药剂使循环水系统所有金属表面得到净化。化学清洗的关键是选择合适的专用化学药剂将系统内金属表面的污物、油脂附着物、浮锈等去除,并恢复到金属的原始活化状态,为下一步的预膜工作提供条件。

(1)确认系统中的供水管线、回水管线与所有的水冷器之间的阀门均打开,各装置所有水冷器的循环水出入口阀门全部打开,并同时将高位阀打开,等有水射出 30 ~ 60s 后,残气全部放出后即关闭阀门,关闭补水阀及排污阀及旁滤装置,稳定运行半小时后开始投加药剂。

(2)在系统压力允许范围内,可适当增开循环水泵,以增加水流速度,不低于 1.5m/s。

(3)循环 1h 后,开始加药。按保有水量及加药浓度计算出加药量,向冷却塔下部水池内投药(投加量和浓度,分析频率由药剂厂家提出)。

(4)循环 1 ~ 6h 时后,如有大量泡沫产生时,投加消泡剂。

(5)化学清洗过程中视浊度变化情况分数次补加余下的化学清洗剂。

(6)清洗过程中用酸调节循环水 pH 值在工艺范围,每隔 2h 测定循环水浊度、pH 总铁等指标,在不加酸和加药的前提下,如循环水浊度、总铁等相关数据达到相对稳定,不再明显变化时可结束清洗,可以采用大排、大补的方式,排出清洗液,只要补充水量允许,尽可能开大排污和补充水阀门,或者先停泵排空系统后再补水开泵。待浊度小于 10NTU、总铁小于 2.0mg/L,可停止排污及补水,迅速进行预膜处理。

(7)化学清洗效果的评价。

参照 HG/T 2387—2007《工业设备化学清洗质量标准》规定的指标进行效果评价和判断:①碳钢挂片腐蚀速率不大于 0.075mm/a;②铜、不锈钢挂片腐蚀率不大于 0.005mm/a。

4)系统预膜过程

为了使循环冷却水系统经化学清洗后的活化金属表面迅速形成一层致密且薄的保护膜,从而起到延缓腐蚀、保护设备的作用,必须进行预膜处理。

(1)预膜基本条件:

① 一个清洁、活化的金属表面。

② 有足够的溶解氧。

③ 冷却水浊度小于 10NTU。

④ 总铁小于 2mg/L。

⑤ 合理的预膜方案。

(2)预膜处理操作步骤:

① 打开补水阀向冷水池注水至正常水位,关闭排污阀,分析浊度是否小于 10NTU、总铁是否小于 2mg/L,开启循环水泵,调节 pH 在正常范围内,关闭旁滤装置。

② 确认各装置所有水冷器的循环水出入口阀门全部打开,将高位阀打开,等有水排出 30 ~ 60s 后,残气全部放出后即关闭阀门,稳定半小时后开始投加药剂。

③ 将循环水的 pH 值调节在 6.0 ~ 7.0,然后一次性往吸水池中加入预膜剂。

④ 预膜过程中分析浊度,当浊度大于 20NTU 时,应投加预膜辅助剂,降低浊度至小于 20NTU,确保预膜正常运行。

⑤ 预膜过程中控制循环水 pH 值为 6.0 ~ 7.0,尽可能减少系统排污及补水,保持闭路循环。

(3)预膜效果的评价。

预膜终点确认,以预膜剂投加后,pH 调节至工艺范围,时采用挂片试验来检查预膜效果的好坏。挂片试验可采用 HG/T 3532—2003《工业循环冷却水污垢和腐蚀产物中硫化亚铁含量的测定》处理过的 $20^{\#}$碳钢监测挂片,预膜过程中,经常观察监测挂片,当监测挂片上出现明显蓝紫色色晕时即为预膜终点。

2. 循环冷却水缓蚀剂类型

用于水系统的缓蚀剂按其形成膜的种类来分,可分为表 7-1 中的几类。

表 7-1 循环冷却水缓蚀剂种类

缓蚀剂分类		常见缓蚀剂
钝化膜型		铬酸盐、亚硝酸盐、钼酸盐、钨酸盐等
沉淀膜型	水中离子型	聚磷酸盐、硅酸盐、锌酸盐等
	金属离子型	巯基苯骈噻唑、苯骈三氮唑
吸附膜型		有机胺硫醇类、其他表面活性剂、木质素类、葡萄糖酸盐类等

3. 循环冷却水缓蚀剂选用原则

作为冷却水中使用的缓蚀剂需要具备以下的条件[9]:

(1)经济可行。即添加缓蚀剂的方案和其他方案相比,在经济上是合算的或者是可以接受的。

(2)缓蚀剂组分排放在环境保护上是容许的。在 20 世纪 60 年代广泛应用的铬酸盐缓蚀剂由于其毒性而逐渐被限制使用。而随着环保要求的日益严格,目前广泛应用的磷系缓蚀剂由于其造成水体富营养化也面临着越来越严苛的排放限制,环境友好型的无磷配方缓蚀剂的应用已提上日程。

(3)与冷却水中其他水处理剂如阻垢剂、分散剂和杀生剂相容性良好,甚至还有协同作用。

(4)不会造成换热金属表面传热系数的降低。

4. 循环冷却水系统缓蚀剂应用工艺

缓蚀剂的加注应保证尽量均匀和稳定,避免循环水中药剂浓度产生较大波动。应设立专用的缓蚀剂配药罐,配液罐容量应能满足 8 ~ 24h 药剂消耗量。缓蚀剂在配液罐中配制成 5% ~ 20% 的浓度后匀速加注。缓蚀剂的计量宜采用计量泵或转子流量计,以确保加量的准确。

三、循环冷却水系统微生物腐蚀控制技术

微生物在冷却水系统中繁殖后会使冷却水颜色变黑,发生恶臭,同时会形成大量黏液和黏泥使冷却塔的冷却效率降低。黏泥沉积在换热器内除了导致传热效率迅速降低以及水头损失增加外,还会隔绝药剂对金属的保护作用,引起严重的垢下腐蚀。由于微生物的腐蚀危害通常表现为局部腐蚀,可在很短的时间内造成换热器穿孔,腐蚀后果严重。杀菌剂是控制循环冷却水微生物滋生最经济有效的手段,在循环水中投加每升几十毫克的杀菌剂即可有效抑制微生

物的生长，避免微生物带来的腐蚀危害。

1. 循环冷却水系统杀菌剂种类

按照对微生物的杀灭机理的不同，杀菌剂分为氧化性杀菌剂和非氧化性杀菌剂。氧化性杀菌剂通过氧化作用使微生物蛋白质变性导致细菌的死亡。而非氧化性杀菌剂则是通过制毒作用于微生物的特殊部位来杀灭微生物。利用两种杀菌剂不同的杀菌机理，通过交替使用氧化性杀菌剂和非氧化性杀菌剂，可避免细菌产生耐药性，有效解决微生物给循环水系统带来的腐蚀危害。

1）氧化性杀菌剂

氧化性杀菌剂包括氯基杀菌剂、溴基杀菌剂、二氧化氯、过氧化物和臭氧等。

2）非氧化性杀菌剂

常用的非氧化性杀菌剂包括季铵盐类、异噻唑啉酮类、戊二醛、季磷盐类杀菌剂等。

2. 循环冷却水系统杀菌剂选用原则

（1）选用的杀菌剂应具有广谱性，既能抑制冷却水中细菌、真菌和藻类的活动。

（2）经济实用，杀生效率高，用量小。

（3）适用于循环冷却水系统的 pH 值、温度以及换热器材质，不会造成循环水环境发生大的波动。

（4）杀生剂不含有限制排放物质，对环境友好。

3. 循环冷却水系统杀菌剂应用工艺

1）药剂配制和加注

氧化性杀菌剂和非氧化性杀菌剂的加注应交替进行，加注氧化性杀菌剂药剂当天不加注非氧化性杀菌剂。

根据杀菌剂的用量和循环水总水量计算出杀菌剂的单次投加量。采用冲击加注方式一次性将杀菌剂投入凉水池内。

部分需要活化的氧化性杀菌剂，应设置专门的活化罐，产品活化后一次性冲击加注到凉水池内。

2）细菌总数的监测

在循环冷却水中，异养菌不仅生长繁殖快，而且为数最多，它基本代表了水中全部好氧菌的数量，所以测定时，以这类细菌的数量作为细菌总数。细菌总数是直观的反映了循环水系统中微生物的量。

对于非氧化型杀菌剂，加注完成并循环水系统一个周期（0.5 ~ 2h）后，立即于凉水池取样测定细菌数，若细菌数偏高则下一周期调整加大非氧化性杀菌剂的加量。

对于氧化型杀菌剂，加注完成后，立即于现场回水口取样测定细菌数，若细菌数偏高则提高下一周期氧化性杀菌剂加量。

参考文献

[1] 李峰．天然气净化装置腐蚀行为与防护．天然气工业,2009,29(3):104－106.
[2] 陈赓良．醇胺法脱硫脱碳装置的腐蚀与防护．石油化工腐蚀与防护,2005,22(1):27－31.
[3] 金华峰．硫黄回收装置中冷凝冷却器的腐蚀和防护．腐蚀与防护,2001,22(4):169－172.
[4] 李学翔．硫黄尾气处理装置腐蚀与防护技术．石油化工环境保护,2006,29(2):61－64.
[5] 兰宦勤．酸水汽提装置酸气管线腐蚀开裂原因及对策．石油化工设备,2014,43(6):97－99.
[6] Costerton. J. W,LeWandowski. Z,Caldwell. D. E,Influence of the microbial content of different precursory nuclei on the anaerobic granulation dynamics. Ann. Rev. Microbial,1995,49(5):711－721.
[7] 赵琼．循环冷却水系统腐蚀情况分析及药剂控制方法．天然气与石油,2010,28(2):46－49.
[8] 杨淑琴．循环冷却水 pH 值的控制．浙江冶金,2005,(2):57－58.
[9] 周本省．工业循环冷却水中金属的腐蚀与腐蚀控制．清洗世界,2005,21(6):24－25.

第八章　龙岗气田腐蚀控制技术应用实践

四川盆地龙岗气田(长兴组、飞仙关组气藏)是国内最早投产的6000m超深高含硫气田。2006年10月,龙岗1井在长兴组生物礁、飞仙关组鲕滩先后分别获得$65.3\times10^4m^3/d$和$126.48\times10^4m^3/d$高产气流,实现了四川盆地海相6000m级深层碳酸盐岩储层天然气勘探的重大突破。2009年7月,龙岗地区超深高含硫气藏试采工程建成投产,先后投产18口井,气藏最高日产气$517.76\times10^4m^3$。目前龙岗气田共有生产井29口,日产气$180\times10^4m^3$,日产水$253m^3$。

龙岗气田属典型的高含硫气藏,具有埋藏深、高温(地层温度超过120℃)、高压(地层压力超过60MPa)、气水关系复杂、产水量大、天然气中酸性组分含量高[H_2S含量1.21~4.52%(摩尔分数),CO_2含量2.40~7.09%(摩尔分数)]等特点。为了确保龙岗高含硫气藏的安全、清洁、高效开发,中国石油西南油气田分公司在“十一五”和“十二五”期间先后承担了两轮国家重大科技专项,围绕龙岗气田开发示范工程建设在气藏工程、钻完井工程、地面集输工程、天然气净化工程、腐蚀控制工程和HSE保障等领域开展了大量的技术攻关和现场实践,发展和完善了高含硫气田开发技术和标准规范系列。

龙岗气田在编制试采方案时确立了整体腐蚀控制和效果监测理念,从井工程、地面系统全流程进行腐蚀分析、腐蚀控制措施优选、效果评价和持续改善。气田试采方案中增设了专门的腐蚀控制篇章,包括气田腐蚀程度评价、主要影响因素分析、腐蚀控制措施优选、腐蚀控制效果监测和检测等内容。在气田的建设和试采过程中严格执行方案设计,并结合气田生产实际情况进行持续优化完善,成功将气田的均匀腐蚀速率控制在0.1mm/a以下,为龙岗高含硫气田投产至今的安全开发提供了坚实的保障。

龙岗气田整体腐蚀控制理念综合了工艺及运行参数优化、材料优选、缓蚀剂防腐等多种手段,并配套建立了相对完善的监测和检测体系来评价腐蚀发展趋势和腐蚀控制效果。采取的腐蚀控制措施和效果评价手段主要包括:(1)井下油套管和地面系统材料的选择考虑了抗H_2S和耐电化学腐蚀性能;(2)地面集输工艺通过单井站内分离、多井集气、湿气输送、控制气流速率、定期清管等最大程度降低电化学腐蚀;(3)井下通过环空保护液实现了对环空的腐蚀控制,地面系统设置井口和管线缓蚀剂加注口实现了缓蚀剂的连续加注,通过清管器收发球装置实现了干线的缓蚀剂预膜;(4)地面集输管线和设备的外防腐普遍采用涂层和阴极保护技术;(5)龙岗气田地面流程安装了电化学探针和腐蚀挂片装置,实现了现场腐蚀的在线监测,并综合运用FSM、氢探针、超声波技术、缓蚀剂残余浓度分析等手段实现了腐蚀监测和检测的完整性、系统性和代表性;(6)建立了龙岗气田腐蚀评价和预测系统,实现了腐蚀监测和检测数据的采集、分析、处理和应用,提升了龙岗气田腐蚀控制的数字化水平。

第一节 龙岗气田概况

一、气田位置

龙岗气田位于四川盆地中北部，地理位置包括仪陇以东、巴中以南、平昌以西、营山以北约7000km^2的范围。

龙岗构造位于四川省平昌县龙岗乡，向西北以鼻状延伸至四川省仪陇县阳通乡境内，地面为一个较平缓的北西向不规则穹隆背斜，在构造区域上属于四川盆地川北低平构造区。构造东北起于通江凹陷，西南止于川中隆起区北缘的营山构造，东南到川东南断褶带，西北抵苍溪凹陷。

二、气藏流体特征

1. 气质和水质指标

龙岗气田天然气为高含硫天然气，其中 H_2S 含量为 1.21% ~4.52%（摩尔分数）、CO_2 含量为 2.40% ~7.09%（摩尔分数）。龙岗气田气井普遍产气田水，水型以 $MgCl_2$ 和 $CaCl_2$ 水型为主，矿化度范围 30000 ~60000mg/L，Cl^- 含量范围 10000 ~40000mg/L，属于高 Cl^- 和高矿化度水质，腐蚀性较强。主要单井气质指标和水质指标见表 8 -1 和表 8 -2。

表 8 -1 龙岗气田主要生产井天然气气质指标　　单位：%（摩尔分数）

井号	取样日期	甲烷	乙烷	己烷⁺	H_2S	CO_2
龙岗 001 -1	2011.11.24	94.11	0.00	0.00	2.10	0.08
龙岗 001 -2	2011.11.25	89.92	0.00	0.00	3.75	0.29
龙岗 001 -3	2011.6.19	92.83	0.07	0.00	2.73	4.08
龙岗 001 -6	2011.11.29	93.47	0.08	0.01	1.98	3.06
龙岗 001 -7	2011.11.28	93.25	0.07	0.01	1.78	2.32
龙岗 001 -8 -1	2011.11.23	89.92	0.06	0.00	3.37	4.11
龙岗 001 -18	2011.11.2	91.3	0.11	0.70	3.45	3.27
龙岗 001 -23	2011.11.23	89.92	0.08	0.00	4.47	4.7
龙岗 1	2011.11.29	93.95	0.07	0.01	2.02	2.59

表 8 -2 龙岗气田主要生产井产水水质指标

井号	阴离子，mg/L			总矿化度，g/L	pH	水型
	Cl^-	HCO_3^-	总值			
龙岗 001 -1	39137	330	39608	59.84	6.24	$CaCl_2$型
龙岗 001 -2	4541	68	4628	6.98	5.43	$CaCl_2$型
龙岗 001 -3	17167	1779	19043	30.68	6.64	$MgCl_2$型

续表

井号	阴离子,mg/L			总矿化度,g/L	pH	水型
	Cl^-	HCO_3^-	总值			
龙岗 001 - 6	17210	1293	18529	30.05	6.69	$MgCl_2$ 型
龙岗 001 - 7	1399	105	1508	2.22	5.63	$CaCl_2$ 型
龙岗 001 - 8 - 1	20174	1266	21469	34.84	6.62	$MgCl_2$ 型
龙岗 001 - 18	20902	57	21071	34.44	6.64	$CaCl_2$ 型
龙岗 001 - 23	900	207	1182	1.86	6.18	$CaCl_2$ 型
龙岗 1	1663	105	1770	2.65	5.65	$CaCl_2$ 型

2. 主要生产参数

龙岗气田埋藏深,地层温度超过 120℃、地层压力超过 60MPa,生产气井多数油压超过 35MPa,温度高于 50℃。2013 年 12 月测得的龙岗气田部分气井油压、井口温度、日产气量、日产水量数据见表 8 - 3。其中,龙岗 2 井原预测不产水,投产后单井运行至 2009 年 8 月 1 日该井产气量及井口油压迅速下降,产水量上升至 500 ~ 1000m^3/d,井口温度上升到 100 ~ 120℃,进入下游龙岗 001 - 3 井集气站温度为 79℃。2010 年 1 月,龙岗 2 井停产,累计产气 2410 × 10^4m^3,产水 34800m^3。

表 8 - 3　龙岗气田部分气井生产参数

井号	油压,MPa	井口温度,℃	日产气量,10^4m^3	日产水量,m^3
龙岗 1 井	40.2 ~ 45.6	51 ~ 83	60.2	7.0
龙岗 2 井	35.2 ~ 42.6	75 ~ 102	停产	停产
龙岗 6 井	34.6 ~ 40.6	22 ~ 27	6.2	2.1
龙岗 26 井	16.8 ~ 25.8	33 ~ 45	2.0	5.4
龙岗 27 井	25.3 ~ 28.3	48 ~ 63	9.4	2.1
龙岗 28 井	39.3 ~ 43.5	37 ~ 46	4.8	52.3
龙岗 001 - 1 井	35.5 ~ 38.0	84 ~ 88	31.6	8.5
龙岗 001 - 2 井	41.2 ~ 44.0	45 ~ 52	19.9	12.1
龙岗 001 - 3 井	29.3 ~ 36.2	32 ~ 38	3.7	29.1
龙岗 001 - 6 井	40.3 ~ 42.7	58 ~ 72	12.6	100.5
龙岗 001 - 7 井	38.2 ~ 41.4	43 ~ 68	30.1	7.5

第二节　龙岗气田腐蚀评价

龙岗气田是典型的"三高"(高温、高压、高含硫)气田,气井普遍产气田水,气田水矿化度较高,无论是气井井下还是地面系统都面临苛刻的腐蚀环境。因此,弄清气田腐蚀程度和主要腐蚀影响因素,对制定合理的腐蚀控制措施,确保气田安全生产十分重要。室内按照建立的腐蚀分析和评价程序,模拟龙岗气田不同工况条件进行腐蚀评价。

一、龙岗气田腐蚀模拟评价

1. 井下工况条件下腐蚀评价

根据龙岗1井的气质、水质分析结果，结合井下压力、温度和完井管材使用情况，确定了腐蚀评价的模拟试验条件。腐蚀介质：地层水；H_2S 分压 0.4MPa，CO_2 分压 0.55MPa，试验总压 18MPa；温度 60～150℃；试验主要材质为 VM110SS、BG95SS、N06985－125、SM2550－125 等。

图8－1是套管材质（VM110SS 碳钢）在气相、液相中腐蚀速率评价结果。图8－2是油管材料 BG95SS 碳钢在气相、液相中腐蚀速率评价结果。由图8－1、图8－2可知，普通的抗硫油管、套管材质在模拟腐蚀介质中的腐蚀速率在 0.221～1.204mm/a，腐蚀速率远大于 0.076mm/a，表明井下腐蚀属于极严重腐蚀等级。

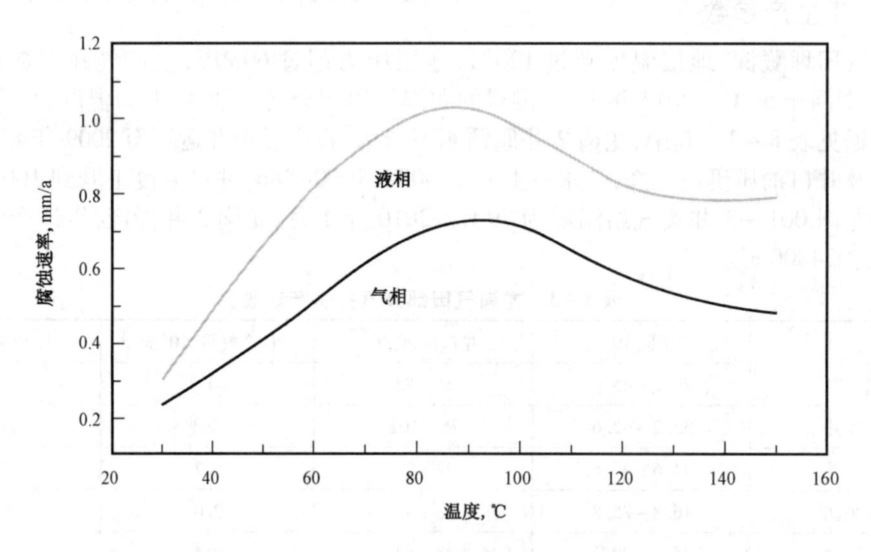

图8－1 VM110SS 材质在气相、液相中腐蚀速率随温度的变化曲线

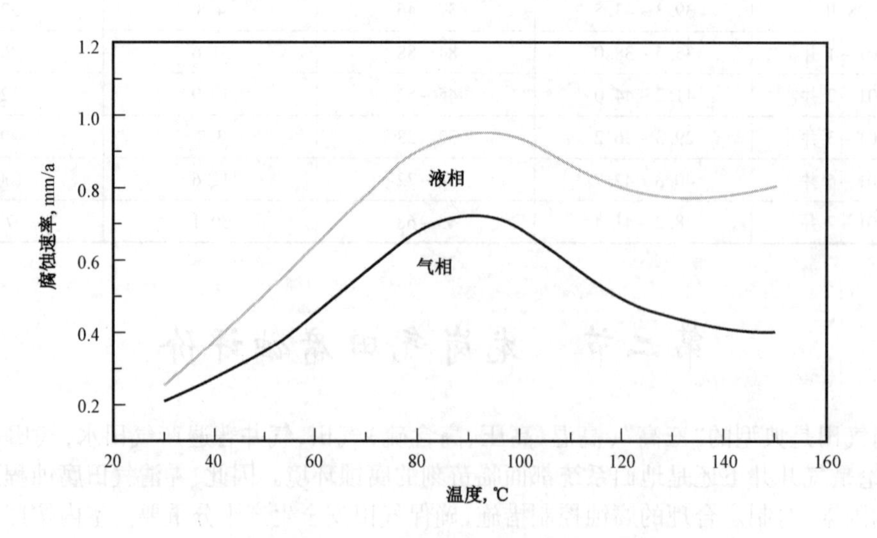

图8－2 BG95SS 材质在气相、液相中腐蚀速率随温度的变化曲线

而 N06985－125、SM2550－125 等耐蚀合金材质在同样的条件下，其电化学腐蚀速率仅为 0.005mm/a，属于轻度腐蚀范畴，表现出了优良的耐电化学腐蚀性能。

2. 地面集输工况条件下腐蚀评价

根据龙岗 1 井的气质、水质分析结果，结合地面集输工艺，确定了腐蚀评价的模拟试验条件。腐蚀介质为地层水，通入 H_2S 和 CO_2（水中 H_2S 浓度 610mg/L，CO_2浓度 170mg/L）；试验温度 40℃；常压；试验周期 72h；管线材质 L245QCS、L245NCS、L360NCS 和 L360QCS。评价结果为液相腐蚀速率为 0.055～0.466mm/a、气相腐蚀速率为 0.396～1.745mm/a，表明地面集输系统腐蚀环境也十分苛刻。

3. 净化厂工况条件下的腐蚀评价

1）脱硫装置工况条件下的腐蚀评价

在室内小型脱硫装置上进行腐蚀挂片，模拟评价了 20R 钢在净化厂脱硫装置生产条件下的腐蚀状况。试验介质为 50%（质量分数）的 MDEA 水溶液；溶液中 H_2S 含量 55～57g/L，CO_2含量 38～40g/L；试验时间 124h。结果见表 8－4。由表可知，再生塔的腐蚀比吸收塔严重得多，吸收塔中下部的腐蚀速率要比上部高，在再生塔塔底液相和气相的腐蚀速率要比中部和塔顶部位相对高一些，再生塔和吸收塔在 MDEA 溶液中在高温条件下达到中度腐蚀等级。

表 8－4 MDEA 溶液实验室动态腐蚀数据

挂片位置	温度，℃	腐蚀速率，mm/a	试片表面描述
吸收塔上部第三段填料栅板处	38～40	0.008	均匀腐蚀
第二段填料栅板处（吸收塔中下部）		0.013	均匀腐蚀
再生塔顶	100～105	0.068	均匀腐蚀
再生塔中部		0.071	均匀腐蚀
再生塔底气相		0.077	均匀腐蚀
再生塔底液相	125～128	0.079	轻微局部腐蚀

2）循环水系统工况条件下的腐蚀评价

循环冷却水系统中大量设备是由金属材料制造。在长期运行过程中，不可避免地会出现腐蚀现象。循环水系统的腐蚀主要包括水中溶解氧引起的电化学腐蚀、有害离子（如 Cl^-、SO_4^{2-}等）引起的腐蚀、微生物（厌氧菌和铁细菌）引起的腐蚀、沉积污物引起的垢下腐蚀等。为了弥补损耗，净化厂循环水系统需要定期进行水量补充。龙岗净化厂补充水由新鲜水、反渗透水和酸水汽提塔底的汽提水组成。实验室评价了龙岗净化厂循环水在 60℃和不同钙＋总碱浓度条件下的腐蚀状况，结果见表 8－5。由表可见，6 种条件下的腐蚀速率普遍高于 0.600mm/a，属于极严重腐蚀等级；随着钙＋总碱浓度的升高，腐蚀速率呈下降的趋势。

表 8-5 钙+总碱含量对腐蚀速率的影响

钙+总碱,mg/L	腐蚀速率,mm/a
140	2.020
280	1.692
560	1.314
840	0.634
1120	0.727
1400	0.623

二、龙岗气田主要腐蚀因素分析

对于龙岗高含硫气田,腐蚀的主要影响因素包括 H_2S 和 CO_2 含量、气田水矿化度、温度、压力和流速等。特别是龙岗气田开发过程中会产生元素硫,元素硫存在条件下各因素对腐蚀的影响是评价的重点。

1. H_2S 和 CO_2 分压对腐蚀的影响

龙岗气田部分生产气井井口温度高达 60~90℃。这个温度范围是 CO_2 腐蚀的敏感和严重区域。根据龙岗气田气质分析结果,天然气中 H_2S 和 CO_2 含量之比为 1.2~2.1。腐蚀行为表现为 H_2S 腐蚀占主导因素,不会出现严重的 CO_2 腐蚀。

2. Cl^- 对腐蚀的影响

龙岗高含硫气田开发,元素硫的沉积集聚比较常见。为此,有必要弄清楚有无元素硫条件下气田水中 Cl^- 对腐蚀的影响。试验材质为 L245;液相环境;总压 5MPa,H_2S 分压为 1.4MPa,CO_2 分压为 1.4MPa;温度为 40℃;试验周期 3d。试验结果如图 8-3 所示。由图可见,随着 Cl^- 含量的升高 L245 材质的腐蚀速率呈上升趋势;当 Cl^- 含量升高至 3%(质量分数)后,腐蚀速率随 Cl^- 含量升高有所减缓;涂敷元素硫后,L245 材质的腐蚀速率明显高于无元素硫时的腐蚀速率。

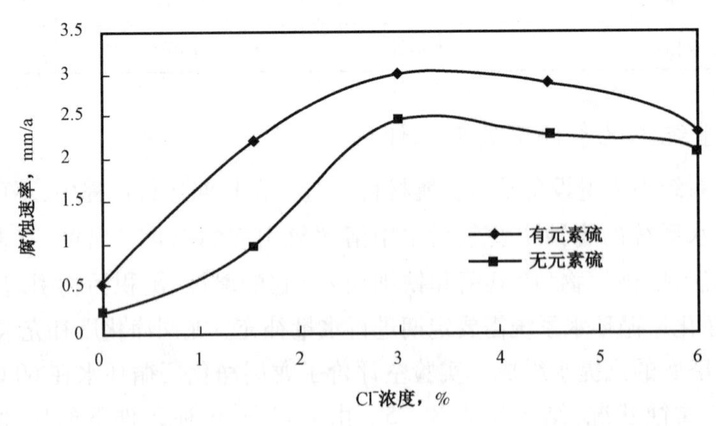

图 8-3 液相中 Cl^- 含量对 L245 材质腐蚀的影响

不同形态的腐蚀产物其稳定性也有一定的差别，而腐蚀产物的特性又与材料的腐蚀密切相关。表8－6为不同铁硫化物的结构与特性。由表可知，L245材料的腐蚀产物主要由马基诺矿型晶粒（Mackinawite，FeS）、硫复铁矿（Greigite，Fe_3S_4）和陨硫铁型晶粒（Troilite，FeS）组成，这些腐蚀产物都不是很稳定，因此导致L245材质的腐蚀速率较大。随着氯离子含量的升高，腐蚀产物中陨硫铁矿型晶粒的含量逐渐减少，而马基诺矿型晶粒逐渐增加。在不含元素硫的条件下，腐蚀产物膜由马基诺矿型晶粒（Mackinawite，FeS）组成；在含元素硫的条件下，氯离子浓度小于3%（质量分数）时，腐蚀产物中存在陨硫铁型晶粒（Troilite，FeS）。

表8－6　不同铁硫化物的结构和特征

组成	名称	结构	特性
FeS	Mackinawite	正方晶系	质地疏松，最不稳定，易溶解
Fe_3S_4	Greigite		不稳定
FeS_2	Marcasite 白铁矿	正交晶系	
FeS_2	Pyrite 黄铁矿	立方晶系	p型或n型半导体，最难溶，最稳定
Fe_9S_8	Kansite	立方晶系	不稳定，易溶
FeS	Troilite 陨硫铁		不稳定，较易溶解

3. 温度对腐蚀的影响

1）温度对套管材质腐蚀的影响

龙岗气田具有井深、地层温度高、矿化度高等特点。为此，针对套管材质（VM110SS）评价了不同温度对腐蚀的影响，结果如图8－1所示。从评价结果看出，套管材质在气相、液相中腐蚀速率都呈现随温度升高先增大后减小的趋势，在90℃附近时达到最大值；且液相中的腐蚀速率大于相应气相中的腐蚀速率。在60℃以下套管材质发生了一定程度的腐蚀，基体表面形成一层较厚的腐蚀产物，腐蚀产物相对比较疏松，在较高放大倍数下，没有观察到明显的、规则的晶体结构，所以在较低温度下得到的腐蚀产物膜对基体的保护性比较差，不能有效抑制腐蚀介质对基体进行腐蚀。液相的腐蚀形貌比气相中的腐蚀形貌要粗糙。此外，60℃条件下比30℃条件下的腐蚀产物表面更粗糙，表明60℃比30℃下具有更高的腐蚀速率。

2）温度对油管材料腐蚀的影响

室内针对油管材质（BG95SS）评价了不同温度对腐蚀的影响，结果如图8－2所示。由图可知，BG95SS碳钢与VM110SS碳钢的腐蚀速率规律类似，在气相、液相中腐蚀速率都呈现随温度升高而先增大后减小的趋势，在90℃时达到最大值；液相中的腐蚀速率大于相应温度下气相中的腐蚀速率；150℃时气液交界面处的腐蚀速率与液相中的腐蚀速率相当。在低于90℃时，BG95SS油管金属表面处于活化状态，表现为均匀腐蚀形态，形成了整体连续却疏松的腐蚀产物膜，腐蚀产物膜与基体表面结合力弱，这样的腐蚀产物膜难以阻挡腐蚀介质的传输。高于90℃后，FeS晶体开始形成立方体颗粒为主，同时会有部分片状结构的FeS化合物产生，腐蚀产物膜上有较多裂纹产生。随着温度的升高，H_2S和CO_2在水中的溶解度随之减小，使得腐蚀速率有下降的趋势。同时,由于在较高的温度下,所形成的铁硫化合物晶体逐渐明显,同时晶粒生长变得有规律和致密性较好,导致了较高温度下碳钢油管的腐蚀速率减小。腐蚀产物膜在 H_2S 和 CO_2 环境下的稳定性非常重要,温度对腐蚀速率的影响可以通过对腐蚀产物膜的晶体结构、分层状况、成分构成、结合力、溶解度的影响而影响材料的腐蚀行为。

4. 流速对腐蚀的影响

根据动态釜中液体流速与剪切力的对应关系,室内模拟了不同液体流速下的腐蚀状况。试验条件:试验材质为 L360;总压 5MPa, H_2S 分压为 1.4MPa, CO_2 分压为 1.4MPa;温度为 40℃;试验周期 3d;介质为 5%(质量分数)NaCl 溶液,结果如图 8-4 所示。由图可知,随着液体流速的增加,腐蚀速率呈下降的趋势;当液体流速从 0m/s 变化到 0.15m/s 时,腐蚀速率从 1.832mm/a 降到 0.305mm/a;当液体流速在 0.15m/s 到 0.9m/s 之间变化时,腐蚀速率变化不大。在高 H_2S、高 CO_2 含量条件下,生成的腐蚀产物一般由不稳定的马基诺矿型晶粒(Mackinawite, FeS)、硫复铁矿(Greigite, Fe_3S_4)和陨硫铁型晶粒(Troilite, FeS)组成。静态条件下,金属表面的腐蚀产物相对容易沉积在试片表面,腐蚀产物较疏松,容易形成腐蚀微电池,导致 L360 材料的腐蚀速率较大。动态条件下,金属表面的腐蚀产物容易脱离试片而进入溶液中,这时试片表面难以形成腐蚀微电池,腐蚀速率比静态的条件下明显降低。

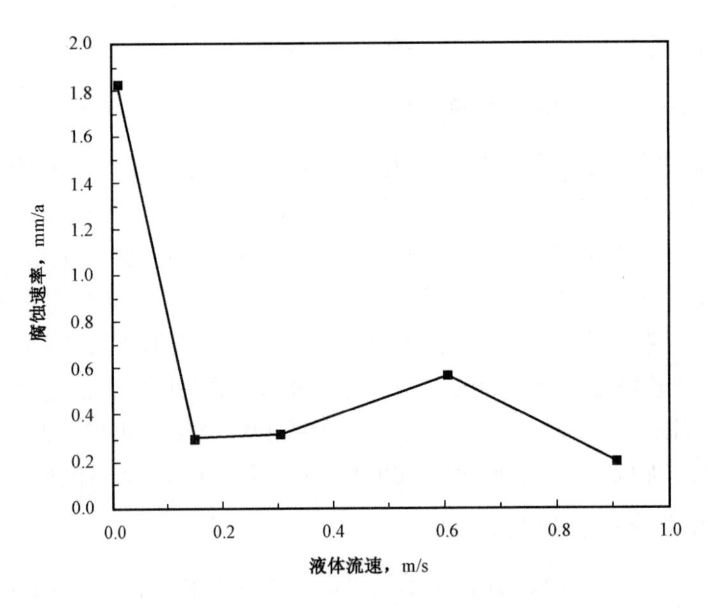

图 8-4　液体流速对腐蚀速率的影响

气田生产过程中的低流速管线中介质流动具有以下特点:(1)气体携带液体的能力有限,导致液体沉积在管线底部;(2)流体内含有的砂砾也沉积在管线的底部;(3)焊缝毛刺的存在对积垢的堆积起到一定促进作用。在上述因素的共同作用下,沉积的砂砾有可能在管线底部游动,可能对结构疏松的腐蚀产物产生磨损,导致腐蚀产物不断破坏,管线基体腐蚀加剧并可能在沉积部位发生严重的局部腐蚀;未被液体介质淹没的管线部位只发生一般的 H_2S 腐蚀反应。图 8-5 为气田管线服役后积垢堆积位置示意图。

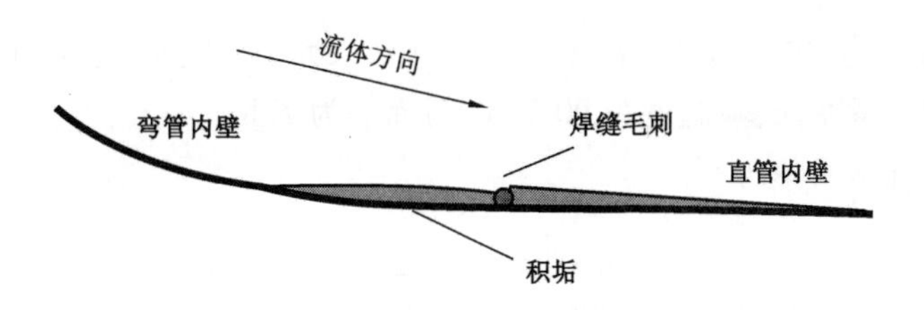

图 8－5 服役管线积垢堆积位置示意图

第三节 龙岗气田腐蚀控制设计

龙岗气田整体腐蚀控制设计涵盖了井工程、地面集输系统和天然气净化厂，综合了工艺设计、材料优选、缓蚀剂防腐等多种技术手段，根据不同的腐蚀环境采取了不同腐蚀控制技术措施。

一、井工程腐蚀控制设计

1. 气井完井方式及油套管材质选择

龙岗气田气井主要采取了光油管完井和封隔器完井两种方式。包括抗硫碳钢油管＋抗硫碳钢套管（无封隔器）完井、抗硫碳钢油管＋抗硫碳钢套管＋封隔器完井、耐蚀合金油管＋抗硫碳钢套管＋封隔器完井。

综合考虑技术经济性，龙岗气田气井完井套管材料以碳钢为主，油管多数采用耐蚀合金材质。套管材质包括 SM110S、SM110SS、VM110SS、TP110SS、TP140V 等；油管材质包括 N06985－125、SM2535、BG2830、BG95SS、BG95SS 等。

2. 缓蚀剂防腐工艺

1）环空缓蚀剂保护液的选择

四川盆地罗家寨气田已完成的高含硫气井均采用以 CT2－4 为缓蚀剂的水基环空保护液，其保护效果室内评价结果见表 8－7。从罗家 6、罗家 7 两口井起出的油管检测结果来看，加入的 CT2－4 水基环空保护液具有较好的保护效果。鉴于水基环空缓蚀剂应用工艺相对成熟，且具有较好的保护效果，龙岗气田投产初期完井采用 CT2－4 缓蚀剂环空保护液。

表 8－7 环空保护液保护效果评价

材质	相态	空白腐蚀速率，mm/a	保护后腐蚀速率，mm/a	缓蚀率，%
VM80SS	气态	1.020	0.006	99.4
	液态	0.936	0.006	99.3
G3－80	气态	0.003	0.001	66.7
	液态	0.003	0	100
P110S	气态	2.451	0.147	94.0
	液态	0.986	0.115	88.4

评价条件：溶液为5%（质量分数）NaCl的自来水；实验总压为10MPa，H_2S分压为1.5MPa，CO_2分压为1MPa；试验温度为90℃；试验周期为72h。

2）井下缓蚀剂的选择

在前期筛选评价的基础上，室内对CT2－19缓蚀剂的性能进行了评价，结果见表8－8。评价条件：试验介质为模拟龙岗6井气田水；试验温度为（150±5）℃；试验总压18MPa，H_2S分压6MPa，CO_2分压5.4MPa；评价材料为碳钢（BG95SS）；试验时间为72h。评价结果表明，缓蚀剂CT2－19在龙岗井下条件下具有良好的防腐效果。因此，井下选择CT2－19缓蚀剂进行防腐。

表8－8　井下缓蚀剂CT2－19评价结果

条件	表面状况	平均失重，g	腐蚀速率，mm/a	缓蚀率，%
空白	均匀腐蚀	0.061	0.809	—
CT2－19 1500mg/L	均匀光亮	0.006	0.075	90.7

3）井下缓蚀剂防腐工艺

龙岗气田三种完井管柱配套的缓蚀剂防腐工艺见表8－9。

表8－9　不同完井管柱的缓蚀剂防腐工艺

完井管柱	油管防腐	套管防腐
抗硫碳钢套管＋耐蚀合金油管＋封隔器	耐蚀合金油管	加注环空保护液
抗硫碳钢套管＋抗硫碳钢油管＋封隔器	间歇缓蚀剂预膜	加注环空保护液
抗硫碳钢套管＋抗硫碳钢油管，无封隔器	缓蚀剂连续加注	缓蚀剂连续加注

对于采用封隔器完井的气井，环空加注环空缓蚀剂保护液，其加注量依据环空容积考虑10%的富裕量确定。环空缓蚀剂保护液通过压裂车加注。

对于抗硫碳钢套管＋抗硫碳钢油管且无封隔器完井的气井，井下采用缓蚀剂的预膜和连续加注工艺来保护油套管。对于抗硫碳钢套管＋抗硫碳钢油管且有封隔器完井的气井，油管采用间歇加注缓蚀剂进行保护。

二、地面集输系统腐蚀控制设计

1. 地面集输工艺设计

1）采集气工艺

龙岗气田各单井的原料气经节流、加热再节流后，由采气管线气液混输至集气站或集气总站，再进入净化厂集中处理。集输管网原料气采用多井集气、湿气混输工艺，集气干线、采气管线均采用保温方式。正常生产时，井口采用水套加热炉加热防止水合物的形成，事故工况和开停工状况采用注入水合物抑制剂防止水合物形成。

2)气田水输送工艺

分离器分离出的气田水,经闪蒸罐低压闪蒸后,去除部分 H_2S,经泵提升至过滤器过滤,去除水中大部分悬浮物及固体颗粒后,储存在净水罐内,经转输泵加压管输至回注站最终回注地层。气田水处理流程如图 8-6 所示。

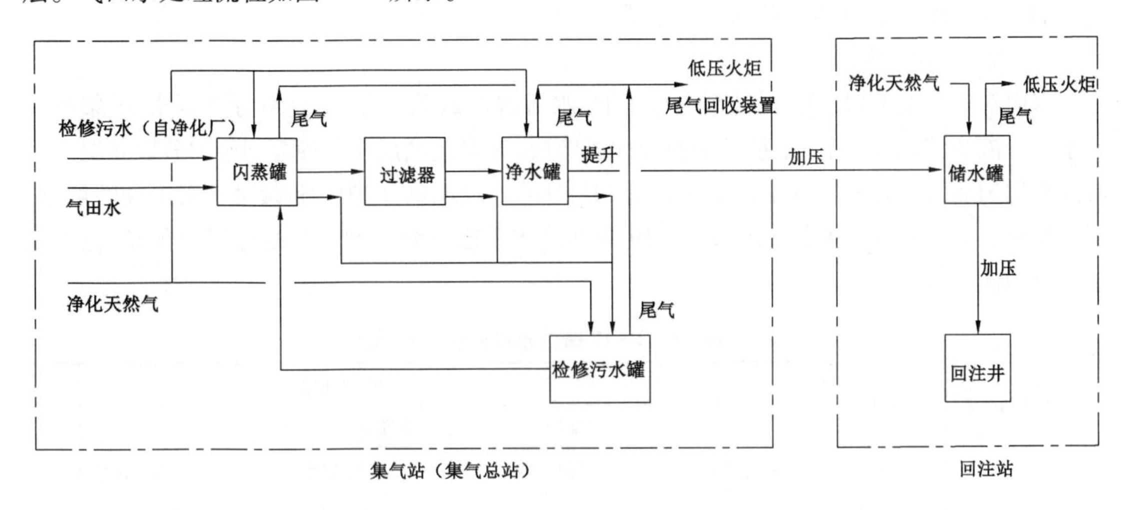

图 8-6　气田水处理工艺流程图

2. 地面集输系统材质选择

1)地面集输管线材料选择

对于在高 H_2S 分压的湿气环境下的输送钢管,采用母材无焊缝、质量可靠的无缝钢管,应符合 ISO 15156—2015《石油和天然气工业　油气开采中用于含硫化氢环境的材料》和 SY/T 0599—2006《天然气地面设施抗硫化物应力开裂金属材料要求》的规定,保证管线抗 SSC 和 HIC 的能力。龙岗气田采气管线选择 L360NCS,集气管线采用 L360QS,燃料气管线采用 L245 无缝钢管。

2)地面集输设备材料选择

井口装置、内部集输、集输干线的非标压力容器和压力管道中非标三通、弯头、组合三通等管路附件要求适用于龙岗气田内部集输工程不小于 9.9MPa、H_2S 含量不大于4.8%(摩尔分数)及 CO_2 含量不大于 6.06%(摩尔分数)的技术要求。用于此环境介质的受压元件材料应是纯度高的细晶粒结构的全镇静钢,所用材料为 Q245R、Q345R、20G(GB/T 5310—2008《高压锅炉用无缝钢管》)、20#、16Mn 无缝钢管(GB/T 6479—2013《高压化肥设备用无缝钢管》、GB/T 9948—2013《石油裂化用无缝钢管》)、18-8 锻件。

3)气田水输送系统材料选择

气田水采用全线密闭输送方案输往回注站回注处理,选择钢骨架增强塑料连续复合管作为气田水输送管线,采用金属卡箍连接,金属连接件内衬 316L 不锈钢。从各集气站转输来的气田水储存在储水罐,采用往复式高压泵将气田水回注地层。

3. 地面集输系统缓蚀剂防腐工艺

1)地面系统缓蚀剂选择

根据地面系统缓蚀剂室内初步筛选结果,综合技术经济性能,龙岗气田地面系统选择性能优异的 CT2－19 缓蚀剂进行防腐。其主要性能如下:

(1)油、水溶解性。

室内对选择的 CT2－19 缓蚀剂进行了油、水溶解性试验。方法提要:分别以水、0#柴油及油水混合液为溶剂,滴加一定量的缓蚀剂配成溶液,观察缓蚀剂在各种溶剂中的分散状况。溶液混合均匀后,恒温静置,并记录 10min 及 24h 时的外观现象,作为评价缓蚀剂溶解性的依据,试验结果见表 8－10。从表可知,CT2－19 为油溶水分散性缓蚀剂。其既可用于预膜,也可用于连续加注。

表 8－10　CT2－19 缓蚀剂溶解性评价结果

缓蚀剂	介质	溶解性	外观现象		
			逐滴加入时	静置 10min 观察	静置 24h 观察
CT2－19	油中	溶解性好	很快分散	均匀透明	不分层无相分离
	水中	较好	很慢分散	无沉淀、轻微乳化	不分层、相分离少

(2)乳化倾向。

将含有一定浓度缓蚀剂的油水混合液上下振动使其乳化,以乳状液的稳定程度来评价缓蚀剂的乳化倾向。若分层快,乳状液越不稳定,缓蚀剂的乳化倾向就越小。CT2－19 缓蚀剂的乳化倾向评价结果见表 8－11。由表可知,CT2－19 缓蚀剂有轻微的乳化现象,可以用于现场应用。

表 8－11　CT2－19 缓蚀剂乳化性能评价结果

实验对象	外观现象		乳化倾向评价
	静置 10min 后	静置 60min 后	
油水泥合物	油相 47mL,水相 30mL,均清澈。乳化层 18mL,开始分层	油相 48mL,水相 45mL,均清澈。还有乳化层 2mL	现场水和油之间有一定的乳化,程度轻微
油水泥合物＋CT2－19	油相 6mL,水相 2mL,均清澈。乳化层 92mL,浑浊	油相 48mL 清澈,水相 45mL 浑浊。还有乳化层 7mL	轻微乳化

(3)膜的持久性能。

室内对 CT2－19 缓蚀剂的膜的持久性能进行了评价。评价条件:模拟水(NaCl 浓度为 32000mg/L,$NaHCO_3$浓度为 2300mg/L,Na_2SO_4浓度为 4700mg/L);1%(质量分数)缓蚀剂预膜;温度 40℃;H_2S 浓度为 1000mg/L,CO_2浓度为 400mg/L;试验材质为 20#碳钢。结果见表 8－12。由表可见,CT2－19 缓蚀剂膜的持久时间超过 240h,能较好地满足现场预膜工艺要求。

表 8－12　缓蚀剂膜持久性评价结果

缓蚀剂代号	膜持续时间,h
CT2－19	242
CT2－1	74
CT2－15	102

(4)缓蚀剂的防腐性能。

① 不同加量缓蚀剂的防腐性能。

室内评价了 CT2－19 缓蚀剂加量对防腐性能的影响。评价条件为:5%(质量分数)NaCl 盐水,H_2S 含量 1380mg/L,CO_2 含量 399mg/L;试验温度 40℃;常压;试验周期 72h;材料为 L245。评价结果见表 8－13。由表可见,CT2－19 表现出良好的防腐性能,缓蚀率在 97%以上。

表 8－13　CT2－19 缓蚀剂防腐性能评价

缓蚀剂代号	缓蚀剂加量,mg/L	腐蚀速率,mm/a	缓蚀率,%	试片表面状况
空白		0.322		均匀腐蚀
CT2－19	100	0.006	97.9	均匀光亮
CT2－19	200	0.005	98.4	均匀光亮
CT2－19	300	0.004	98.8	均匀光亮

② 模拟现场水质条件下的防腐性能。

在常压评价的基础上,室内进一步开展了静态高压评价和动态高压评价。

静态高压评价条件为:介质为模拟龙岗条件的自配水;H_2S 分压为 1.5MPa,CO_2 分压为 1.0MPa,试验总压力为 10MPa;试验温度 40℃;试验时间 72h;挂片位置为液相,结果见表 8－14。由表可知,缓蚀剂 CT2－19 对 L245 和 L360 管材在静态高压条件下都有良好的防腐作用。

表 8－14　CT2－19 缓蚀剂防腐性能

缓蚀剂名称	缓蚀剂加量,mg/L	腐蚀速率,mm/a	缓蚀率,%	试片表面状况
CT2－19	0	0.315		均匀腐蚀
	500	0.025	92.1	试片光亮
CT2－19	0	0.256		均匀腐蚀
	500	0.006	97.4	试片光亮

动态高压条件为:材质为 L360;H_2S 分压为 1.4MPa,CO_2 分压为 1.4MPa;介质为 5%(质量分数)NaCl 溶液;温度 40℃;试验周期 3 天。结果见表 8－15。由结果可知,流速 0.9m/s 条件下,缓蚀剂 CT2－19 依然有很好的缓蚀效率。随着液体流速的增加,腐蚀逐渐降低;随着液体流速的增大,试片与液体的剪切力也随之增大,对缓蚀剂的成膜效果有一定的影响。

表 8－15　动态条件下缓蚀剂的防腐性能

液体流速，m/s	缓蚀剂加量，mg/L	腐蚀速率，mm/a	缓蚀率，%
0	0	1.832	
	500	0.012	99.3
0.9	0	0.222	
	500	0.007	96.9

2）地面系统缓蚀剂防腐工艺

（1）加注工艺。

① 单井井口—分离器采气管线。

采用加注泵连续或间歇加注缓蚀剂。CT2－19 缓蚀剂的加量根据气井产气量和产水量确定，要求有效浓度达到 1000mg/L，加注周期为 15 天。

② 单井分离器后—集气站的集气管线。

投入运行前进行首次预膜，首尾两端设计有清管器发送装置和接收装置的管线，采用缓蚀剂清管器预膜程序；若无清管器设计或设计不满足要求，则采用缓蚀剂加注泵进行大剂量批处理预膜。预膜缓蚀剂采用 CT2－19，用量按照 3mils 成膜厚度进行计算。

管线正常运行时期，采用预膜＋连续加注的方式。采用清管器或泵注进行批处理均可。连续加注采用缓蚀剂加注泵注入。预膜缓蚀剂为 CT2－19，用量按照经验公式 $V=2.4DL$ 计算。清管器预膜周期为 1 次/2 月；泵注方式预膜周期为 1 次/月。预膜后转入连续加注。连续加注的缓蚀剂在正常运行期间为 CT2－19，在冬季如果加注水合物抑制剂（乙二醇等）则采用 CT2－19B。缓蚀剂的用量根据经验公式 0.17～0.66L/10^4m^3 气体产量计算。

③ 集气干线。

投入运行前进行首次预膜，采用缓蚀剂清管器预膜程序。管线运行后，采用清管器程序（因集气管线管径大、距离长，只有清管器加注缓蚀剂才能到达管线末端），预膜周期为 1 次/6 个月。

（2）加注设备。

龙岗气田缓蚀剂加注泵和水合物抑制剂加注泵的型号和排量见表 8－16。为了实现清管器预膜和大剂量批处理，龙岗气田在清管器发送装置出口的 DN200 和 DN400 管线设计了双阀，保证了缓蚀剂预膜用量的足够内容积空间。其中 DN400 双球阀间距大约 28m，DN200 双球阀间距大约 19m。

表 8－16　龙岗气田缓蚀剂加注泵

类型	用途	型号	排量，L/h	压力，bar
金属隔膜计量泵	注缓蚀剂	PL. 48. J. 10. M. 500/9	6	500
液压隔膜计量泵	注缓蚀剂	RW012S211X1MNN	13	120
金属隔膜计量泵	注防冻剂	PL. 180. Q. 14. M. 500/9	53	500

4. 地面集输系统外腐蚀控制

龙岗气田地面集输系统工程采用外防腐层+强制电流阴极保护法对管线和设备进行外腐蚀控制。龙岗气田内部集输工程的集气干线、采气管线都保温,其防腐保温结构为三层聚乙烯防腐层普通级防腐层+硬质聚氨酯泡沫塑料保温层(厚30mm)+聚乙烯外保护层。补口及弯头都采用聚乙烯热收缩带+硬质聚氨酯泡沫塑料保温层(厚30mm)+聚乙烯热收缩带的防腐保温结构。燃料气管道外防腐层采用三层聚乙烯防腐层普通级防腐层。补口及弯头采用三层结构辐射交联聚乙烯热收缩带(套)防腐。

龙岗气田内部集输工程采用强制电流阴极保护法,对每条线路管道(包括集气干线、采气管线、燃料气管线)进行强制电流阴极保护。阴极保护站设置在集气总站内,采用的是1套5路输出阴极保护电源设备。集气总站阴极保护站阳极地床采用加铬高硅铸铁水平浅埋方式,位于集气总站外1000m左右。

三、天然气净化厂腐蚀控制设计

1. 净化厂主要工艺设计

净化厂的建设规模为$1200\times10^4m^3/d$,并列设置两列处理能力为$600\times10^4m^3/d$主体工艺装置,包括脱硫装置、脱水装置、硫黄回收装置、尾气处理及附属的酸水汽提装置;辅助生产设施包括硫黄成型装置、污水处理装置、火炬及放空系统、分析化验室及维修设施;公用工程包括给排水系统、循环水系统、消防系统、空氮站、燃料气系统、供热系统、供电系统、通信系统等。

1)过滤分离系统

采用机械过滤的方式脱除原料天然气中的游离水和大部分固体杂质,过滤器对直径大于0.3μm的固体杂质的脱除率为大于99%,有效地保护了下游脱硫装置的正常操作和减缓对设备的电化学腐蚀。

2)脱硫装置

采用甲基二乙醇胺(MDEA)配方脱硫溶剂,脱硫装置出来的湿净化天然气去脱水装置进行脱水处理,酸性气至硫黄回收装置回收硫黄,湿净化天然气中H_2S含量不大于$20mg/m^3$、总S含量不大于$200mg/m^3$、CO_2含量不大于3%(摩尔分数)。

3)脱水装置

脱水采用三甘醇溶剂(TEG)吸收法,脱水装置出来的干净化天然气的水露点在出厂压力下不大于-10℃。

4)硫黄回收装置

硫黄回收采用二级常规克劳斯法,硫黄回收率约为93.3%,硫黄回收装置尾气至尾气处理装置处理。

5)尾气处理及酸水汽提装置

尾气处理装置采用还原吸收类尾气处理工艺,尾气处理装置的酸气返回硫黄回收装置回收硫黄,尾气至焚烧炉焚烧后经烟囱排入大气;尾气处理装置出来的酸水至酸水汽提装置,汽提出的酸性气返回硫黄回收装置,汽提后的汽提水作循环水系统的补充水。

6)循环水系统

循环水系统包括工艺装置区循环水系统和硫黄成型装置用循环水系统。工艺装置区循环水系统设计规模为2400m^3/h,硫黄成型装置用循环水系统设计规模为200m^3/h。为控制循环冷却水系统内由水质引起的结垢和腐蚀,保证冷却设备的换热效率和使用年限,循环水系统采用水处理措施:(1)旁滤过滤去除悬浮物和杂质;(2)投加杀菌剂灭菌杀藻、缓蚀阻垢剂控制结垢和抑制腐蚀。

2. 净化厂主要材质选择

龙岗净化厂材料选择符合 TSG 21—2016《固定式压力容器安全技术监察规程》和 GB/T 150—2011《钢制压力容器》等国家强制性法规和标准的要求,对于介质为高含 H_2S、CO_2 天然气的设备,其受压元件材料还应符合含 H_2S、CO_2天然气对材料的特殊要求。非标准设备的主要受压元件选用板材为20R、16MnR;锻件为20 锻钢、16Mn 锻钢;钢管选用20G、20#无缝钢管;换热器管选用精度较高的换热器专用钢管;常压设备材料用 Q235 - A。设备内部不可拆内构件以及支承结构件应和所连受压元件材料一致,卧式容器鞍座垫板选用 Q235 - B。设备内部可拆件如栅板,除雾器等一般选用奥氏体不锈钢。液硫储罐内为防止液硫凝固所设蒸汽盘管材料为奥氏体不锈钢。

脱硫装置脱硫吸收塔选用18 层双溢流 F1 型浮阀塔盘,塔体材质 16MnR,浮阀与塔盘材质均为不锈钢。富胺液闪蒸塔选用填料塔,塔体材质 20R,填料为2 段每段高 2m,Φ50 共轭环高效不锈钢填料。胺液再生塔选用22 层双溢流 F1 型浮阀塔盘,塔体材质 20R,浮阀与塔盘材质均为不锈钢。贫富胺液换热器选用高效板式换热器。重沸器为卧式热虹吸式,壳体材质 20R,管束材质为不锈钢。金属管线材质主要采用了20#、0Cr18Ni9 以及 15CrMn 无缝钢管,为抗硫化物应力开裂,含硫天然气、富胺液、酸气和酸水管线上的阀门和安全阀采用抗硫阀门。脱水系统金属管线主要采用了20#无缝钢管。硫黄回收系统金属管线主要采用了20#、L245NB 以及 15CrMn 无缝钢管。尾气处理装置金属管线材质主要采用了 20#、316L、15CrMn 以及 Q235 - B 无缝钢管,而酸水汽提装置金属管线材质主要采用了20#、316L 无缝钢管。污水处理系统和循环水系统金属管线主要采用了 Q235B 无缝钢管。

对于含 H_2S、CO_2介质中使用的设备,需考虑由于 H_2S、CO_2引起的氢诱发裂纹(HIC)和应力腐蚀开裂(SCC)。因此,在选材、制造、检验和验收等方面都有相应的特殊规定,设备腐蚀裕量为4mm。对于蒸汽系统、空氮站等装置(单元)中的非标准设备,由于介质腐蚀性较小,仅考虑化学失重腐蚀,设备腐蚀裕量为2mm。

3. 净化厂循环水稳定运行技术

龙岗净化厂循环水系统投产先进行清洗预膜,然后添加缓蚀阻垢剂 CT4 - 36 与杀菌剂 CT4 - 42 和 ClO_2。清洗预膜后,进入净化厂循环水系统的稳定运行阶段。

(1)水洗、清洗与预膜。

① 水洗:注入新鲜水到循环水池的设计低液位,将所有冷却设备的进出口阀开到最大位

置，隔离特殊设备（如冷却钢带的全部喷头），启运两台循环水泵，将循环冷却水系统进行大循环量水洗。然后，根据水质情况打开补、排阀置换水置换水排至污水处理单元处理或外排。通过观察，当水洗水无浑浊和杂质时停止水洗。

② 清洗：启动循环水系统清洗 24 ~ 36h。按系统保有水量计算药剂加量，先按100 ~ 200mg/L 加量投加用于除油的 CT4 －42，再按 400 ~ 500mg/L 加量投加用于清洗的CT4 －34 到循环水池中。待循环 1 ~ 2h 后，CT4 －34 药剂达到均匀状态。每 4h 对循环水进行一次 pH、总铁、浊度分析，并观察其变化，当总铁和浊度连续 2 个数据相同时，结束清洗。根据清洗水质情况，采用将系统水排空或逐渐替换水的方式，将系统水的浊度小于 10NTU 后准备预膜。

③ 预膜：向循环水系统补充新鲜水至低液位，按 300 ~ 400mg/L 控制投加用于预膜的 CT4 －34，常温下运转约 48h。每隔 4h 取水样分析总磷和电导率，当水池和监测器挂片上出现均匀蓝色衍射光时，预膜达到要求结束预膜。系统补充水到正常液位，将总磷降至 4 ~ 6mg/L、浊度小于 10NTU 后可转入正常运行。

（2）循环水稳定运行。

① 缓蚀缓垢剂 CT4 －36 的加注：投加前，将 CT4 －36 加入新鲜水稀释 10 ~ 20 倍。打开加药阀，调整好阀位开度，缓慢将药剂加入循环水中，加药量要根据分析数据确定。每 1mg/L 的 CT4 －36 中所含的总磷（以 PO_4^{3-} 计）为 0.08mg/L。按龙岗净化厂循环水系统补充水量计算，以 50 ~ 60mg/L 投加（60mg/L 最佳），具体加量多少也可以根据水质情况作适当增减，但必须保证循环水中总磷控制在 5.0 ~ 6.5mg/L。每天投加 CT4 －36 量为 80 ~ 90kg，投加时控制好阀位开度，以保证连续滴加。

② 龙岗净化厂杀菌剂 CT4 －42 的加注：采用冲击式方式，即将其迅速倾倒入循环水池中。根据循环水量确定具体加量为 100kg，每周加一次。

③ 龙岗净化厂杀菌剂 ClO_2的加注。

排干配置箱内残留药剂，关闭出口阀开启加药阀，缓慢倒入液体 ClO_2。用少量清水冲洗加药斗，然后将活化剂自加药斗加入配置箱活化。活化 15min 左右，用自来水将药剂稀释 20 倍左右，将药剂投入循环水池。加注后，保证水中余氯量为 0.3 ~ 0.6mg/L。每周除投加 CT4 －42 当天外，每天投加一次。

（3）龙岗净化厂循环水系统监测项目及频率。

龙岗净化厂循环水和补充水监测项目及频率见表 8 －17、表 8 －18。

表 8 －17　循环水分析项目及频率

评价项目	频率	监测方法
浊度，mg/L	1 次/天	GB/T 15893.1—2014《工业循环冷却水中浊度的测定　散射光法》
pH 值	1 次/天	GB/T 6904—2008《工业循环冷却水及锅炉用水中 pH 的测定》
电导率，μs/cm	1 次/天	GB/T 6908—2008《锅炉用水和冷却水分析方法　电导率的测定》
总磷，mg/L	1 次/天	HG/T 3540—2011《工业循环冷却水中总磷酸盐含量的测定》
正磷，mg/L	1 次/天	HG/T 3540—2011《工业循环冷却水中总磷酸盐含量的测定》
Ca^{2+}，mg/L	1 次/天	GB/T 15452—2009《工业循环冷却水中钙、镁离子的测定 EDTA 滴定法》

续表

评价项目	频率	监测方法
总碱度,mg/L	1次/天	GB/T 15451—2006《工业循环冷却水总碱及酚酞碱度的测定》
余氯含量,mg/L	氧化型杀菌剂投加1h后	GB/T 14424—2008《工业循环冷却水中余氯的测定》
细菌数,个/mL	1次/季度	SY/T 0523—2012《油田水处理过滤器》
总铁	1次/月	HG/T 3539—2012《工业循环冷却水中铁含量的测定　邻菲啰啉分光光度法》

表8-18　补充水分析项目及频率

评价项目	频率	监测方法
浊度,mg/L	1次/天	GB/T 15893.1—2014《工业循环冷却水中浊度的测定　散射光法》
pH值	1次/天	GB/T 6904—2008《工业循环冷却水及锅炉用水中pH的测定》
电导率,μs/cm	1次/天	GB/T 6908—2008《锅炉用水和冷却水分析方法　电导率的测定》
Ca^{2+},mg/L	1次/月	GB/T 15452—2009《工业循环冷却水中钙、镁离子的测定 EDTA滴定法》
总碱度,mg/L	1次/月	GB/T 15451—2006《工业循环冷却水总碱及酚酞碱度的测定》
细菌数,个/mL	1次/季度	SY/T 0523—2012《油田水处理过滤器》
总铁	1次/月	HG/T 3539—2012《工业循环冷却水中铁含量的测定　邻菲啰啉分光光度法》

4. 净化厂外腐蚀控制技术

为防止龙岗气田天然气净化厂全厂内管道及设备在大气条件下的腐蚀及土壤环境对地下管道造成的腐蚀,应对管道及设备表面涂装涂料或涂敷防腐层。按SY 0007—1999《钢质管道及储罐腐蚀控制工程设计规范》及SH 3022—1999《石油化工设备和管道涂料防腐蚀技术规范》的要求,针对不同环境条件、不同被涂物表面的材质选用安全可靠、经济合理、具备施工条件的涂料或防腐层。

1)埋地管道防腐

由于龙岗净化厂内埋地管道管径多,单根管道长度短,焊口和接头多。因此埋地管道采用防腐性能优异、现场施工方便的聚乙烯胶粘带加强级防腐层。聚乙烯胶粘带缠绕时防腐层搭边50%~55%,防腐层总厚度不小于1.6mm。为保证防腐质量,除执行SY/T 0414—2007《钢质管道聚乙烯胶粘带防腐层技术标准》的要求外,要求聚乙烯胶粘带基材应有良好的拉伸强度;胶层对底漆钢及对背材搭接均应有优异的粘接性能。胶粘带材料性能指标符合:(1)剥离强度(对底漆钢)不小于40N/cm;(2)剥离强度(对背材搭接)不小于20N/cm。胶粘带防腐层施工及检验执行SY/T 0414—2007《钢质管道聚乙烯胶粘带防腐层技术标准》的相关规定。管道表面预处理采用喷砂除锈或机械除锈,达到GB/T 8923—2011《涂装前钢材表面锈蚀等级和除锈等级》中规定的Sa2级或St3级。

2）无保温层的地面管道、设备防腐

地面管道和设备防腐层结构为环氧富锌底漆2道、环氧云铁防锈漆2道和氟碳涂料面漆2道。涂层干膜厚度不小于180μm。涂装前按SY/T 0407—2012《涂装前钢材表面预处理规范》规定的方法对管道及设备外表面进行喷砂除锈，除锈质量应达到GB/T 8923—2011《涂装前钢材表面锈蚀等级和除锈等级》规定的Sa2.5级，锚纹深度宜为40～60μm。温度范围100～600℃的地面管道及设备外表面采用相应温度范围的耐高温防腐涂料。

3）有保温层的地面管道、设备防腐

温度不大于100℃有保温层的地面管道及设备防腐层结构为环氧富锌底漆2道和环氧云铁防锈漆2道，涂层干膜厚度不小于120μm。温度范围100～600℃有保温层的地面管道及设备采用W61系列有机硅耐高温防腐涂料底漆，涂层结构为底漆2道，总干膜厚度不小于70μm。

4）除盐水罐内壁防腐

涂装防腐层结构为2道底漆2道面漆，涂层干膜厚度不小于250μm。

5）气田水罐内壁防腐

采用防水、防腐蚀性介质长期浸蚀性能优异，机械性能高，抗渗透性能优异的以弹性聚氨酯改性环氧树脂为主要成膜物质制成的弹性网络重防腐涂料。涂装防腐层结构为2底6面，涂层干膜厚度不小于400μm。

四、腐蚀监测和检测设计

龙岗气田投产初设置腐蚀监测和检测点118个。其中，在线安装的监测点有21个（监测方法为电阻探针、FSM和挂片），其余监测和检测点采用超声波测厚、氢探针等方法进行检测。此外，定期在各生产井分离器取水样，开展缓蚀剂残余浓度分析和水质分析。

1）单井站和集气站腐蚀监测和检测点的设置

龙岗气田单井站和集气站腐蚀监测和检测点见表8－19。其中，2套FSM安装在单井站和集气站之间的埋地管线上。

表8－19　单井站和集气站腐蚀监测和检测点

单井站			
名称	监测点位置	监测方法	数据采集频率
龙岗001－6井、龙岗2井、龙岗001－2井、龙岗1井、龙岗001－11井、龙岗001－1井	井口	超声波	3个月
	加热炉后	电阻探针 挂片	探针是实时监测、挂片3个月更换一次
	分离器气液界面区	超声波	3个月
	分离器排污管	电阻探针 挂片	3个月

续表

集气站			
龙岗001－3井、龙岗001－7井、龙岗26井、龙岗27井、龙岗28井、龙岗6井	井口	超声波	3个月
	加热炉后	电阻探针 挂片	探针是实时监测、挂片3个月更换一次
	分离器气液界面区 （站内所有分离器）	超声波	3个月
	分离器排污管 （站内所有分离器）	电阻探针 挂片	3个月
干线FSM			
龙岗001－7井	2号阀室	FSM	实时监测
龙岗28井	26井的来气管线	FSM	实时监测

2）集气总站腐蚀监测和检测点设置

龙岗气田集气总站汇集了龙岗001－18井、龙岗28井、龙岗001－8井、龙岗001－2井、龙岗001－20井、龙岗1井、龙岗001－7井及龙岗001－3井的来气，共有9台分离器。腐蚀监测和检测点设置见表8－20。

表8－20　集气总站腐蚀监测和检测点

序号	监测和检测点	监测和检测方法	数据采集频率
1	龙岗001－18井来气至ZF05301分离器	超声波、氢探针	3个月
2	龙岗1井来气至ZF05302分离器		
3	龙岗001－8井来气至ZF05303分离器		
4	龙岗001－2井来气至ZF05304分离器		
5	龙岗001－3井来气至ZF05304分离器		
6	龙岗28井来气至ZF05307分离器		
7	龙岗001－7井来气至ZF05307分离器		
8	龙岗001－20井来气至ZF05307分离器		
9	龙岗001－8井来气至ZF05303分离器		
10	ZF05301、ZF05302、ZF05303、ZF05304、ZF05305、ZF05306、ZF05307、ZF05308、ZF05309分离器设备	超声波、腐蚀挂片	3个月
11	ZF05301、ZF05302、ZF05303、ZF05304、ZF05305、ZF05306、ZF05307、ZF05308、ZF05309分离器排污管	超声波、氢探针	3个月
12	ZF05301、ZF05302、ZF05303、ZF05304、ZF05305、ZF05306、ZF05307、ZF05308、ZF05309分离器至汇管	超声波、氢探针	3个月
13	放空管线	超声波	6个月
14	清管器及分离器排污总管	超声波、氢探针	6个月
15	汇管至集气站出口（包括汇管）	超声波	3个月
16	污水储罐	腐蚀挂片、超声波	3个月
17	尾气处理管线	超声波	6个月

3)龙岗净化厂腐蚀监测和检测点设置

龙岗净化厂腐蚀监测和检测点设置见表8-21。龙岗净化厂在线监测设备主要安装在管线上,在脱硫塔、再生塔、重沸器等设备内部实现了腐蚀挂片的安装。

表8-21　集气总站腐蚀监测和检测点

单元	监测点位置	监测方法	采集频率
脱硫单元	原料气分离器	LPR	即时信息
	吸收塔底部	挂片	根据工艺要求
	吸收塔底部	LPR	即时信息
	吸收塔中部	挂片、氢探针	根据工艺要求
	吸收塔上部	挂片、氢探针	根据工艺要求
	闪蒸罐入口	LPR	即时信息
	高温富液管线	LPR	即时信息
	再生塔下部	挂片	根据工艺要求
	再生塔下部	LPR	即时信息
	再生塔中部	挂片、氢探针	根据工艺要求
	再生塔上部	挂片、氢探针	根据工艺要求
	酸气管线(低温)	挂片、氢探针	根据工艺要求
	半贫液返回线	LPR	即时信息
脱水单元	脱水塔湿气入口	LPR	即时信息
	脱水塔底部	挂片、氢探针	根据工艺要求
	脱水塔中部	挂片、氢探针	根据工艺要求
	脱水塔上部	挂片、氢探针	根据工艺要求
	闪蒸罐出口	电感探针	即时信息
	再生塔中下部	LPR	即时信息
硫黄回收单元	冷凝器1入口	LPR	即时信息
	捕-1上部	挂片、超声波	根据工艺要求
	冷凝器2入口	挂片、氢探针	根据工艺要求
	捕-2上部	挂片、氢探针	根据工艺要求
	冷凝器3入口	挂片、超声波	根据工艺要求
	捕-3上部	挂片、超声波	根据工艺要求
	焚烧炉	挂片、超声波	根据工艺要求
尾气处理单元	克劳斯尾气管线	挂片、超声波	即时信息
	再热炉出口	挂片、超声波	根据工艺要求
	急冷塔下部	挂片、超声波	根据工艺要求
	吸收塔下部	挂片、超声波	根据工艺要求
	再生塔下部	挂片、超声波	根据工艺要求
	重沸器气液界面	LPR	即时信息

各种监测和检测手段所获取的数据进入腐蚀评介与预测系统进行分析、处理，评价腐蚀发展趋势和腐蚀控制效果，并为优化腐蚀控制措施和生产条件提供基础。

第四节　龙岗气田腐蚀控制实施与效果

龙岗气田在建设和试采过程中，严格执行腐蚀控制设计要求，并结合实际进行优化完善，取得了显著的防腐效果，气田整体腐蚀受控，保障了安全生产。

一、井工程腐蚀控制

1. 完井方式及防腐工艺

龙岗气田三种完井管柱和配套的防腐工艺及对应的井站见表8－22。龙岗气田气井使用的油套管材质见表8－23和表8－24。

表8－22　不同完井管柱的缓蚀剂防腐工艺

完井管柱	油管防腐	套管防腐	井站
抗硫碳钢套管＋耐蚀合金油管＋封隔器	耐蚀合金油管	加注环空保护液	龙岗1井、龙岗2井、龙岗6井、龙岗26井、龙岗28井、龙岗001－1井、龙岗001－3井、龙岗001－6井、龙岗001－7井、龙岗001－8－1井、龙岗001－23、龙岗001－26井、龙岗001－28井
抗硫碳钢套管＋抗硫碳钢油管＋封隔器	间歇缓蚀剂预膜	加注环空保护液	龙岗001－2井、龙岗001－11井、龙岗001－18井、龙岗001－29井
抗硫碳钢套管＋抗硫碳钢油管，无封隔器	缓蚀剂连续加注	缓蚀剂连续加注	龙岗27井

表8－23　龙岗气田主要套管材质

名称	外径，mm	钢级和材质	壁厚，mm
生产套管	177.8	SM110S	12.65
		SM110SS	12.65
		VM110SS	12.65
			11.51
		VM110HCS	12.65
		VM140HC	12.65
		TP110SS	12.65
		TP95S	11.51
		SM2242－110S	12.65
		N08825－110	12.65

续表

名称	外径,mm	钢级和材质	壁厚,mm
尾管	127	N08825 – 110	9.19
		TP95TS	9.19
		TP95S	9.19
		TP110TS	9.19
		BG110T	9.19
		BG95SS	9.19
		NKAC95SS	9.19

表 8 – 24　龙岗气田主要油管材质

井号	油管型号
龙岗 1	MHR 封隔器 + N06985 – 125 油管
龙岗 2	SB – 3 封隔器 + SM2535 – 110 油管 + 压裂滑套
龙岗 6	SB – 3 封隔器 + BG2830 – 110 油管
龙岗 26	THT 封隔器 + BG2830 – 110 油管
龙岗 28	SB – 3 封隔器 + SM2550 – 125 油管
龙岗 001 – 1	SB – 3 封隔器 + SM2535 – 110 油管
龙岗 001 – 3	SB – 3 封隔器 + N08825 – 125 油管 + SM2535 – 110 油管
龙岗 001 – 6	THT 封隔器 + N08825 – 125 油管
龙岗 001 – 7	SB – 3 封隔器 + 伸缩器 + SM2535 – 110 油管 + 压裂滑套 + SABL3 封隔器
龙岗 001 – 11	SB – 3 封隔器 + BG90SS 油管
龙岗 27	BG110SS 油管 + BG95SS 油管
龙岗 001 – 2	TRRS 封隔器 + 压力计托筒 + NKAC80M 油管 + 射孔枪 + 枪尾
龙岗 001 – 8 – 1	SB – 3 封隔器 + BG2830 – 110 油管 + 射孔枪 + 枪尾
龙岗 001 – 18	SB – 3 封隔器 + BG90S 油管
龙岗 001 – 23	TRRS 封隔器 + BG2830 – 110 油管 + 射孔枪 + 枪尾
龙岗 001 – 28	THT 封隔器 + BG2830 – 110 油管 + 丢枪接头
龙岗 001 – 26	SB – 3 封隔器 + BG2830 – 110 油管 + 压裂滑套 + SABL3 封隔器
龙岗 001 – 29	封隔器 + BG90SS 油管

2. 缓蚀剂防腐工艺的实施

龙岗气田先期采用封隔器完井的气井环空均按设计使用 CT2 – 4 环空缓蚀剂保护液。后期针对个别封隔器完井的气井环空出现异常后，环空保护液进入地层后与地层水配伍性较差的问题，开发了针对抗矿化度高、抗高温、与现场水配伍性能好的 CT2 – 19C 水基环空保护液，在龙岗气田后续投产的气井应用。环空保护液加注量的计算依据环空容积的计算再考虑 10% 的富裕量。CT2 – 19C 产品用清水稀释至原体积的 10 倍即形成现场用环空保护液，通过压裂车加注。

对于抗硫碳钢套管 + 抗硫碳钢油管且无封隔器完井的气井(如龙岗 27 井),井下采用缓蚀剂的预膜和连续加注工艺来保护油套管。根据计算,大剂量预膜缓蚀剂的预膜量 215L,预膜周期 3 天。按照 1∶5 比例柴油混配后加入。开井后缓蚀剂采用连续加注,每天加注 30L。缓蚀剂残余浓度分析及地面系统腐蚀监测数据间接反映出龙岗 27 井油套管腐蚀速率被控制在 0.1mm/a 以下。

3. 防腐工艺评价与优化

1)材料评价

龙岗气田生产井完井管柱主要是由油管、井下安全阀、封隔器构成。这些完井组件的抗腐蚀性直接关系到气井的生产寿命。龙岗气田井下安全阀材质都是 N07718 材质,具有良好的耐蚀性能。龙岗气田封隔器类型主要有两种:一种是永久式 MHR 封隔器、SB-3 封隔器、THT 封隔器,抗压等级为 70MPa,采用耐蚀合金 N07718 材质。压力等级和材质都满足抗腐蚀性能要求。另一种是酸化 SABL-3 封隔器和 RTTS 封隔器,抗压等级为 70MPa,采用 9Cr1Mo 材质。实验室评价表明 9Cr1Mo 在龙岗气田腐蚀环境下,均匀腐蚀速率超过了 1mm/a,属于极严重腐蚀等级。

龙岗气田的龙岗 1 井、龙岗 2 井、龙岗 6 井、龙岗 26 井、龙岗 28 井、龙岗 001-3 井、龙岗 001-11 井、龙岗 001-6 井、龙岗 001-7 井、龙岗 001-8-1 井、龙岗 001-28 井、龙岗 001-23 井、龙岗 001-26 井等在封隔器以上油管材质主要选择的是 N06985-125、BG2830-110 及 SM2550-125。通过室内实验室评价及现场实际使用情况分析,这些耐蚀合金油管材质能够满足抗腐蚀性能要求,不会对气井安全造成影响。

龙岗气田有 4 口井采用碳钢油管完井,采用的是 BG110SS 或 BG95SS 油管。BG110SS 和 BG95SS 油管管体和接箍的抗硫化物开裂性能满足标准 GB/T 19830—2011《石油天然气工业 油气井套管或油管用钢管》的要求,但其电化学失重腐蚀速率达到 0.809mm/a,加入缓蚀剂腐蚀速率控制在 0.075mm/a 之内。龙岗 27 井采用光油管完井,龙岗 001-2 井和龙岗 001-29 井采用 RTTS 封隔器完井,目前封隔器已经解封。龙岗 001-18 井采用 SAB-3 封隔器完井,2012 年在封隔器上进行打孔气举。通过对龙岗 27 井腐蚀后油管剩余强度分析,在腐蚀后油管安全系数高达 2.25,井下油管不会因强度不够出现断裂。通过对龙岗 001-2 井腐蚀后油管剩余强度分析,井口油管在腐蚀后油管安全系数高达 1.93,井下油管不会因强度不够出现断裂,井下油管安全可靠。通过对龙岗 001-29 井腐蚀后油管剩余强度分析,井口油管在腐蚀后油管安全系数高达 1.86,井下油管不会因强度不够出现断裂,井下油管安全可靠。评价表明,龙岗气田采用抗硫碳钢油管的气井能满足生产的需要。

2)环空保护液效果

环空保护液存在条件下套管材质腐蚀速率明显降低,缓蚀效率达到 95% 左右。环空保护液可以有效地抑制材质的腐蚀,满足套管防腐的需要。从龙岗气田的实际运行情况可以看出,现场没有出现套管严重腐蚀导致失效的情况。但是,环空异常带压容易导致环空保护液的漏失和酸性气体的窜入,加重套管的腐蚀。

3）井下缓蚀剂保护效果

对于抗硫碳钢套管 + 抗硫碳钢油管且无封隔器完井的气井，采用缓蚀剂预膜和连续加注工艺来保护油套管。以龙岗 27 井为例，2009 年该井投产前环空一次注入 CT2 - 19 缓蚀剂 215L 进行大剂量预膜，预膜周期 3 天。按照 1∶5 比例柴油混配后加入。开井后缓蚀剂采用连续加注，每天加注 30L。通过定期分析缓蚀剂残余浓度、地面系统腐蚀挂片和电化学探针来评价保护效果。表 8 - 25 为龙岗 27 井水套炉二级节流监测点腐蚀监测结果。由表可见，缓蚀剂防腐技术的实施有效将现场碳钢的均匀腐蚀速率控制在了小于 0.1mm/a。

表 8 - 25　腐蚀检测数据

加注方式	仅地面加注	仅井下加注
电化学探针数据，mm/a	0.027	0.025

4）井筒异常及应对措施

龙岗气田部分气井生产一段时间后出现了不同程度的封隔器串漏失效、环空异常带压等情况，分别是龙岗 1 井、龙岗 001 - 1 井、龙岗 001 - 2 井、龙岗 001 - 3 井、龙岗 001 - 6 井、龙岗 001 - 7 井、龙岗 001 - 8 - 1 井、龙岗 001 - 11 井、龙岗 001 - 18 井、龙岗 001 - 23 井。为确保井筒完整性，除加强监测评价外，应采取切实有效的措施，包括环空泄压、补加环空缓蚀剂保护液、注入氮气等。对于确认封隔器泄露并有通道的在环空间歇或连续注入缓蚀剂进行保护。

通过示踪剂来判断环空漏失程度和环空内是否存在液体通路。环空示踪剂源于油田井间化学示踪剂技术，即选定易识别的示踪剂加入需示踪物质或流体中，通过监测示踪剂性质与浓度的变化来研究所示踪物质或流体的存在、运动状态和变化规律。现场选取环空异常的气井进行试验，从套管加注示踪剂当天产气产水量均发生了一定程度的波动，井口取水样分析判断环空有通道。为此，现场从套管向井下加注 CT2 - 19 缓蚀剂（5L/d），加注缓蚀剂后，从井站分离器收集的水样中含有缓蚀剂，同时铁离子浓度有了明显的降低，地面系统的电化学监测数据为 0.025mm/a。表明缓蚀剂发挥了良好的防腐效果。

二、地面集输系统腐蚀控制

1. 地面集输工艺

除个别产水量大单井（如龙岗 001 - 6 井）外，龙岗气田采用气液混输的总体技术路线，能够满足气田试采需要。根据单井的开发情况，部分气水比大，产水量高、单井距离远的气井，如龙岗 001 - 6 井、龙岗 001 - 18 井、龙岗 001 - 26 井，气液混输带来管线压降大、操作压力高、段塞流严重，容易造成且管内积液严重，加剧管道内腐蚀，带来潜在的安全风险，因此，产水量较大单井采用了井口设分离设施，由原来的不分离改造为分离的模式。输送方式由气液混输改为气液分输，从而减少管道内积液，减缓腐蚀。

2. 管道及设备材质

1）采气管线和集气管线

龙岗气田采气管线和集输管线的防腐方案为缓蚀剂 + 碳钢。采气管线和集气管线制管符合标准 GB/T 9711—2011《石油天然气工业管线输送系统用钢管》、ISO 15156—2015《石油天然气工业 油气开采中用于含硫化氢环境的材料》、SY/T 0599—2006《天然气地面设施抗硫化物应力开裂和抗应力腐蚀开裂的金属材料要求》和 Q/SY XN 2015—2006《高酸性气田地面集输管道设备材质技术要求》的规定。

截至 2017 年 6 月，龙岗气田地面集输管道没有发生由 H_2S 导致的开裂问题。运行情况表明地面集输管道材料均具有良好的抗硫性能，可满足龙岗气田地面集输管道对碳钢材料的抗硫要求。

采气管线和集气管线采用加注缓蚀剂进行内腐蚀控制。由腐蚀挂片和腐蚀探针对集输管道的监测结果可知，在加注缓蚀剂的情况下，电化学腐蚀速率相对稳定；在不加注缓蚀剂时，电化学腐蚀速率呈上升趋势。在正常加注缓蚀剂条件下，大部分腐蚀监测点处腐蚀速率均低于 0.1mm/a；龙岗 009 分离器对应的来气管线的腐蚀速率相对较高，范围为 0.10 ~ 0.15mm/a。失重挂片与电阻探针的监测结果基本一致。此外，2010 年 11 月对 FSM 的监测结果进行分析可知腐蚀速率相对较低。龙岗 001 -7 井外 2# 阀室的均匀腐蚀速率为 0.051mm/a；龙岗 28 井站上龙岗 27 井来气管线的均匀腐蚀速率为 0.060mm/a。综上可知，在加注了缓蚀剂的情况下，管线内腐蚀得到了较好的控制。

综合龙岗气田地面集输管道的运行情况，碳钢 + 缓蚀剂的方案仍能满足要求。但需要指出，内腐蚀控制效果与缓蚀剂在现场的实际应用情况有关。

2）气田水管线

根据设计要求，气田水输送用碳钢管道需要满足抗硫要求，以保证管线抗 SSC 和 HIC 的能力。气田水中的缓蚀剂能有效抑制管线的电化学腐蚀。气田水罐的放空管和气田水罐的尾气放空管道均选用碳钢（20# 钢）。由实际运行情况可以看出气田水输送用 C 级管和气田水罐的放空管用 20# 钢管使用正常，未发生失效事故。但是，2010 年 10 月，U3 井和龙岗 10 井的气田水储罐的闪蒸尾气放空管道在低洼处的管道相继出现了腐蚀穿孔现象，材质为 20# 钢。放空管线的低洼积液位置既没有缓蚀剂保护又不容易排液，容易导致腐蚀穿孔。根据污水罐污水排放管线和尾气排放管线的壁厚检测结果，半年内尾气排放管道壁厚减薄大约 0.1 ~ 0.5mm，其壁厚减薄量明显高于罐体。在无内腐蚀控制措施的情况下，碳钢材质的管道无法适应该工况环境。

综合龙岗气田水处理管线的运行情况，气田水输送用 C 级管和气田水罐的放空管用 20# 钢目前仍能满足需求。气田水罐的尾气放空管用的 20 钢管道不适用低洼位置的工况环境，改为使用 316L 复合管或者内衬非金属的复合管。储液罐出口至地面部分采用 L245NCS 抗硫无缝钢管、其他埋地管道至火炬底部采用柔性高压复合管或钢骨架增强塑料复合管等非金属耐腐蚀管材。

3）地面场站设备

截至 2017 年 6 月，龙岗气田，地面设备运行没有发生任何由 H_2S 导致的开裂问题。根据生产期间的定点壁厚检测情况，龙岗气田各设备的壁厚平均减薄量在 0 ~ 0.3mm，个别检测点的壁厚减薄量相对略高，超过了 0.5mm。目前的腐蚀监测和检测结果显示地面设备材料仍能具有较好的适应性。

3. 地面集输系统缓蚀剂防腐

2009 年 7 月气田投运后，一方面严格按照先期编制好的缓蚀剂防腐应用方案实施，另一方面，根据现场生产实际工况的变化并结合监测结果持续调整优化，以保证缓蚀剂防腐技术应用效果的充分发挥。总体来讲，经过跟踪效果评价和持续方案优化，龙岗气田地面集输系统缓蚀剂应用技术逐渐完善，防腐效果显著，均匀腐蚀速率控制在 0. 1mm/a 以内，气田地面系统运行总体正常。

1)缓蚀剂品种

前期方案优选出 CT2－19 缓蚀剂作为地面系统的缓蚀剂品种。在应用过程中结合到冬季与水合物抑制剂的配合使用，筛选出 CT2－19B 缓蚀剂。同时，针对 CT2－19 应用过程中清管污物的乳化情况，对 CT2－19 缓蚀剂配方进行了优化，并配套开发了污物破乳剂，满足了生产的需要。

CT2－19B 低温缓蚀剂配方以 CT2－19 缓蚀剂为基础，通过优选溶剂和加入助剂开发出低温条件下具有良好流动性的缓蚀剂配方 CT2－19B，理化性能见表 8－26。防腐效果见表 8－26、表 8－27。缓蚀剂 CT2－19B 与乙二醇、CT4－54 等水合物抑制剂等共同使用时防腐效果见表 8－28、表 8－29 和表 8－30。

表 8－26　CT2－19B 缓蚀剂理化性能

性能参数	密度，kg/m^3	闪点(闭口)，℃	抗低温性能
测试结果	896	≥65	0℃以下冰箱存放 60d

表 8－27　CT2－19B 缓蚀剂防腐性能

评价指标	空白	CT2－19B 500mg/L	CT2－19B 1000mg/L
腐蚀速率，mm/a	0. 554	0. 006	0. 005
缓蚀率，%		98	99
试片描述	均匀腐蚀	光亮	光亮

注：介质为龙岗 001－3 井现场水，H_2S 含量为 1730mg/L，CO_2 含量为 300mg/L；试验材质为 L245NCS；试验周期为 72h；试验温度为 40℃。

表 8－28　CT2－19B 缓蚀剂防腐性能

评价指标	气相空白	CT2－19B 气相 1000mg/L	液相空白	CT2－19B 液相 1000mg/L
腐蚀速率，mm/a	0. 320	0. 019	0. 410	0. 039
缓蚀率，%		93. 8		90. 3
试片描述	均匀腐蚀	光亮	均匀腐蚀	光亮

注：介质为龙岗 28 井现场水，总压为 8. 0MPa，H_2S 分压为 1. 0MPa，CO_2 分压为 2. 5MPa；T = 80℃；试验材质为 NT80SS；试验周期为 72h。

表 8-29　CT2-19B 缓蚀剂与水合物抑制剂联合使用的防腐性能

评价指标	空白	10%(质量分数)CT4-54 + 500mg/L CT2-19	10%(质量分数)CT4-54 + 500mg/L CT2-19B
腐蚀速率,mm/a	0.227	0.018	0.011
缓蚀率,%		91.8	95.3
试片描述	均匀腐蚀	光亮	光亮

注:龙岗 001-3 井现场水,硫化氢 1380mg/L,二氧化碳 400mg/L;材质为 L245NCS;试验周期为 72h;试验温度为 40℃。

表 8-30　CT2-19B 缓蚀剂与水合物抑制剂联合使用的防腐性能

评价指标	空白	10%(质量分数)甲醇 + 500mg/LCT2-19B	10%(质量分数)乙二醇 + 500mg/LCT2-19B
腐蚀速率,mm/a	0.331	0.040	0.010
缓蚀率,%		87.8	96.9
试片描述	均匀腐蚀	光亮	光亮

注:龙岗 28 井现场水,将硫化氢和二氧化碳分别通入水体中至饱和;试验材质为 L245NCS;试验周期为 72h;试验温度为 40℃。

龙岗气田地面集输系统清管作业中有灰黑色黏稠状物质产生。室内对黏性污物样品的溶解性以及有机物、无机物类组分含量、缓蚀剂成分含量等进行了分析。结果见表 8-31 和表 8-32。

表 8-31　样品中各组分的含量　　单位:%(质量分数)

样本	水	有机物	无机物	不溶物
污水池样	88.46	8.84	1.93	0.78
排放口样	86.10	11.20	1.56	0.59

表 8-32　样品无机物中离子含量　　单位:%(质量分数)

样本	Ca^{2+}	Mg^{2+}	$Fe^{2+}+Fe^{3+}$	Cl^-	SO_4^{2-}	CO_3^{2-}
污水池样	0.28	0.17	0.49	0.44	0.45	0.15
排放口样	0.25	0.12	0.39	0.31	0.49	0.30

综合分析表明,清管作业出现的黏性污物主要由水和少量的有机物、无机物以及不溶物组成,具有高浓度水包油的结构特征。龙岗 001-7 发球筒处污物微观形貌及粒径分布如图 8-7所示。针对龙岗气田清管污物特征,室内研制出破乳降黏剂,并在现场进行了应用,有效地实现了现场清管污物的油水分离。

2)缓蚀剂加注工艺

(1)井口—单井分离器前采气管线。

站内采气管线采取泵注的方式进行缓蚀剂的加注。缓蚀剂 CT2-19 的用量根据产水量、产气量来进行计算。根据龙岗目前各单井产水量,计算井口缓蚀剂连续加注量,结果见表 8-33。

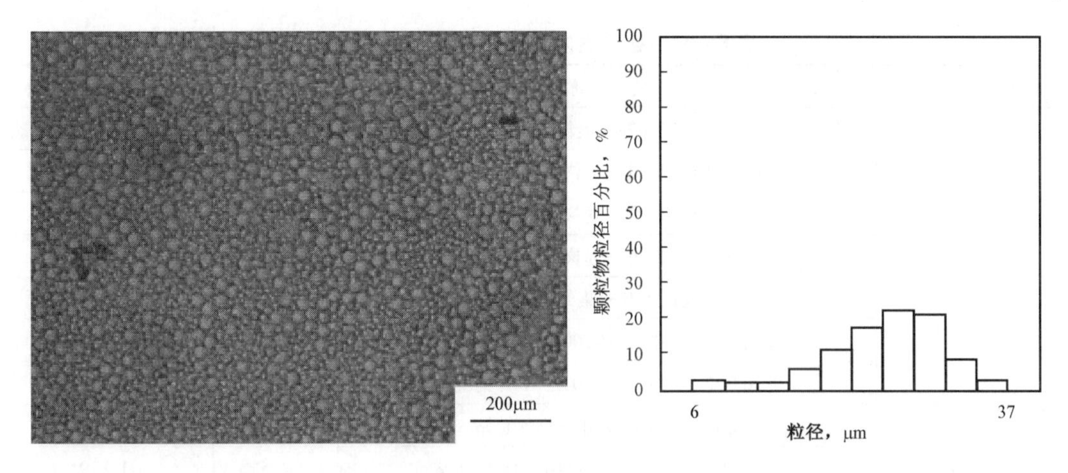

图8－7　龙岗001－7发球筒处污物微观形貌及粒径分布图

表8－33　井口缓蚀剂连续加注量

井号	目前产气量，$10^4m^3/d$	目前产水量，m^3/d	缓蚀剂加量，L/d
龙岗6井	8	1	4
龙岗001－23井	20	2	10
龙岗001－29井	2	0	1
龙岗1井	75	8	30
龙岗001－1井	75	5	30
龙岗001－6井	44	82	40
龙岗001－8－1井	30	3	18
龙岗001－18井	10	150	70
龙岗001－2井	22	2	15
龙岗001－3井	2	35	20
龙岗001－7井	60	5	25
龙岗26井	3	10	8
龙岗28井	16	46	30
龙岗27井	18	4	10
龙岗001－28井	24	3	10

（2）单井分离器后—集气站的集气管线。

投入运行前进行首次预膜，对于首尾两端设计有清管器发送装置和接收装置的管线，采用缓蚀剂清管器预膜程序；若无清管器设计或设计不满足要求，则采用缓蚀剂加注泵进行大剂量批处理预膜。预膜采用CT2－19，用量按照3mils成膜厚度进行计算。

管线正常运行时期，采用预膜＋连续加注的方式。采用清管器或泵注进行批处理均可。连续加注采用缓蚀剂加注泵注入。预膜缓蚀剂为CT2－19，用量按照经验公式$V=2.4DL$计算。清管器预膜周期为1次/2月；泵注方式预膜周期为1次/月。预膜后转入连续加注。连续加注的缓蚀剂在正常运行期间为CT2－19，在冬季如果加注水合物抑制剂（乙二醇等）则采用CT2－19B。缓蚀剂的用量根据经验公式0.17～0.66L/10^4m^3气体产量计算。根据龙岗气田目前生产情况，计算得预膜量和管线加注量见表8－34、表8－35。

表 8-34　各管线内缓蚀剂预膜批处理加量

管线类型	管线名称	长度,km	缓蚀剂注入量,kg
集气管线 DN150	龙岗 6 井—集气干线	0.1	4.3
	龙岗 001-23 井—龙岗 28 井集气站	6.5	276.3
	龙岗 001-26 井—龙岗 26 井集气站	3.4	144.5
	龙岗 001-29 井—龙岗 27 井集气站	4.3	182.8
集气管线 DN200	龙岗 1 井—集气总站	1.2	71.4
	龙岗 001-1 井—龙岗 001-7 井集气站	2.1	125.0
	龙岗 001-6 井—龙岗 001-7 井集气站	3.6	214.3
	龙岗 001-8-1 井—集气总站	2.6	154.8
	龙岗 001-11 井—龙岗 001-18 单井站	2.5	148.9
	龙岗 001-18—集气总站	2.2	131.0
	龙岗 2 井—龙岗 001-3 井集气站	4.0	238.2
	龙岗 001-2 井—集气总站	5.0	297.7
	龙岗 001-12 井—龙岗 001-3 井集气站	2.2	131.0
	龙岗 001-27 井—龙岗 6 井集气站	6.5	387.0

表 8-35　分离器后各管线缓蚀剂连续加注时的加量

管线类型	注入井号	配产量,$10^4m^3/d$	水量,m^3/d	缓蚀剂加量,L/d
采气管线 DN150	龙岗 6 井	10	2	7
	龙岗 001-23 井	25	15	35
	龙岗 001-26 井	25	15	35
	龙岗 001-29 井	25	15	35
采气管线 DN200	龙岗 1 井	80	15	55
	龙岗 001-1 井	60	5	35
	龙岗 001-6 井	55	70	90
	龙岗 001-8-1 井	60	10	40
	龙岗 001-11 井	10	2	7
	龙岗 001-18	15	80	50
	龙岗 001-2 井	35	10	25
	龙岗 001-12 井	30	—	15
	龙岗 001-27 井	50	—	25
	龙岗 001-3 井	10	40	45
	龙岗 001-7 井	60	5	35
	龙岗 26 井	3	30	30
	龙岗 28 井	35	10	25
	龙岗 27 井	22	3	15
	龙岗 001-28 井	25	15	25

(3)集气管线。

采用清管器工艺进行预膜,批处理周期为1次/6个月。在流速低于3m/s的管线和冬季水合物易形成阶段,或者加注乙二醇和其他化学药剂的管线,批处理周期为1次/2个月。各条集气管线缓蚀剂的批处理加量见表8-36。

表8-36　各管线内缓蚀剂预膜批处理加量

管线类型	管线名称	长度,km	缓蚀剂注入量,kg
集气干线 DN400	龙岗001-3井集气站—龙岗001-7集气站	6.7	754.3
	龙岗001-7集气站—集气总站	7.4	833.1
	龙岗26井集气站—龙岗28井集气站	14.9	1677.4
	龙岗28井集气站—集气总站	17.5	1970.2
	龙岗27井集气站—龙岗26井集器气站	17.8	2003.9

3)缓蚀剂防腐效果

缓蚀剂防腐效果通过以失重挂片、电化学探针(ER)、管道全周向FSM、缓蚀剂残余浓度分析以及超声波测厚等腐蚀监测和检测体系来评价。

(1)腐蚀失重挂片及ER数据。

连续两个周期地面采气管线腐蚀失重挂片及ER数据见表8-37,地面分离器排污管线腐蚀失重挂片及ER数据见表8-38。综合缓蚀剂残余浓度分析和腐蚀挂片及电化学监测数据的分析结果,说明实施缓蚀剂防腐后,只要严格按照加注方案和制度进行了缓蚀剂的现场实施,气田的腐蚀就能得到了较好控制。

表8-37　地面采气管线腐蚀失重挂片及ER数据

挂片和ER探针位置	挂片腐蚀速率,mm/a	探针腐蚀速率,mm/a
龙岗009分离器进气管线(龙岗001-2井来气)	0.074	0.020~0.120
龙岗001分离器进气管线(西干线来气)	0.069	0.012~0.022
龙岗005分离器进气管线(东干线来气)	0.171	0.005~0.015
龙岗2井水套炉后管线	0.051	0.035
龙岗001-6井水套炉后管线	0.013	0.010~0.040
龙岗001-7井上龙岗001-6来气管线	0.087	0.010~0.020
龙岗001-2井水套炉后管线	0.168	0.005~0.040
龙岗26井上的龙岗27井来气管线	0.049	0.010~0.020
龙岗27井水套炉后管线	0.055	0.031~0.052

表8-38　地面分离器排污管线腐蚀失重挂片及ER数据

挂片位置	挂片腐蚀速率,mm/a	探针腐蚀速率,mm/a
龙岗009分离器排污管线(龙岗001-2井来气)	0.032	0.012~0.707
龙岗001分离器排污管线(西干线来气)	0.025	0.013
龙岗005分离器排污管线(东干线来气,未使用)	0.112	0.013
龙岗001-6单井分离器排污管线	0.025	0.029

续表

挂片位置	挂片腐蚀速率,mm/a	探针腐蚀速率,mm/a
龙岗 001 -3 井上龙岗 2 井来气分离器排污管线	0.014	0.012 ~0.052
龙岗 001 -7 井上龙岗 001 -6 井来气分离器排污管线	0.091	0.013
龙岗 27 井单井分离器排污管线	0.012	0.105

(2)重点井的缓蚀剂残余浓度跟踪分析。

以下列出了部分气井从投产一年内的缓蚀剂残余浓度分析情况。残余浓度的变化情况与缓蚀剂的加注量、气田产水量有密切的关系,一定程度反映出缓蚀剂的应用效果。图 8 -8 是龙岗 1 井缓蚀剂加注和残余浓度跟踪图。缓蚀剂加注量和产气产水变化相匹配,缓蚀剂残余浓度较高。图 8 -9 是龙岗 001 -1 井缓蚀剂加注和残余浓度跟踪图。本井缓蚀剂加注量后期减小和间断,使得缓蚀剂残余浓度检测值较低。图 8 -10 是龙岗 001 -2 井缓蚀剂加注和残余浓度跟踪图。本井缓蚀剂加注量较小,后期间断,使得缓蚀剂残余浓度检测值较低。图 8 -11 是龙岗 001 -6 井缓蚀剂加注和残余浓度跟踪图。由于加注并不连续,管线又较长,在末端分离器跟踪的该井缓蚀剂残余浓度较低。

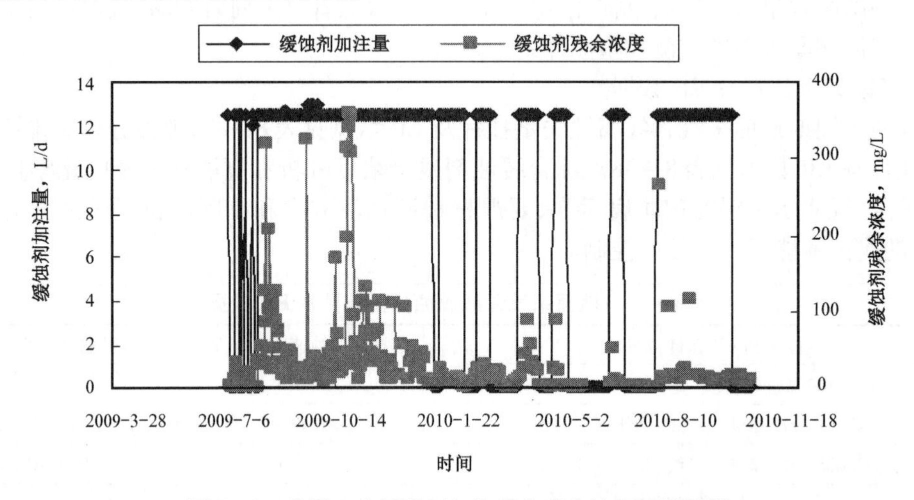

图 8 -8　龙岗 1 井缓蚀剂加注量和残余浓度跟踪检测

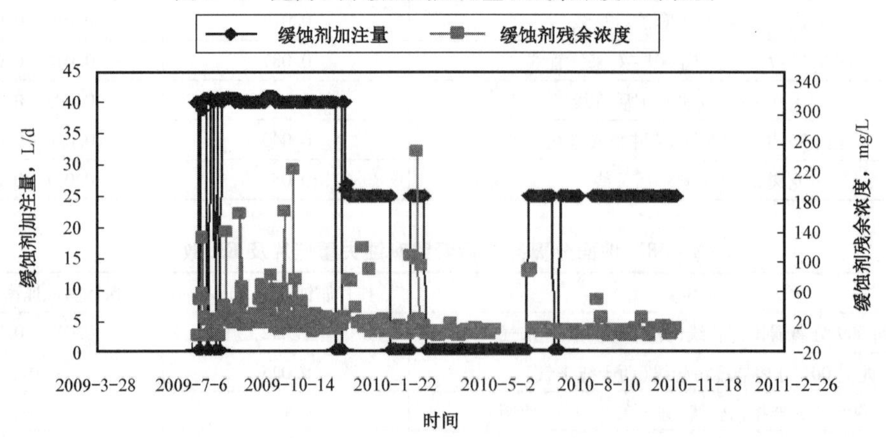

图 8 -9　龙岗 001 -1 井缓蚀剂加注量和残余浓度跟踪检测

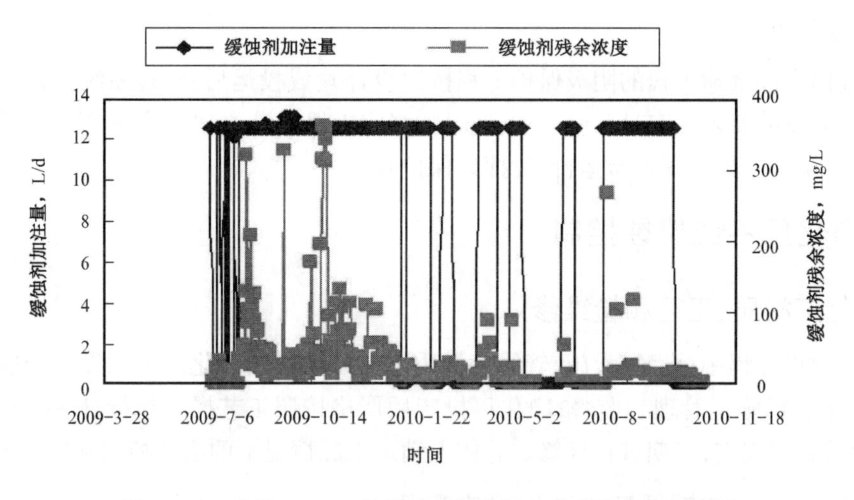

图 8－10　龙岗 001－2 井缓蚀剂加注量和残余浓度跟踪检测

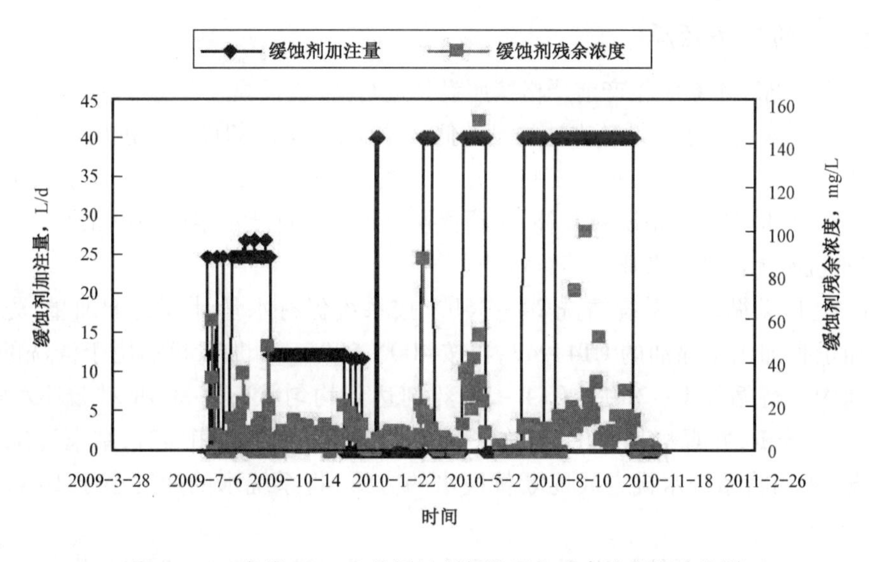

图 8－11　龙岗 001－6 井缓蚀剂加注量和残余浓度跟踪检测

4. 地面集输系统外腐蚀控制

1）外防腐层

龙岗气田地面集输系统管道及设备外防腐层严格按照设计施工。线路管道防腐层采用的是常温型三层聚乙烯防腐层，其长期工作温度不大于 50℃。站内埋地管道防腐层采用的是常温型三层聚乙烯防腐层或聚乙烯胶粘带，常温型三层聚乙烯防腐层的长期工作温度不大于 50℃，聚乙烯胶粘带的长期工作温度不大于 70℃。站场内地面管道及设备采用的是环氧富锌底漆—环氧云铁防锈漆—氟碳面漆涂层配套系统，该涂层系统的长期工作温度不大于 100℃。总体上讲，能够满足气田生产需要。日常生产中通过定期对防腐层进行测试、修补和更换能够满足外防腐的要求。

2)阴极保护

龙岗气田内部集输工程的阴极保护工程按照设计建成投运后，经过系统调试、完善，目前能够满足外防腐的要求。在日常生产中，通过加强阴极保护设备、设施维护保养以及电位巡检和调整，确保阴极保护系统正常运行，发挥好保护效果。

三、净化厂系统腐蚀控制

1.净化厂材质、工艺和检维修

净化厂建设过程中，设备、设施、管线等材质选择严格按照净化厂施工设计和腐蚀控制方案进行，并加现场施工管理和监督；净化厂投产后严格按照工艺操作执行，确保正常运行；同时，按照相关管理规定，定期进行检修。总体上满足工况情况下的腐蚀控制和生产要求。

2.净化厂投产初期循环水系统稳定运行

1)投产前的清洗预膜

龙岗净化厂循环水系统投产前严格按照设计进行清洗、预膜。

(1)水洗：注入新鲜水到循环水池的设计低液位，将所有冷却设备的进出口阀开到最大位置，隔离特殊设备(如冷却钢带的全部喷头)，启运两台循环水泵，将循环冷却水系统进行大循环量水洗。然后，根据水质情况打开补、排阀置换水置换水排至污水处理单元处理或外排。通过观察，当水洗水无浑浊和杂质时停止水洗。

(2)清洗：启动循环水系统清洗24~36h。按系统保有水量计算药剂加量，先按100~200mg/L加量投加用于除油的CT4-42，再按400~500mg/L加量投加用于清洗的CT4-34到循环水池中。待循环1~2h后，CT4-34药剂达到均匀状态。每4h对循环水进行一次pH、总铁、浊度分析，并观察其变化，当总铁和浊度连续2个数据相同时，结束清洗。根据清洗水质情况，采用将系统水排空或逐渐替换水的方式，将系统水的浊度小于10NTU后准备预膜。

(3)预膜：向循环水系统补充新鲜水至低液位，按300~400mg/L控制投加用于预膜的CT4-34，常温下运转约48h。每隔4h取水样分析总磷和电导，当水池和监测器挂片上出现均匀蓝色衍射光时，预膜达到要求结束预膜。系统补充水到正常液位，将总磷降至4~6mg/L、浊度小于10NTU后可转入正常运行。

2)稳定运行

清洗预膜完成后按照水质稳定运行设计添加缓蚀阻垢剂CT4-36与杀菌剂CT4-42和ClO_2对系统水质进行处理，并按设计进行取样、分析，确保净化厂循环水系统稳定运行。

(1)缓蚀缓垢剂CT4-36的加注：投加前，将CT4-36加入新鲜水稀释10~20倍。打开加药阀，调整好阀位开度，缓慢将药剂加入循环水中，加药量要根据分析数据确定。每1mg/L的CT4-36中所含的总磷(以PO_4^{3-}计)为0.08mg/L。按龙岗净化厂循环水系统补充水量计算，以50~60mg/L投加(60mg/L最佳)，具体加量多少也可以根据水质情况作适当增减，但必须保证循环水中总磷控制在5.0~6.5mg/L。每天投加CT4-36量为80~90kg,投加时控制好阀位开度,以保证连续滴加。

(2)杀菌剂CT4-42的加注:采用冲击式方式,即将其迅速倾倒入循环水池中。根据循环水量确定具体加量为100kg,每周加一次。

(3)杀菌剂ClO_2的加注。

排干配置箱内残留药剂,关闭出口阀开启加药阀,缓慢倒入液体ClO_2。用少量清水冲洗加药斗,然后将活化剂自加药斗加入配置箱活化。活化15min左右,用自来水将药剂稀释20倍左右,将药剂投入循环水池。加注后,保证每升水中余氯为0.3~0.6mg/L。每周除投加CT4-42当天外,每天投加一次。

(4)循环水系统监测项目及频率。

龙岗净化厂循环水和补充水监测项目及频率见表8-17和表8-18。

3.净化厂投产后循环水系统稳定运行优化

净化厂投产后,由于原水水质的变化,对原设计的水质稳定运行方案进行了优化。

1)缓蚀阻垢剂优化

开发出缓蚀效果更优的缓蚀阻垢剂CT4-36A。投加浓度为5~8mg/L。加注方式为采用连续加注的方式(使用药剂自动加注装置)。加注量为每1mg/L的CT4-36A中所含的总磷(以PO_4^{3-}计)为0.08mg/L。按水量1L计算,每1mg/L的总磷至少需要加注12.5mg的CT4-36A。加药时,药剂直接加入冷却水池循环水泵进口处,远离排水口处,以免药剂被直接排走。

2)杀菌灭藻剂优化

过滤水收集池PT-2315B杀菌采用氧化型杀菌剂CT4-46。氧化性杀菌剂CT4-46投加浓度为20mg/L。投加方式为对满液位过滤水收集池PT-2315B投加9kg CT4-46(即在过滤水收集池PT-2315B的3个排气孔各投加14块固体CT4-46)。投加频率为1次/周。循环水池杀菌剂配方为氧化型杀菌剂CT4-45和非氧化型杀菌剂CT4-47交替投加。氧化性杀菌剂CT4-45投加浓度为60mg/L,投加1.5h后,继续投加非氧化型杀菌剂CT4-47浓度为75mg/L;投加方式为氧化性杀菌剂CT4-45采用连续加注的方式,非氧化型杀菌剂CT4-47采用冲击式加注的方式。投加频率和加注周期见表8-39。

表8-39　杀菌剂推荐加注一周周期表

时间	第1天	第2天	第3天	第4天	第5天	第6天	第7天
药剂	CT4-45		CT4-45		CT4-47		

3)优化后效果评价

循环水系统优化方案实施后,有效地改善了系统的稳定性:(1)腐蚀控制效果良好,循环水系统碳钢设备腐蚀速率均低于0.076mm/a;(2)循环水系统在投加杀菌剂当天异养菌总数不大于1×10^5个/mL,铁细菌数不大于100个/mL,硫酸盐还原菌数不大于50个/mL;(3)循环水系统沉积物控制较好,黏附速率不大于15mg/cm^2·月。

四、龙岗气田腐蚀监测和检测

1. 腐蚀监测和检测体系

龙岗气田投产初期共设置腐蚀监测和检测点118个。其中,在线安装的监测点有21个,监测方法为失重挂片、电阻探针和FSM,其余监测和检测点采用超声波测厚、氢探针等方法进行检测。此外,定期在各生产井分离器取水样分析水质和缓蚀剂残余浓度。

在龙岗气田投运初期(截至2009年12月31日),先期投产的龙岗001-3等11口生产气井地面流程按设计方案建成了包括18套电阻探针、18套腐蚀挂片、2套FSM的腐蚀监测和检测体系,并配套了定期的缓蚀剂残余浓度分析。总体来讲,建成的腐蚀监测和检测体系是有效的,获取了大量有效的腐蚀监测数据,为了解气田地面系统腐蚀状况与防腐效果评价提供了基础,也为缓蚀剂防腐工艺的优化提供了指导。实际运行过程存在以下问题:

(1)18套电阻探针中部分电阻探针数据存储器电池不能正常供电,造成部分探针不能正常工作,需加强巡建及时更换电池,方能连续工作;同时,18套电阻探针工作一段时间后,探针表面被污染也需要及时清新或更换。

(2)18套腐蚀挂片中除龙岗001-2井、龙岗27井、龙岗001-6井水套炉二级节流后需要带压取挂片未能及时更换外,其余位置应用了与管线材质相同材料的挂片,且更换频率为3个月一次。

(3)安装于龙岗001-7井外2号阀室和龙岗28井站上的龙岗26井来气管线的2套FSM在投运初期期间由于故障未能及时获取数据。

(4)11口生产气井水样中缓蚀剂残余浓度分析工作的开展,为缓蚀剂加注量的优化提供了基础,但缓蚀剂残余浓度的变化尚不能直接反映出腐蚀速率的变化,仅能表征是否加注了缓蚀剂和缓蚀剂的加注量多少。

(5)就整个地面系统而言,监测点设置不全,已设置的腐蚀监测点也主要位于水套炉二级节流后、分离器排污管、井站来气管线,并没有完全覆盖龙岗气田地面系统所有腐蚀回路。

2. 腐蚀监测和检测体系优化

1)腐蚀监测和检测体系方案优化思路

根据先期建成的腐蚀监测和检测体系存在的问题,并结合后期投产气井的实际需要,开展了腐蚀监测和检测体系的优化完善。按照划分出的腐蚀回路,一方面,结合已建成的包括18套电阻探针、18套腐蚀挂片、2套FSM的腐蚀监测和检测体系运行的适应性评价结果;另一方面结合2009年11月后新投产的龙岗001-18井等7口腐蚀监测体系建设的实际需要,对龙岗气田试采工程地面系统腐蚀监测和检测体系进行完善与优化。

2)优化后的腐蚀监测和检测方案

主要包括新增了部分失重挂片和电阻探针监测点,并新增了氢探针、无损超声波测厚、柔性超声波、漏磁检测等监测和检测手段。完善与优化后的腐蚀监测和检测体系方案见表8-40。

表 8－40　完善与优化后的腐蚀监测和检测方案

名称 监测点位置		监测方法	监测频率
龙岗 1 井、 龙岗 001－11 井、 龙岗 001－1 井、 龙岗 001－23 井、 龙岗 001－28 井、 龙岗 001－26 井、 龙岗 001－29 井、 龙岗 001－18 井、 龙岗 001－8－1 井、 龙岗 2 井	井口	超声波测厚	6 个月 1 次
	井口(缓蚀剂加注后)	超声波测厚	6 个月 1 次
	一级节流后管线	超声波测厚	6 个月 1 次
	加热炉后	电感、挂片	6 个月 1 次
	分离器气液界面区	超声波	6 个月 1 次
	分离器排污管	挂片	6 个月 1 次
	闪蒸罐气液界面区	超声波测厚	6 个月 1 次
	闪蒸罐排污管	超声波测厚	6 个月 1 次
	放空管线	超声波测厚	6 个月 1 次
	尾气处理管线	超声波测厚	6 个月 1 次
	站外埋地管线	柔性超声波	6 个月 1 次
龙岗 001－6 井、龙岗 001－3 井、 龙岗 001－7 井、龙岗 26 井、 龙岗 27 井、龙岗 28 井	井口	超声波测厚	6 个月 1 次
	加热炉后	电阻探针 失重挂片	探针 3 个月取一次数据、 挂片 3 个月取一次
	分离器气液界面区	超声波测厚	6 个月 1 次
	分离器排污管	电阻、挂片	
集气总站 (共有 7 台一级分离器)	分离器前	电阻探针 失重挂片	探针 3 个月取一次数据、 挂片 3 个月取一次
	分离器气液界面区	超声波测厚	6 个月 1 次
	分离器排污管	电阻探针 失重挂片	探针 3 个月取一次数据、 挂片 3 个月取一次
FSM	龙岗 001－7 井外 2 号阀室	FSM	1 周 1 次下载
	龙岗 28 井上龙岗 26 井来气管线	FSM	1 周 1 次下载
龙岗 10 井、 龙岗 010－U3	井口管线	超声波测厚	6 个月 1 次
	进站污水管线	超声波测厚	6 个月 1 次
	泵出口管线	超声波测厚	6 个月 1 次
	储罐筒体焊缝附近	超声波测厚	6 个月 1 次

超声波测厚技术作为油气田现场腐蚀检测的重要方法得到了越来越多的应用,具有采集数据快捷,不破坏管线结构的优点。根据定点、定人、定时的“三定”原则,确定了在不同的腐蚀回路和管线或设备容易受到冲击、冲刷、污水残留、弯头及焊接位置设置超声波测厚点,选点位置见表 8－41。

表 8－41 选取的超声波测厚点

需要监测的井站	监测数量	原因
龙岗 1 井、龙岗 001－1 井	7 处	高产、稳产及井口温度高（与龙岗 001－1 类似）
龙岗 001－6 井	8 处	产水量 $78m^3/d$ 较大，需要监测
龙岗 001－7 井	12 处	三台分离器，汇管及弯头需要重点监测
龙岗 001－8－1 井	7 处	产量大，从未加过缓蚀剂
龙岗 27 井	8 处	井下加注了缓蚀剂
龙岗 28 井	8 处	主要为了和以后 FSM 进行对比
总站	4 处	主要为了与探针及挂片数据对比
龙岗 10 井、龙岗 010－U3 井	6 处	回注井储罐测量、井口

3）优化后腐蚀监测和检测体系的实施

上述优化完善后的腐蚀监测和检测方案均已在现场实施，包括超声波测厚、电阻探针的更换及数据下载、失重取挂片、缓蚀剂残余浓度分析等。

（1）现场获取的腐蚀监测数据。

2010 年 3 月、6 月、9 月及 2011 年 1 月对龙岗气田安装的 18 套电阻探针和腐蚀挂片进行了数据采集和取片分析，腐蚀速率监测结果见表 8－42。

表 8－42 龙岗地面内腐蚀监测数据

序号	腐蚀监测点位置	平均腐蚀速率，mm/a			
		3 月	6 月	9 月	1 月（2011 年）
1	龙岗 001 分离器排污管线（西干线来气）	0.024	0.014	0.080	
2	龙岗 005 分离器排污管线	0.117	0.011	0.028	
3	龙岗 009 分离器排污管线（龙岗 001－2 井来气）	0.027	0.22	0.053	0.047
4	西干线来气管线	0.069	0.011	0.009	0.041
5	东干线来气管线	0.171	0.018	0.105	0.012
6	龙岗 001－2 井来气管线	0.074	0.127	0.061	
7	龙岗 001－6 井（水套炉二级节流后）	0.013	0.129	0.043	
8	龙岗 001－6 井（分离器排污管线）	0.018	0.080	0.028	0.114
9	龙岗 001－7 井（龙岗 001－6 来气分离器排污管线）	0.090	0.008	0.008	0.126
10	龙岗 001－7 井（龙岗 001－6 来气管线分离器前）	0.087	0.022	0.133	0.084
11	龙岗 2 井（龙岗 2 井水套炉二级节流后）	0.051	0.185	0.178	0.096
12	龙岗 001－2 井（龙岗 001－2 井水套炉二级节流后）	0.168	0.170	0.086	
13	龙岗 001－3 井（龙岗 2 井来气分离器排污管）	0.003	0.008	0.015	0.054
14	龙岗 001－3 井（龙岗 2 井来气管线分离器前）	0.003	0.009	0.178	0.082
15	龙岗 26 井（分离器前监测点）	0.049	0.016	0.015	0.036
16	龙岗 26 井（分离器排污管线）	0.008	0.026	0.012	0.012
17	龙岗 27 井（分离器排污管线）	0.003	0.012	0.007	0.067
18	龙岗 27 井（水套炉二级节流后管线）	0.054	0.047	0.007	

(2)排污管线监测数据分析。

分离器排污管线代表了较为静态的腐蚀环境,该处气液共存,且试片和探针可能处于被腐蚀介质浸泡的位置,该处的腐蚀速率可以代表管线内部存在积液部位的腐蚀。

① 龙岗001分离器排污管线(西干线来气)。

西干线来气主要为龙岗001-3井和龙岗001-7井来气。其中,龙岗001-3产气量为$35\times10^4m^3/d$,产水量$3.5m^3/d$,缓蚀剂为井口加注30L/d,出站管线无加注。龙岗001-7井集气站包括龙岗001-7井、龙岗001-1井及龙岗001-6井。集气站产气量为$180\times10^4m^3/d$,产水$90m^3/d$,龙岗001-7井口加注缓蚀剂40L/d,管线加注90L/d。上半年的均匀腐蚀速率为0.020mm/a。下半年龙岗001-3井产气量$2.84\times10^4m^3/d$,产水量$40.00m^3/d$,缓蚀剂加注量调整为10L/d,腐蚀速率达到0.081mm/a。该监测点三个季度的平均腐蚀速率均小于0.1mm/a,说明缓蚀剂有效地抑制了金属材料的腐蚀。

② 龙岗005分离器排污管线(东干线来气)。

龙岗005分离器未启用,分离器排污管上安装的电阻探针和腐蚀挂片测得的腐蚀速率代表了封闭管线内潮湿空气的腐蚀。从第一周期的数据及挂片表面锈蚀情况看,未启用的管线和设备存在较严重的表面锈蚀。

③ 龙岗009分离器排污管线(001-2井来气)。

龙岗001-2井站没有分离器,气液混输到总站。第一季度产气量$21.7\times10^4m^3/d$,产水量$6.4m^3/d$。来气管线中有大量水存在,挂片浸泡在气田水中。取出的挂片表面有少量淡黄色的物质,缓蚀剂加注较为合理,腐蚀速率较低。2010年第二季度因加注消泡剂而没有加缓蚀剂,腐蚀速率基本为气田水腐蚀,失重挂片腐蚀速率较大,达到了0.220mm/a。下半年,6月1日至7月12日未加注缓蚀剂,7月12日至12月30日井口加注12.5L/d。加注缓蚀剂后,腐蚀速率被控制到较小数值,达到0.050mm/a左右。

④ 龙岗001-6井分离器排污管线。

龙岗001-6井产气量$49\times10^4m^3/d$,产水量$80m^3/d$。第一季度井口加注缓蚀剂65L/d,均匀腐蚀速率为0.018mm/a。第二季度井口加注缓蚀剂50L/d,均匀腐蚀速率为0.080mm/a。第三季度井口加注缓蚀剂50L/d,均匀腐蚀速率为0.028mm/a。随着缓蚀剂加量的降低,腐蚀速率呈现升高的趋势。由2010年第四季度更换后的挂片表面形貌可以看出,表面出现了较为严重的局部腐蚀,均匀腐蚀速率达到了0.114mm/a,超出了腐蚀速率的控制指标,需要进一步优化腐蚀控制方案。

⑤ 龙岗001-7井站内龙岗001-6井来气分离器排污管线。

自2010年2月龙岗001-6井站上的分离器启用后,龙岗001-7井站上的龙岗001-6井来气分离器基本没有使用。腐蚀环境为封闭管线内潮湿空气。特别是第三季度现场处理挂片后,表面光亮如新。龙岗001-7井站内龙岗001-6井来气分离器排污管线在第四季度重新恢复应用,均匀腐蚀速率达到了0.125mm/a,需要加注缓蚀剂进行保护。

⑥ 龙岗001-3井站内龙岗2井来气分离器排污管线。

由于龙岗2井未开井,排污管已经放空,此处基本为干燥的空气腐蚀,监测的腐蚀速率比较低。

⑦ 龙岗26井站内龙岗27井和龙岗6井来气分离器排污管线。

龙岗27井日产气量15.27×$10^4m^3/d$,日产水量3.24m^3/d,缓蚀剂为井口加注10L/d。龙岗6井产气量8.37×$10^4m^3/d$,日产水量1.1m^3/d,缓蚀剂为井口加注5.2L/d。由龙岗27井腐蚀监测数据可以看出,缓蚀剂加注能较好地满足腐蚀防护的需要。龙岗6井和龙岗27井产水量均较小,即便是新投产的龙岗001-28井、龙岗001-29井产水量也不大,只有几方。因此,本监测点处腐蚀挂片和探针均为气相腐蚀,腐蚀速率并不大。2010全年的腐蚀速率均控制在了0.1mm/a以内。

⑧ 龙岗27井分离器排污管线。

龙岗27井产气量20.00×$10^4m^3/d$左右,产水量3m^3/d左右,井口加注缓蚀剂为10L/d。四个季度的腐蚀速率分别为0.003mm/a、0.012mm/a、0.007mm/a和0.067mm/a,低于腐蚀速率控制指标0.1mm/a。

(3)采集管线监测数据分析。

主流程管线上的失重挂片和探针监测的腐蚀速率可以代表该管线的腐蚀情况,对气液混输的采气支线和分离器后的集气干线腐蚀状况均能得到反映。

① 总站西干线来气管线。

集气总站西干线来气包括龙岗001-3集气站和龙岗001-7集气站来气。虽然,龙岗001-6井产气量达到80m^3/d,但龙岗001-7井的管线中每天加注缓蚀剂80L,有效地抑制了金属管线的腐蚀。从腐蚀监测挂片可以看出腐蚀速率较低,从数值上看属于安全区域。四个季度的腐蚀速率分别为0.069mm/a、0.011mm/a、0.009mm/a、0.041mm/a,低于腐蚀速率警戒值0.100mm/a。

② 总站东干线来气管线。

东干线来气包括龙岗6井、龙岗26井、龙岗27井、龙岗28井及新投产的龙岗001-23井、龙岗001-28井及龙岗001-29井。第一季度,东干线来气管线腐蚀挂片位置中有较多的液相介质,挂片处于液态环境,加之缓蚀剂停止加注1个多月,腐蚀速率较高,达到了0.171mm/a。需要增加缓蚀剂预膜次数及加强上游的气水分离。第二季度,东干线来气管线探针和腐蚀挂片的位置均在中线以上,为气相腐蚀速率,缓蚀剂加注恢复,腐蚀速率降低为0.018mm/a。第三季度,从清管结果来看,干线中积水较多。到现场实际调研发现,新开井没有执行缓蚀剂加注,导致此腐蚀监测点处产生了大于第二个周期的腐蚀,速率为0.105mm/a。第四季度取出的挂片表面有较多的油状物质包裹有效地减缓了挂片的腐蚀,速率为0.012mm/a。

③ 龙岗001-2井来气管线。

龙岗001-2井站没有分离器,气液混输到总站,产气量21.70×$10^4m^3/d$左右,产水量6.40m^3/d左右。第一季度,来气管线中有大量水存在,挂片浸泡在气田水中。取出的挂片表面有少量淡黄色的物质。缓蚀剂加注较为合理,腐蚀速率较低。注意元素硫在管线表面有可能引发管线的局部腐蚀。第二季度龙岗001-2井站因加注消泡剂未加注缓蚀剂。在总站的来气管线腐蚀挂片和探针均处于液相环境,挂片腐蚀速率超过控制指标0.1mm/a,需要加注缓蚀剂进行保护。第三季度缓蚀剂加注执行较好,腐蚀速率受到了较好的控制,降低为

0.061mm/a。

④ 龙岗001－6井水套炉二级节流后。

龙岗001－6井产气量$49\times10^4m^3/d$左右，产水量$80m^3/d$左右。第一季度缓蚀剂加注65L/d，缓蚀剂加注制度执行较好，探针和腐蚀挂片测得的腐蚀速率为0.013mm/a。第二季度缓蚀剂加注50L/d，腐蚀速率0.129mm/a超出了控制指标，原因是中间有一个月因泵的故障未加注缓蚀剂。第三季度缓蚀剂加注制度执行较好，探针和腐蚀挂片测得的腐蚀速率都很低，平均腐蚀速率在0.043mm/a左右。

⑤ 龙岗001－7井站内龙岗001－6分离器前来气管线。

2010年第一季度龙岗001－7井站上的龙岗001－6井来气管线中水量较少，龙岗001－6井站水中H_2S含量834.0mg/L，气中H_2S含量$29.0g/m^3$。水中H_2S引起的腐蚀在此处明显弱于龙岗001－6井水套炉二级节流后的监测位置。第二季度腐蚀挂片代表了龙岗001－6井来气管线中气相的腐蚀，腐蚀速率为0.008mm/a。三、四季度气液混输导致腐蚀挂片表面出现较多的局部腐蚀形貌，腐蚀速率在第四季度超出了控制指标达到0.126mm/a。

⑥ 龙岗2井水套炉二级节流后。

龙岗2井2009年8月3日停产以来，位于水套炉二级节流后的电阻探针和腐蚀挂片主要反映的是封闭管线内环境的腐蚀。四个季度的腐蚀速率分别为0.051mm/a、0.185mm/a、0.178mm/a、0.096mm/a，大多高于腐蚀速率警戒值0.100mm/a。龙岗2井2010年7月31日至8月14日期间开井，产气量$3\times10^4m^3/d$左右，产水量$150\sim1000m^3/d$。未加注缓蚀剂及至今未放空。在高硬度气田水介质中，封闭环境容易导致垢下腐蚀，需要及时将管线放空，补充加注缓蚀剂和杀菌剂进行保护。

⑦ 龙岗001－2井水套炉二级节流后管线。

龙岗001－2井产气量$21.70\times10^4m^3/d$，产水量$6.40m^3/d$。第一季度因加注消泡剂而停止加注缓蚀剂。由探针的数据可以发现，缓蚀剂停止加注前腐蚀速率基本保持在0.050mm/a以下，停止加注后腐蚀速率达到0.168mm/a。需要尽快将缓蚀剂恢复加注，将缓蚀剂和消泡剂混合加注需慎重。第二季度由于继续加消泡剂而停加了缓蚀剂，造成腐蚀速率超过控制指标，达到0.170mm/a。第三季度缓蚀剂加注制度执行较好，腐蚀速率有所降低，达到0.086mm/a。

⑧ 龙岗001－3井站内龙岗2井分离器前来气管线。

龙岗2井停产后，2010年第一、二季度对管线进行了及时的放空，腐蚀速率较小低于0.1mm/a。第三、四季度，期间有间断大产水量的复产阶段，从监测结果可以看出，腐蚀速率较高，原因是封闭且未加注缓蚀剂的环境中容易产生腐蚀，建议放空保护。

⑨ 龙岗26井分离器前站内管线。

龙岗26井产气量$3.50\times10^4m^3/d$，产水量$17.00m^3/d$，井口加注缓蚀剂20L/d。本井站产水量较高，腐蚀挂片基本处于气液混输湍流状态，但由于缓蚀剂的保护，全年腐蚀速率较低，低于0.050mm/a。

⑩ 龙岗27水套炉二级节流后管线。

龙岗27井产气量$20.00\times10^4m^3/d$，产水量$1m^3/d$。井口加注10L/d。由腐蚀挂片及探针速率可见对于气液混输段缓蚀剂加注能满足抑制金属腐蚀的需要。前三季度的腐蚀速率分别为0.055mm/a、0.047mm/a和0.007mm/a。

(4)在线腐蚀持续跟踪监测分析。

通过每季度对龙岗气田失重挂片和电阻探针监测点进行持续跟踪分析,密切把握气田腐蚀动态。图8-12至图8-15是龙岗气田东西集气干线及典型的分离器排污管线历年腐蚀速率监测曲线图,根据龙岗气田投产以来腐蚀监测数据变化趋势图可以看出,经过缓蚀剂的连续及批处理加注与缓蚀剂应用工艺的优化后,目前腐蚀速率与投产初期相比大为减小,且无较大波动,龙岗气田内腐蚀程度整体处于受控状态。

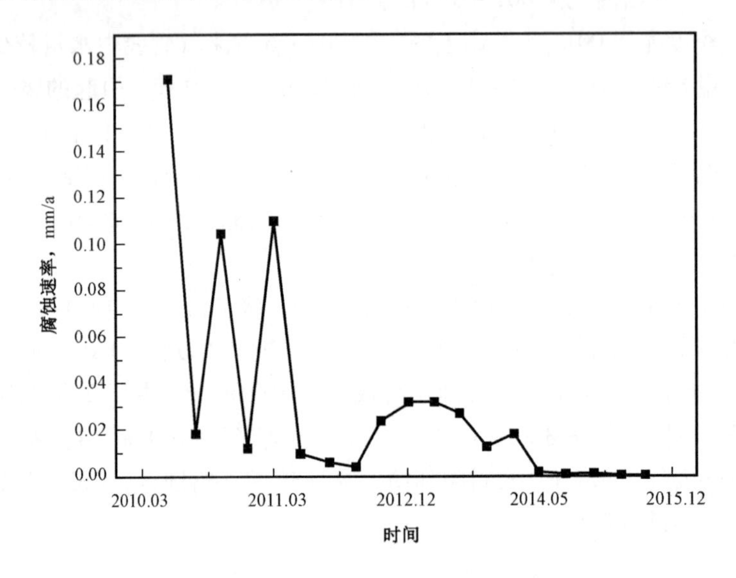

图8-12 龙岗28井—集气总站(东线)历年腐蚀速率变化趋势

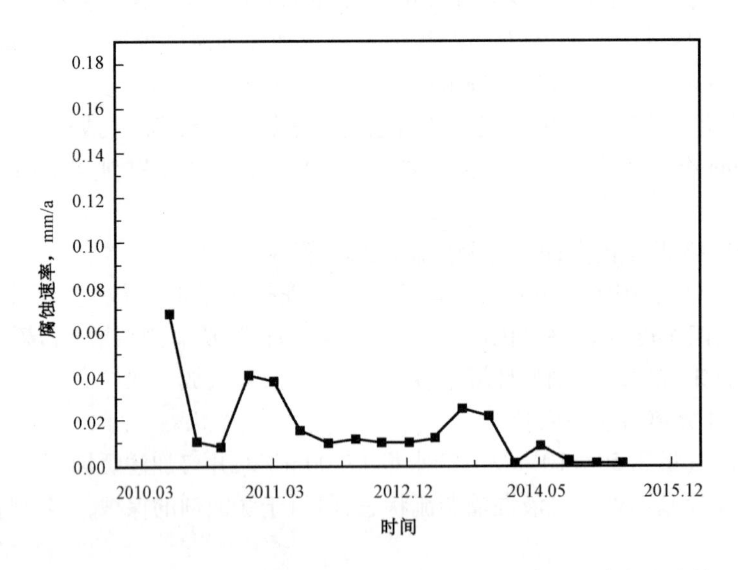

图8-13 龙岗001-7井—集气总站(西线)历年腐蚀速率变化趋势

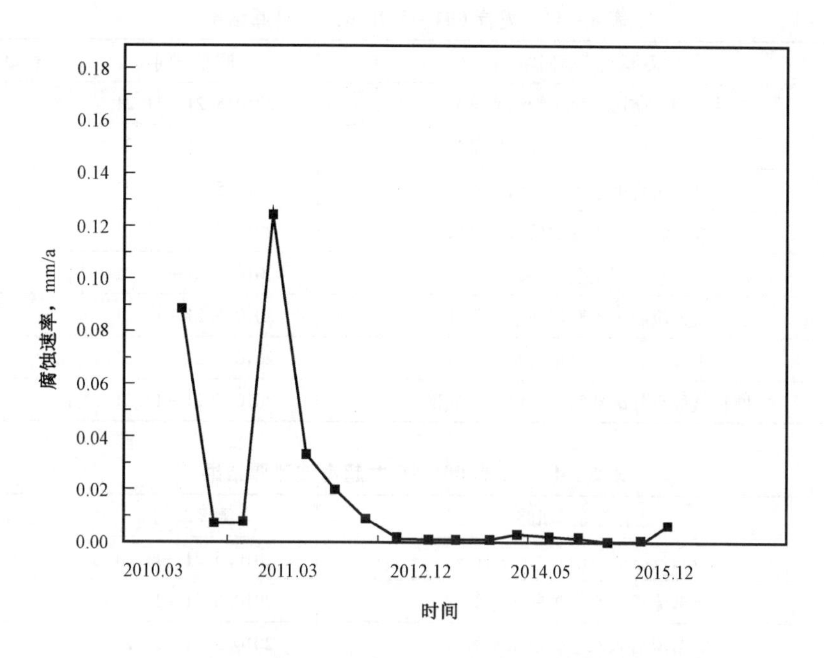

图 8－14　龙岗 001－7 井分离器排污管线历年腐蚀速率变化趋势

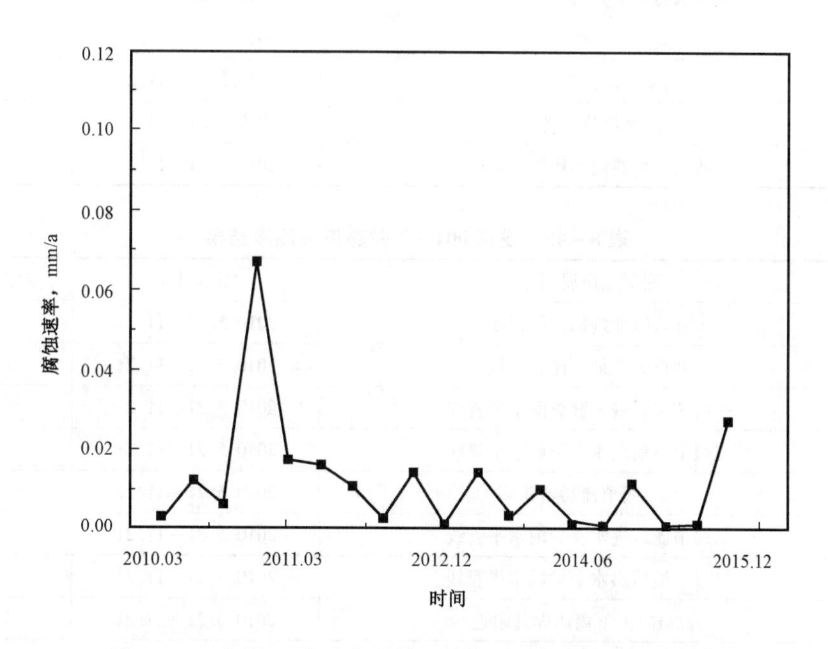

图 8－15　龙岗 27 井分离器排污管线历年腐蚀速率变化趋势

（5）超声波测厚数据分析。

根据龙岗气田生产工艺要求和腐蚀回路划分情况，在 2010 年 4 月进行龙岗试采地面工程超声波测厚全线布点，主要为电阻探针、腐蚀挂片及 FSM 不能反映的回路。2010 年 5 月和 11 月分别进行超声波无损检测，检测结果见表 8－43 至表 8－47。

表8-43　龙岗001-1井超声波测厚结果

序号	测厚点所属回路	测厚时间	壁厚减薄量,mm
1	井口缓蚀剂加注前(管线底部)	2010.5.21—11.21	0.98
2	井口缓蚀剂加注后(管线底部)	2010.5.21—11.21	0.48
3	一级节流后进水套炉前水平管线	2010.5.21—11.21	0.26
4	二级节流前出水套炉后水平管线	2010.5.21—11.21	0.30
5	二级节流后弯头	2010.5.21—11.21	0.45
6	二级节流后进水套炉前水平管线	2010.5.21—11.21	0.36
7	二级节流后出水套炉后水平管线	2010.5.21—11.21	0.40
8	原料气放空分离器筒体焊缝附近底部	2010.5.21—11.21	0.39

表8-44　龙岗001-6井超声波测厚结果

序号	测厚点所属回路	测厚时间	壁厚减薄量,mm
1	井口缓蚀剂加注口后水平管线	2010.5.21—11.21	0.05
2	一级节流后入水套炉前水平管线	2010.5.21—11.21	0.31
3	二级节流后入水套炉前水平管线	2010.5.21—11.21	0.20
4	水套炉至分离器前弯头	2010.5.21—11.21	0.15
5	分离器下筒体焊缝附近	2010.5.21—11.21	0.13
6	闪蒸罐筒体焊缝附近	2010.5.21—11.21	0.53
7	闪蒸罐排污管线	2010.5.21—11.21	0.11
8	放空分离器筒体环焊缝附近	2010.5.21—11.21	0.23

表8-45　龙岗001-7井超声波测厚结果

序号	测厚点所属回路	测厚时间	壁厚减薄量,mm
1	井口缓蚀剂加注前管线	2010.5.21—11.21	0.16
2	井口缓蚀剂加注后管线	2010.5.21—11.21	0.09
3	一级节流后进水套炉前水平管线	2010.5.21—11.21	0.17
4	二级节流前出水套炉后水平管线	2010.5.21—11.21	0.10
5	二级节流后弯头	2010.5.21—11.21	0.11
6	二级节流后进水套炉前水平管线	2010.5.21—11.21	0.35
7	二级节流后出水套炉后水平管线	2010.5.21—11.21	0.47
8	分离器01下筒体焊缝附近	2010.5.21—11.21	0.25
9	分离器01排污管线弯头	2010.5.21—11.21	0.04
10	分离器02下筒体焊缝附近	2010.5.21—11.21	0.10
11	分离器02排污管线弯头	2010.5.21—11.21	0.15
12	分离器02下筒体焊缝附近	2010.5.21—11.21	0.20
13	净水罐筒体焊缝附近	2010.5.21—11.21	0.10

续表

序号	测厚点所属回路	测厚时间	壁厚减薄量,mm
14	净水罐排污管线弯头	2010.5.21—11.21	0.06
15	闪蒸罐-01筒体焊缝附近位置	2010.5.21—11.21	0.18
16	闪蒸罐-01排污管线弯头	2010.5.21—11.21	0.11
17	闪蒸罐-02筒体焊缝附近位置	2010.5.21—11.21	0.12
18	闪蒸罐-02排污管线弯头	2010.5.21—11.21	0.12
19	检修水罐筒体焊缝附近位置	2010.5.21—11.21	0.04
20	原料气放空分离器筒体焊缝附近位置	2010.5.21—11.21	0.06
21	汇管弯头	2010.5.21—11.21	0.64

表8-46 龙岗010-U3井超声波测厚结果

序号	测厚点所属回路	测厚时间	壁厚减薄量,mm
1	井口管线	2010.5.21—11.21	0.08
2	进站污水管线	2010.5.21—11.21	0.05
3	泵出口管线	2010.5.21—11.21	0.07
4	储罐01筒体焊缝附近	2010.5.21—11.21	0.12
5	储罐02筒体焊缝附近	2010.5.21—11.21	0.14
6	储罐03筒体焊缝附近	2010.5.21—11.21	0.13
7	储罐04筒体焊缝附近	2010.5.21—11.21	0.18

表8-47 龙岗10井超声波测厚结果

序号	测厚点所属回路	测厚时间	壁厚减薄量,mm
1	井口管线	2010.5.21—11.21	0.06
2	储罐01筒体焊缝附近	2010.5.21—11.21	0.08
3	储罐01排污管	2010.5.21—11.21	0.07
4	储罐01筒体焊缝附近	2010.5.21—11.21	0.07

龙岗001-1井井口温度83℃,产气量$76.8\times10^4m^3/d$,产水量$4.0m^3/d$。由表8-53可见,井口到缓蚀剂加注口6个月内壁厚减薄达到0.98mm,而在缓蚀剂加注口至一级节流前的管线6个月内壁厚减薄为0.48mm。相对于水平管线,弯头处的壁厚减薄量6个月内要高0.1mm左右。

龙岗001-6井井口温度80℃,产气量$45\times10^4m^3/d$,产水量$80m^3/d$。高的产水量一方面带来较为严重的冲刷腐蚀;另一方面,促进阳极的去极化导致严重腐蚀。龙岗001-6井缓蚀剂在井口加注50L/d,从表8-44可见,可以有效地抑制腐蚀。闪蒸罐筒体焊缝附近壁厚减薄较大,6个月内达到0.53mm。

龙岗001-7井井口温度72.0℃,产气量$61\times10^4m^3/d$,产水量$4.9m^3/d$。井口缓蚀剂加注30L/d,井口缓蚀剂加注前后腐蚀回路壁厚减薄6个月内相差0.07mm。水套炉二级节流前后壁厚减薄达到0.4mm。

龙岗10井和龙岗010－U3井管线6个月内的壁厚减薄在0.07mm左右，储罐筒体焊缝位置6个月内的壁厚减薄在0.13mm左右。

由超声波腐蚀监测结果可以看出，龙岗001－1井整体壁厚减薄较大，特别是井口缓蚀剂加注口前管线腐蚀壁厚减少达到6个月1mm左右。龙岗001－6井、龙岗001－7井、龙岗010－U3井、龙岗10井等井站腐蚀数据除龙岗001－6井闪蒸罐筒体焊缝附近、龙岗001－7井汇管弯头壁厚较大外，其余壁厚减薄均表现正常。

（6）FSM数据分析。

FSM以无干扰测量技术来测量壁厚的变化。这项技术使用过可控电流通过金属结构，建立一个电场。结构壁上的任何腐蚀或磨蚀导致的变化都会在电场中显示出来，并由附着在结构外部的感应探针探测出来。2010年11月18日，对采集的4组FSM腐蚀数据进行了详细的分析。FSM采用恒电流激励技术，激励电流60000mA。分析软件根据这几组数据绘出了激励电流和腐蚀速率随时间的二维变化曲线。数据解析后根据NACE RP 0775—2005《油田生产中腐蚀挂片的准备和安装以及实验数据的分析》对腐蚀程度进行判断。

2010年10月18日至11月18日对FSM系统采集的4组数据进行了分析（数据下载频率为一周一次）。图8－16、图8－17为龙岗001－7井2号阀室和龙岗28井上龙岗26井来气管线腐蚀速率随时间的变化曲线。由曲线可以看出，两处的均匀腐蚀速率为0.051mm/a和0.060mm/a，属于中度腐蚀范围。

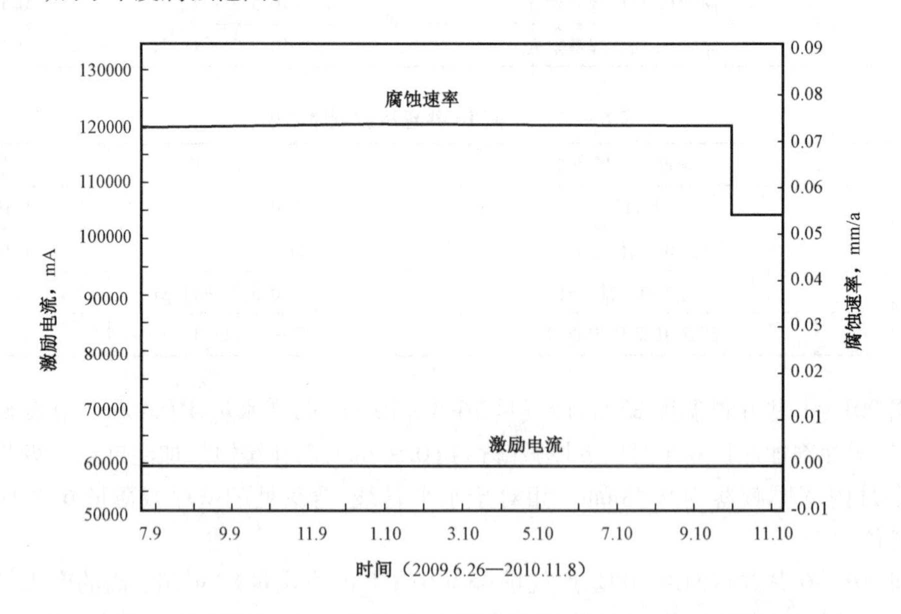

图8－16　龙岗001－7井外2号阀室腐蚀速率随时间的变化曲线

如果单个探针对的数据远大于矩阵的平均数据则通常发生了局部腐蚀。点蚀的特点是峰值稳定，之前和之后的数值最小。焊缝腐蚀的特点是覆盖在这条焊缝上的探针对的数据较大并保持稳定。

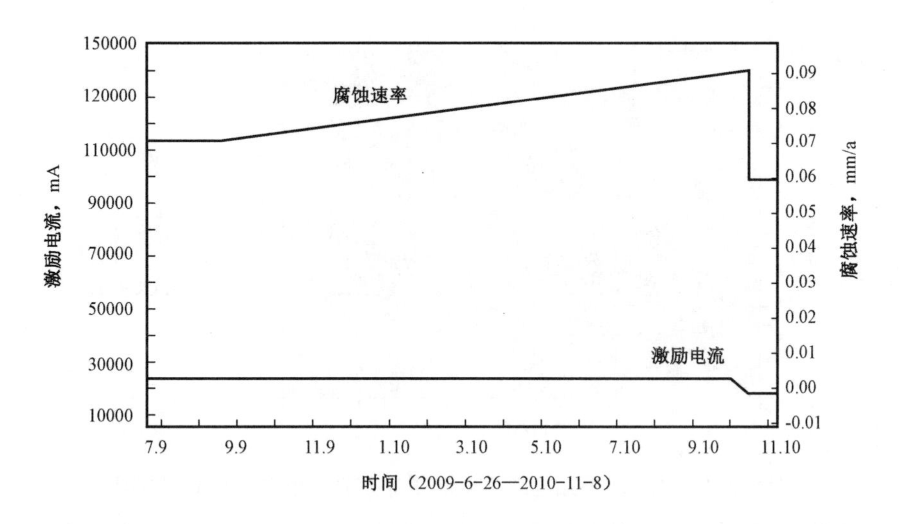

图 8－17　龙岗 28 井站上的龙岗 26 井来气管线腐蚀速率随时间的变化曲线

图 8－18 为龙岗 28 井站上的龙岗 26 井来气管线 FSM 数据生成的 3D 图，通过网格颜色变化及峰值的数据变化可以分析监测位置（特别是焊缝位置）的点蚀及缝隙腐蚀信息。图中颜色深的部分为腐蚀速率相对较高的部位。

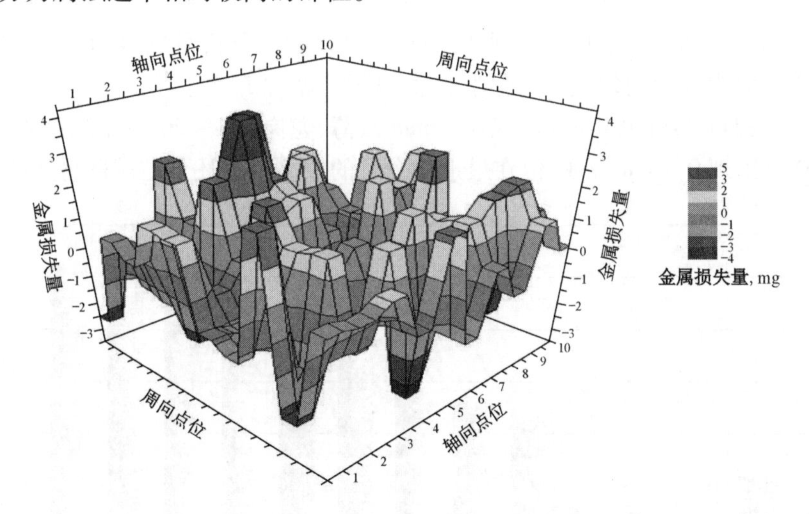

图 8－18　龙岗 28 井站上的龙岗 26 井来气管线 FSM 数据生成的 3D 图

图 8－19 为 FSM 生成的二维图像，刻度为 FSM 在管线上焊接的矩阵的阵点位置，颜色的变化为电流变化引起的场强的变化。可见龙岗 001－7 井外 2 号阀室存在了电场强度的过渡说明局部出现截面变化。

（7）漏磁检测数据分析。

超声波在材料中传播遇到缺陷，如裂纹、气泡或者其他不均匀相时，就会像遇到工件边界一样发生反射。该技术可以通过超声波在金属中的响应关系，监测出材料中孔蚀和裂缝缺陷及厚度。2011 年 12 月 7 日，龙岗气田成功完成了对龙岗 001－7 井到集气总站之间管道的漏

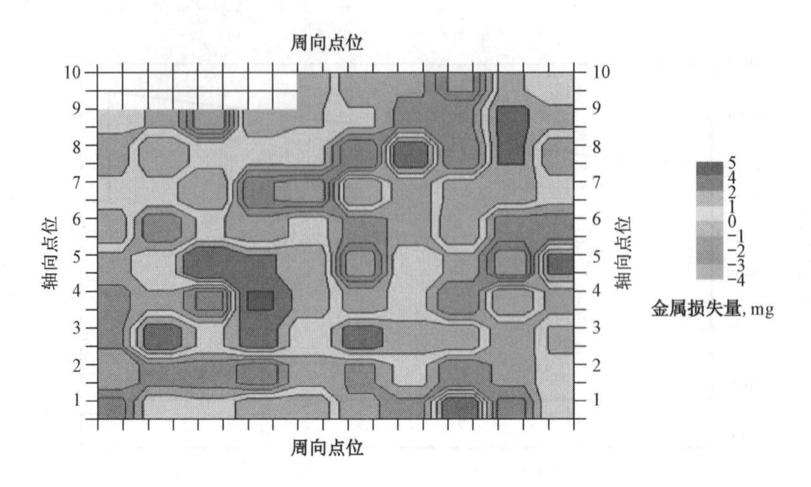

图 8-19　龙岗 28 井站上的龙岗 26 井来气管线生成的 FSM 二维图

磁检测，共探测到 100 处金属损失特征，其中最深的一处内部生产/制造特征深达壁厚的 32%。这些特征分布在整个管道上，大约有 8% 的管节被报告含有金属损失。

(8)柔性超声波壁厚监测数据分析。

2015 年，在龙岗 001-7 井、龙岗 001-26 井、龙岗 28 井、集气总站进行了柔性超声波壁厚监测系统的数据采集和分析，如图 8-20 和图 8-21 所示。为了衡量管道壁厚减薄的程度，将最近几次采集的数据和本次采集的数据加以对比，通过数据分析可见：4 处柔性超声波壁厚监测点反应管道内壁表现为均匀减薄电化学腐蚀，无局部腐蚀现象发生。其中龙岗 001-7 井监测点 5 点钟方位相对 2014 年 10 月出现 0.45mm 减薄，龙岗 001-26 井监测点 4~6 点方位相对 2014 年 10 月出现 0.1mm 减薄，但在最近 9 个月的监测中上述点位减薄量无明显变化。

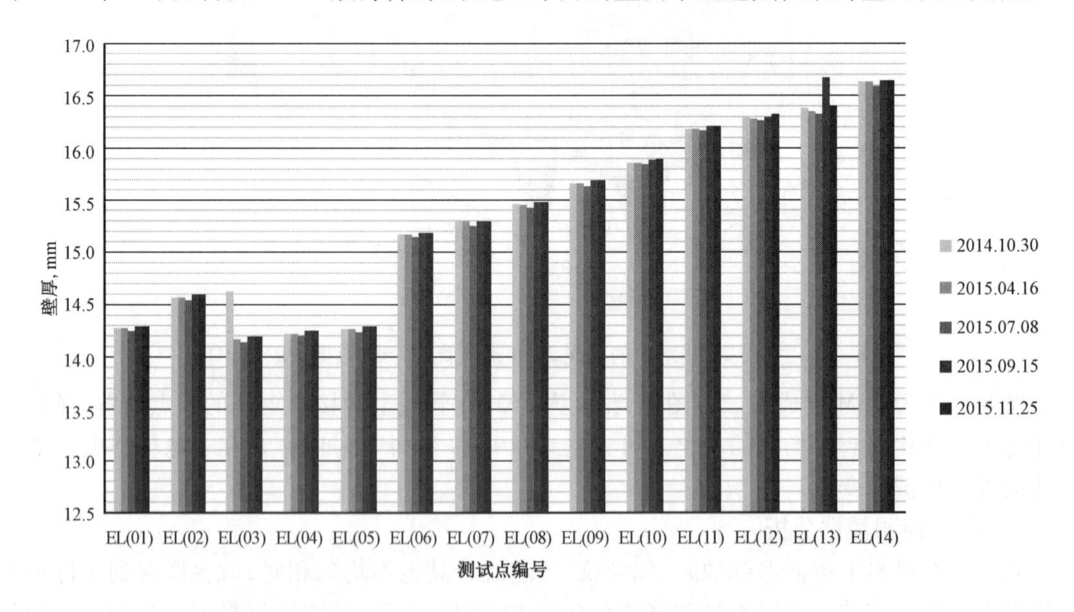

图 8-20　龙岗 001-7 井出站管线监测点不同时间各监测点壁厚

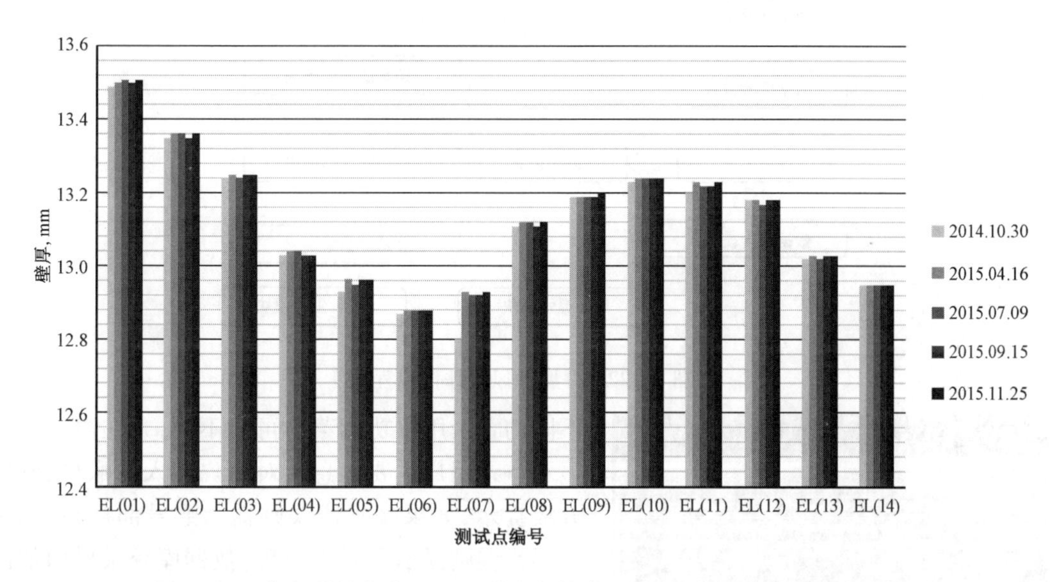

图 8－21　集气总站龙岗 001－2 井来气管线监测点不同时间各监测点壁厚

3. 龙岗气田腐蚀评价和预测系统

龙岗高含硫气田腐蚀评价和预测系统主要包括对风险的建模、数据库开发、腐蚀回路划分、评价流程的建立及评价结果的应用,其目的是通过评价给管理者提供决策依据,为腐蚀控制措施的实施提供数据支持,保障气田的安全生产。

1)腐蚀风险评估模型

结合含水率特点、介质流动和介质腐蚀性特点,构建适于集输管线特点的内腐蚀状况评估模型和腐蚀预测模型,构建管线内腐蚀风险评估模型,并建立相关判据。结合失效后果分析、失效概率分析和半定量风险评估方法,对不同管线进行高后果区识别和半定量风险评估,基于评估结果进行风险等级划分。

2)腐蚀评估流程

根据腐蚀评估结果和不同风险等级,确定风险预设阈值,实现各单元腐蚀状况的风险预警。基于上述研究形成的模型、流程、判据和边界条件,建立龙岗气田腐蚀状况的评估流程,评估流程如图 8－22 所示。该流程首先在数据库中将评估所用的数据进行下载,经过数据检验后,根据腐蚀风险评估模型对管线和站场进行评估,评估结果进行上传和显示,最终形成风险评估报告。

3)数据库

龙岗气田腐蚀数据的数据库管理,进一步提高了数据的利用率。风险数据展示平台,为管理者提供决策依据,为防腐方案的优化提供数据支持。

(1)系统登录界面说明。

用户在此页面输入正确的用户账号和密码后将出现登录用户有权操作的功能模块菜单,

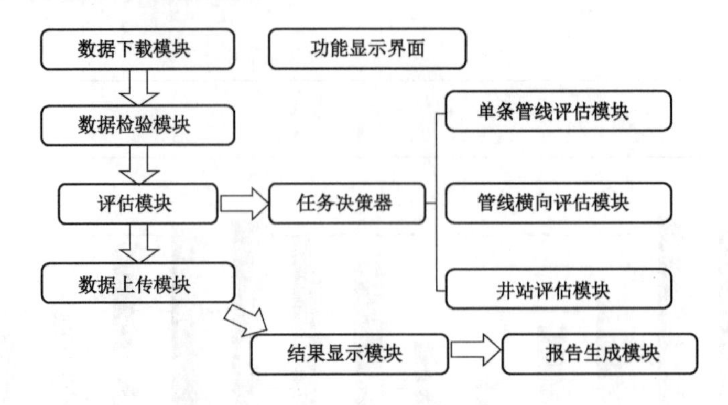

图 8－22　井腐蚀风险评估流程

图 8－23　数据库登录界面

不同的登录用户功能菜单可能不同,并在窗口底部显示登录用户主要信息。对用户输入的账号、密码分级提示,如果账号错误则提示账号部存在,如果密码错误则提示密码不正确,数据库登录界面如图 8－23 所示。

(2)主界面设计说明。

用于显示站场分布及待显示的站场位置,通过树形框或图像选择。用户首先在左侧树形框中选择待显示的实体对象或右侧图像中选择站场,显示所选定的对象腐蚀评价信息。模块界面和访问对象界面如图 8－24 和图 8－25 所示。

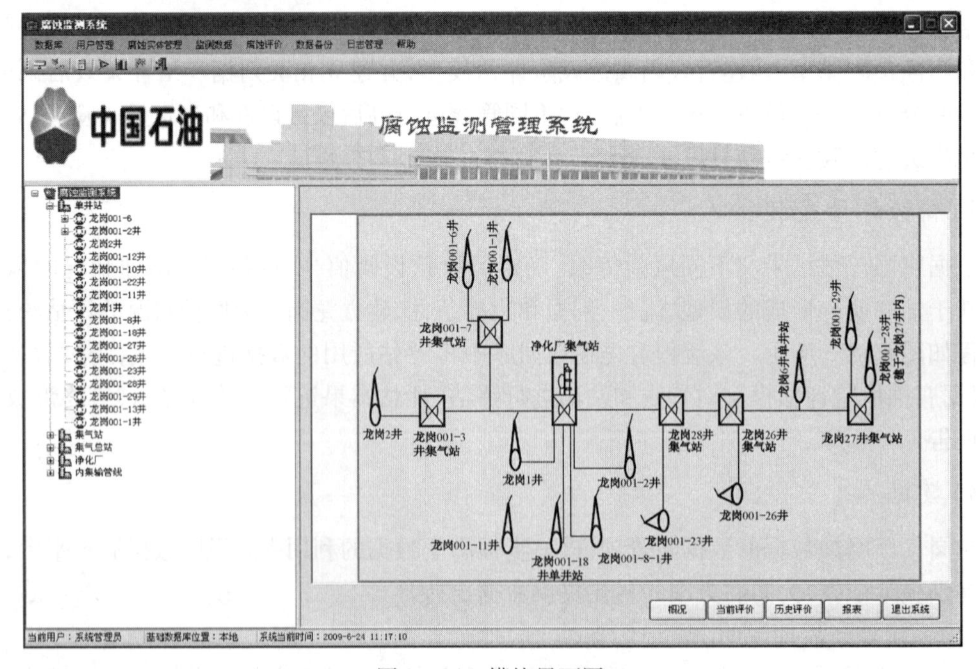

图 8－24　模块界面图

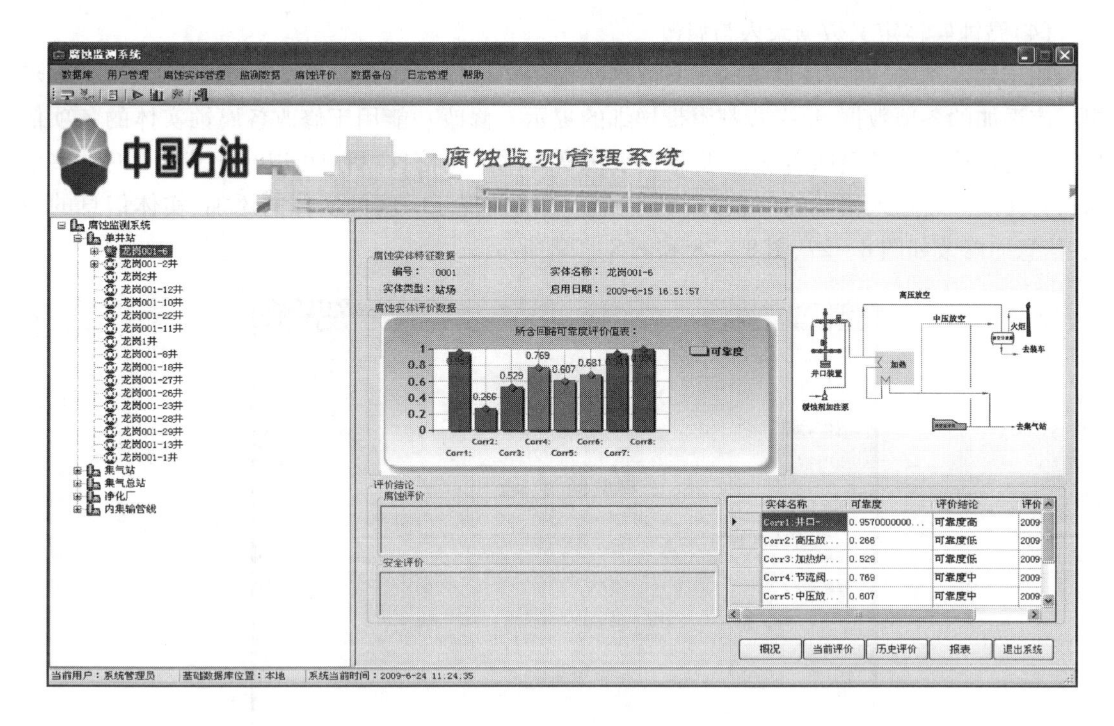

图 8－25　访问对象界面

（3）系统参数配置设计说明。

用于维护配置本系统的数据库连接。用户配置中间数据库及腐蚀数据库连接，当用户输入错误的配置参数时，系统会给出错提示。系统通过中间数据库和二维展示平台及三维展示平台进行数据交互，中间数据库界面如图 8－26 所示。

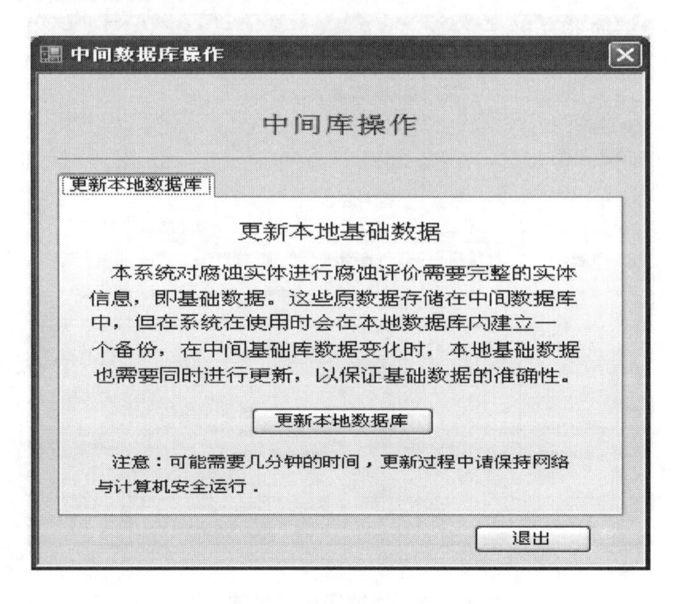

图 8－26　中间数据库界面

(4)腐蚀实体定义数据录入与修改。

用于录入站场、回路及设备的定义数据。当用户选择添加类型及添加位置后,系统会逐步提示应添加的各项数据,每一步都附带详细的提示。修改功能用于修改各腐蚀实体的各项信息。当用户选择某条腐蚀实体后,提取此腐蚀实体的定义信息,用户可以在此基础上对这些信息进行修改。若输入错误的信息,系统会给出正确的提示。腐蚀实体的添加、实体信息的录入、信息的修改如图 8-27、图 8-28 和图 8-29 所示。

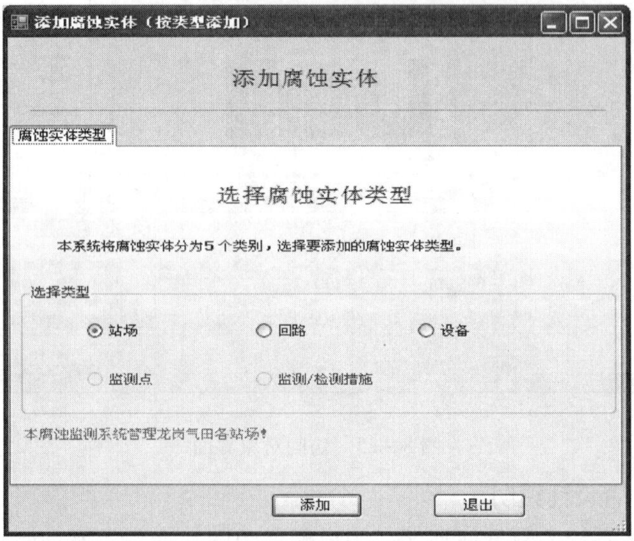

图 8-27　腐蚀实体的添加功能

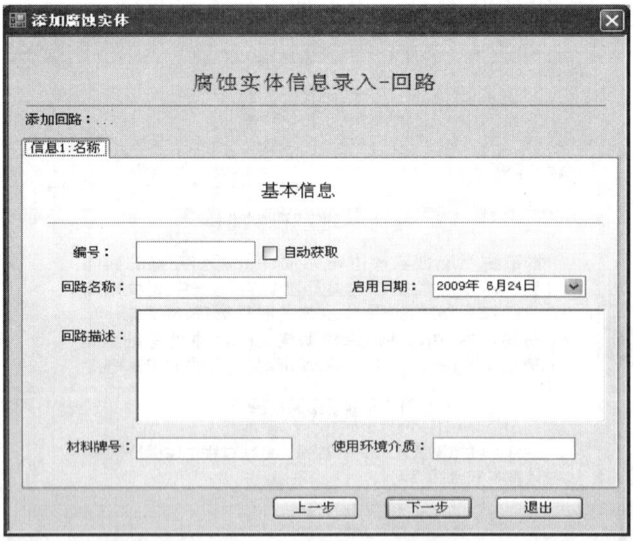

图 8-28　腐蚀实体信息的录入

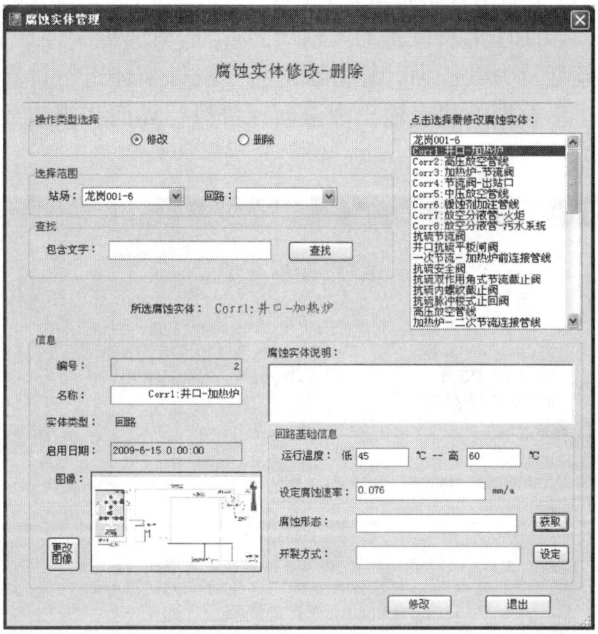

图 8－29　腐蚀实体信息的修改

（5）配置外连接设计。

用户在树形框中选择需要修改或设置的腐蚀对象，右边列表框中就会出现下属的各种设备，用户可以再下面的文本框中设置配置方式。配置腐蚀实体外连接界面如图 8－30 所示。

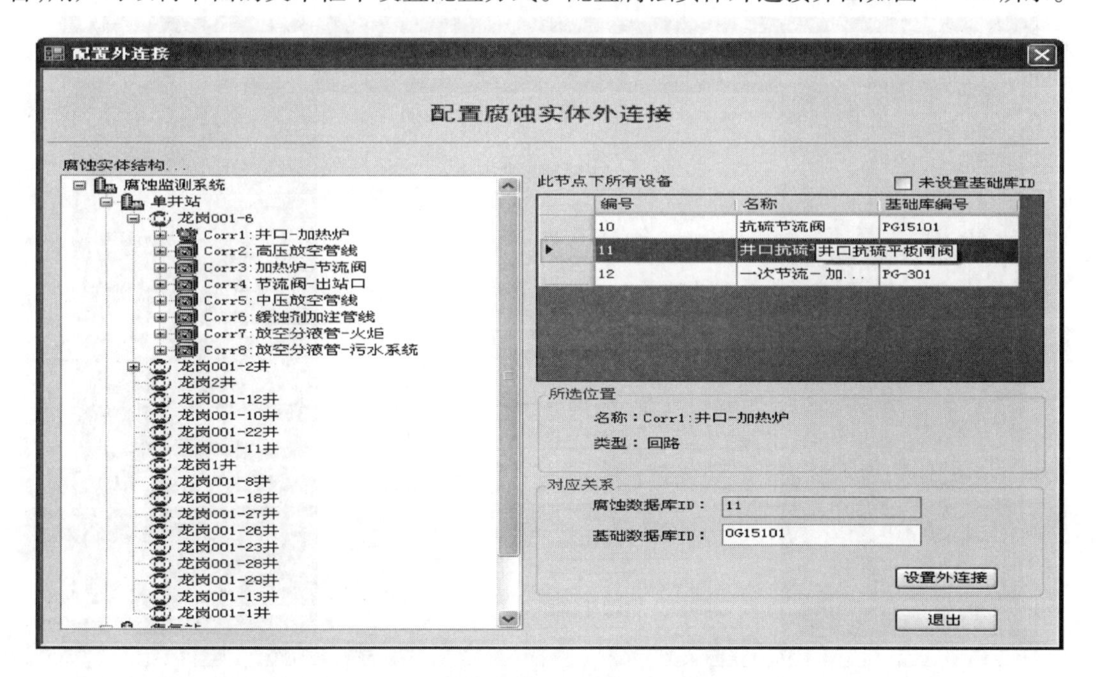

图 8－30　配置腐蚀实体外连接界面

(6)执行可靠性评价及输出评价报表。

实现腐蚀实体的可靠性评价及设备的失效压力计算,对腐蚀实体进行逐个评价及计算,选择合适的可靠性评价模型及失效压力计算方法对各个腐蚀实体进行计算。报表输出模块实现系统评价数据及腐蚀速率数据的报表输出。全面评价执行界面和报表数据界面如图 8－31 和图 8－32 所示。

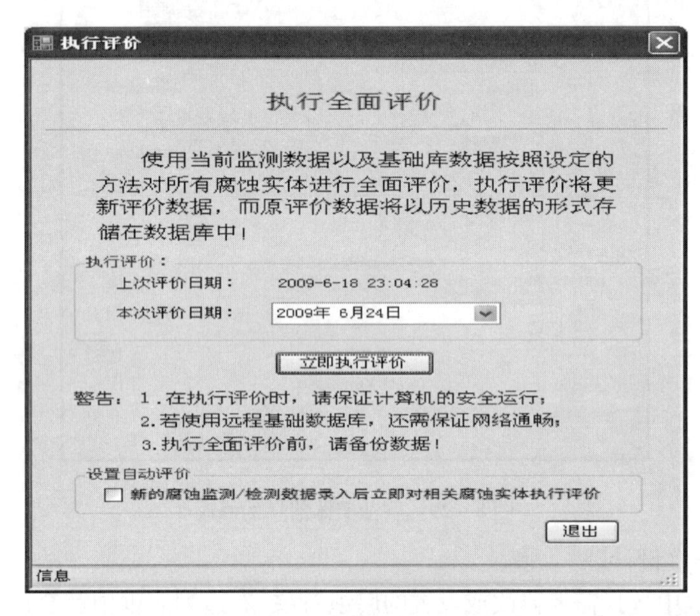

图 8－31　全面评价执行界面

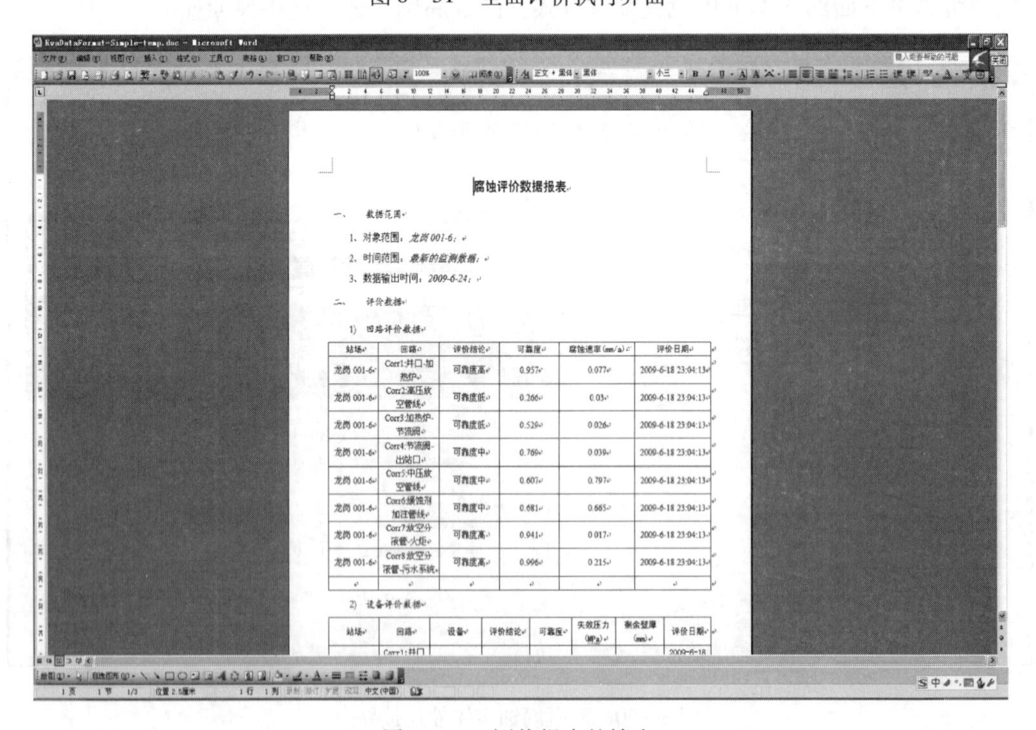

腐蚀评价数据报表

一、　数据范围

1、对象范围：龙岗 001-6；

2、时间范围：最新的监测数据；

3、数据输出时间：2009-6-24；

二、　评价数据

1）　回路评价数据

站场	回路	评价结论	可靠度	腐蚀速率(mm/a)	评价日期
龙岗 001-6	Corr1:井口-加热炉	可靠度高	0.957	0.077	2009-6-18 23:04:13
龙岗 001-6	Corr2:高压放空管线	可靠度低	0.266	0.03	2009-6-18 23:04:13
龙岗 001-6	Corr3:加热炉-节流阀	可靠度低	0.529	0.026	2009-6-18 23:04:13
龙岗 001-6	Corr4:节流阀-出站口	可靠度中	0.769	0.039	2009-6-18 23:04:13
龙岗 001-6	Corr5:中压放空管线	可靠度中	0.607	0.797	2009-6-18 23:04:13
龙岗 001-6	Corr6:缓蚀剂加注管线	可靠度中	0.681	0.665	2009-6-18 23:04:13
龙岗 001-6	Corr7:放空分液管-火炬	可靠度高	0.941	0.017	2009-6-18 23:04:13
龙岗 001-6	Corr8:放空分液管-污水系统	可靠度高	0.996	0.215	2009-6-18 23:04:13

2）　设备评价数据

站场	回路	设备	评价结论	可靠度	失效压力(MPa)	剩余壁厚(mm)	评价日期
	Corr1:井口						2009-6-18

图 8－32　评价报表的输出

4)应用案例

(1)数据的共享。

龙岗气田腐蚀数据库的基础数据来源于西南油气田分公司的动态监测数据库。以龙岗001－7井站—集气总站(西干线B段)的评估为例。该段于2009年投入运行,管径406.4mm,壁厚12.5mm。基础数据共享列表如图8－33所示。

D	E	F	G	H	I	J	K	L	M	N
管段名称	设计压力	管径	壁厚	长度	起点最高压力	起点最低压力	起点平均压力	终点最高压力	终点最低压力	终点平均压力
龙岗西干线B	9.9	406.4	12.5	7.6	7.8	7.5	7.7	7.6	7	7.4
龙岗西干线B	9.9	406.4	12.5	7.6	7.7	7.3	7.5	7.4	6.5	7.35
龙岗西干线B	9.9	406.4	12.5	7.6	7.7	7.5	7.5	7.5	7.3	7.3
龙岗西干线B	9.9	406.4	12.5	7.6	7.7	7.5	7.5	7.5	7.3	7.3
龙岗西干线B	9.9	406.4	12.5	7.6	7.8	7.5	7.5	7.5	7.2	7.3
龙岗西干线B	9.9	406.4	12.5	7.6	8.2	7.7	8	7.5	7.3	7.3
龙岗西干线B	9.9	406.4	12.5	7.6	8.7	2	8.16	7.47	6.86	8.16
龙岗西干线B	9.9	406.4	12.5	7.6	7.7	6.4	7.2	7.5	6.3	7.2
龙岗西干线B	9.9	406.4	12.5	7.6	7.9	7.5	7.7	7.56	7.2	7.7
龙岗西干线B	9.9	406.4	12.5	7.6	7.7	7.4	7.55	7.4	6.89	7.55
龙岗西干线B	9.9	406.4	12.5	7.6	7.7	7.4	7.55	7.4	6.89	7.55
龙岗西干线B	9.9	406.4	12.5	7.6	7.8	7.6	7.7	7.55	7.16	7.38
龙岗西干线B	9.9	406.4	12.5	7.6	7.6	7.51	7.53	7.5	7.17	7.47
龙岗西干线B	9.9	406.4	12.5	7.6	7.69	7.5	7.63	7.54	7.38	7.48
龙岗西干线B	9.9	406.4	12.5	7.6	7.6	7.58	7.6	7.56	7.38	7.46
龙岗西干线B	9.9	406.4	12.5	7.6	7.69	7.52	7.56	7.56	7.38	7.44
龙岗西干线B	9.9	406.4	12.5	7.6	7.69	7.52	7.58	7.56	7.38	7.44
龙岗西干线B	9.9	406.4	12.5	7.6	8	7.49	7.67	7.56	7.47	7.52
龙岗西干线B	9.9	406.4	12.5	7.6	8	7.49	7.67	7.56	7.47	7.52
龙岗西干线B	9.9	406.4	12.5	7.6	7.92	7.53	7.75	7.56	7.47	7.52
龙岗西干线B	9.9	406.4	12.5	7.6	7.83	7.39	7.62	7.56	7.42	7.45

图8－33　龙岗001－7井—集气总站数据共享

(2)数据计算和腐蚀评估。

根据腐蚀监测和检测数据,利用管线风险评价模型进行数据计算和腐蚀评估,结果如图8－34所示。图中黑色方框所处的位置代表了龙岗001－7井—集气总站管线的风险等级。

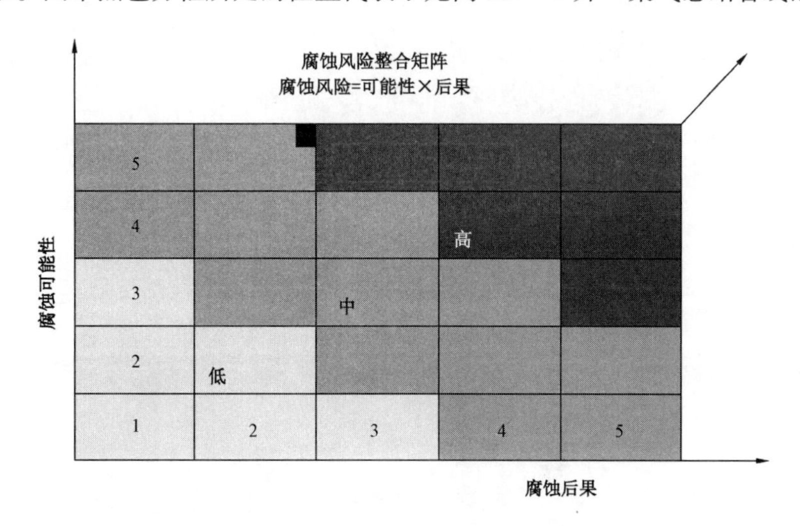

图8－34　龙岗001－7井—集气总站管线腐蚀风险等级

五、应用实践认识

针对龙岗气田长兴、飞仙关组高含硫气藏的特点，在腐蚀评价的基础上，从整体腐蚀控制理念出发，在设计、建设、生产各个阶段，覆盖井筒、地面集输和净化系统实施腐蚀控制、腐蚀监测和检测，取得了良好的效果，确保了气田从投产至今安全运行。应用实践证明，一方面龙岗气田所采用的工艺设计、材质优选、缓蚀剂防腐、运行工艺参数优化等综合腐蚀控制措施是有效的；另一方面综合利用电阻探针、腐蚀挂片、柔性超声波、FSM、氢探针等设备设施建立的腐蚀监测和检测体系，能够有效评价气田腐蚀状态和腐蚀控制效果，为气田开发生产管理和安全评价提供了基础数据。